exercices corrigés de probabilités

Christian LEBŒUF
Ancien Élève de l'ENSET
Agrégé de l'Université

Professeur en classe de Mathématiques Supérieures
au Lycée Janson-de-Sailly (Paris)
et en classe préparatoire H.E.C.
à PRÉPASUP (Paris)

Jean GUEGAND
Agrégé de l'Université

Professeur en classe préparatoire H.E.C.
au Lycée La Source (Orléans)

Jean-Louis ROQUE
Ancien Élève de l'École Normale Supérieure
Agrégé de l'Université
Docteur de Troisième Cycle

Professeur en classes préparatoires H.E.C.
au Lycée Pasteur (Neuilly)
et à l'IPESUP (Paris)

Patrick LANDRY
Ingénieur Sup'Aéro
D.E.A. de Mathématiques

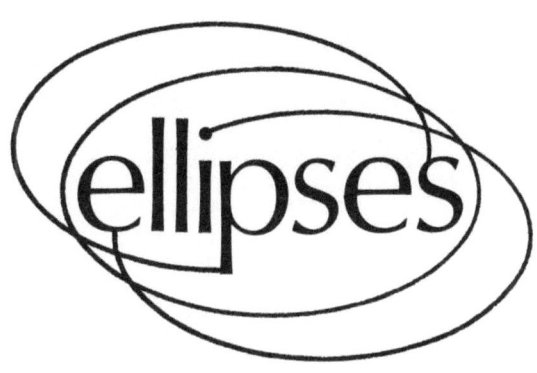

MATHEMATIQUES

CLASSES PREPARATOIRES AUX GRANDES ECOLES COMMERCIALES

SCIENCES ECONOMIQUES

premiers cycles de l'enseignement supérieur

cours de mathématiques

La loi du 11 mars 1957 n'autorise que les "copies ou reproductions strictement réservées à l'usage privé du copiste et non destinées à une utilisation collective". Toute représentation ou reproduction, intégrale ou partielle, faite sans le consentement de l'éditeur, est illicite.

dessin de couverture :
Gérard MATHIEU
(déjà paru dans les dossiers de l'étudiant)

© COPYRIGHT 1987

EDITION MARKETING
EDITEUR DES PREPARATIONS
GRANDES ECOLES MEDECINE

32, rue Bargue 75015 PARIS

ISBN 2-7298-8729-6

AVERTISSEMENT

Il nous a paru nécessaire de compléter – objet de ce recueil d'exercices corrigés – le cours de mathématiques en trois volumes que nous avons rédigé selon le programme des classes préparatoires H.E.C., sachant combien le domaine des probabilités est considéré comme particulièrement déroutant par l'étudiant qui l'aborde en débutant.

Néanmoins c'est en vain qu'on chercherait dans les pages qui suivent les exemples les plus célèbres de la théorie des probabilités: ces petits classiques dont on illustre pertinemment l'approche initiale des problèmes figurent, à leur place, dans notre cours. Ici, nous avons préféré donner au lecteur l'occasion de se les rappeler à l'appui de quelques exercices qui en constituent autant de prolongements.

Bien que certains exercices développés ici aient une longueur peu commune, nous n'avons pas repris les problèmes de probabilités posés lors des récents concours; leur taille dépasse souvent les dimensions coutumières d'un exercice considéré comme tel. On les retrouvera d'ailleurs dans les recueils périodiques publiés – en autres – par le même éditeur.

Dans chacune des quatre grandes parties qui forment le présent recueil, nous nous sommes efforcés de classer les exercices en ordre croissant de difficulté. Il s'en trouve de spécialement épicés mais au-delà du succès facile que procure l'exercice simple, il importe de savoir sécher un temps sur un exercice plutôt «sioux». On y gagnera les plumes qui permettront de franchir avec assurance les épreuves de certains concours majeurs.

Dans cette perspective, nous avons réservé une place de choix aux notions de variables aléatoires et à leur manipulation. Nul n'ignore que ce sont là des codes qui permettent de maîtriser bien des énoncés, tant à l'écrit qu'à l'oral et dans la plupart des concours. On comprendra dès lors pourquoi nombreux sont les exercices de cette partie qui proviennent de la fréquentation assidue des salles d'examens.

Nous avons voulu faire de ce livre un outil efficace dont on puisse se servir avec profit à mesure de la progression dans le cours. Il devra permettre à son utilisateur d'assurer la solidité de ses bases pour avancer avec confiance.

Remarques et suggestions seront accueillies avec la plus grande sympathie.

Les auteurs

TABLE DES MATIERES

première partie
DÉNOMBREMENTS 6
Exercices 1 à 24

deuxième partie
PROBABILITÉS CLASSIQUES 27
Exercices 25 à 43

troisième partie
VARIABLES ALÉATOIRES 43
  1 VARIABLES ALÉATOIRES DISCRETES 44
  Exercices 44 à 67
  2 VARIABLES ALÉATOIRES CONTINUES 66
  Exercices 68 à 82
  3 COUPLES DE VARIABLES ALÉATOIRES 79
  Exercices 83 à 114

quatrième partie
CONVERGENCES 129
Exercices 115 à 140

Annexes
  TABLES NUMÉRIQUES 155
    Loi de Poisson 155
    Loi Normale réduite 157
    Loi binomiale 158

première partie

dénombrements

1

Les sigles

Combien peut-on former de sigles d'entreprises
i)   avec au plus 3 lettres de l'alphabet latin ?
ii) avec au plus n lettres de l'alphabet latin ?
(On interdira les sigles n'ayant qu'une lettre.)

Il est clair qu'un sigle est un objet ordonné où les répétitions sont tolérées. Un sigle à p lettres est donc un p-uplet de lettres. Le nombre de sigles à p lettres vaut 26^p. Bref : le nombre de sigles ayant au plus 3 lettres vaut $26^2 + 26^3$, c'est-à-dire 18252. Le nombre de sigles ayant au plus m lettres vaut $26^2 + 26^3 + \ldots + 26^m$, i.e. $\dfrac{26^{m+1} - 26^2}{25}$.

2

L'alphabet morse

En Morse, une lettre de longueur p est un p-uplet formé à partir des deux symboles . et − (les répétitions sont autorisées !!). Quel est le nombre de lettres de longueur inférieure ou égale à 10 ?

Soit $X = \{\cdot, -\}$, une lettre de longueur k est un k-uplet d'éléments de X, il existe donc 2^k lettres de ce type. Finalement il y a $2^1 + 2^2 + \ldots + 2^{10} = 2^{11} - 2$ lettres de longueur ≤ 10, c'est-à-dire 2046 lettres.

3

Les dominos

Combien y a-t-il de pièces dans un jeu de dominos (complet !) ?

Un domino est un objet comportant deux symboles pris dans l'ensemble :
$$X = \{1, 2, 3, 4, 5, 6, \text{blanc}\}.$$
L'ordre des deux symboles ne compte pas puisque l'on peut retourner un domino, en revanche les répétitions sont autorisées, c'est-à-dire qu'il y a des doubles.
Un domino est donc une 2-combinaison avec répétitions des éléments de X, il existe par conséquent Γ_7^2 dominos différents. Or on a $\Gamma_7^2 = \binom{7+2-1}{2}$, c'est-à-dire $\Gamma_7^2 = \binom{8}{2} = 28$.
(À vérifier chez votre marchand de jouets habituel).

4

Le poker

Combien existe-t-il de mains différentes au poker contenant exactement une paire ? un brelan ? un full ?

Une main au poker est une partie à 5 éléments prise dans l'ensemble des 32 cartes d'un jeu ordinaire. Une main contient un full si elle contient 3 cartes d'une même hauteur, les deux autres cartes étant également d'une même hauteur (nécessairement différente !). Une main contient un brelan si elle contient 3 cartes d'une même hauteur, les deux autres cartes étant de hauteurs différentes et différentes de la hauteur du brelan. Enfin une main contient une paire si elle contient 2 cartes d'une même hauteur et deux seulement.

i) Pour obtenir un full, il faut donc choisir trois cartes d'une même hauteur, or il y a huit façons de choisir cette hauteur et pour chaque hauteur $\binom{4}{3}$ façons de choisir 3 cartes parmi ses 4 cartes, par application du lemme des bergers il existe donc $8 \cdot \binom{4}{3}$ brelans différents. Le brelan étant constitué, il faut encore "fabriquer" une paire. Quel que soit le brelan obtenu, il ne reste plus que sept hauteurs disponibles et $\binom{4}{2}$ façons de choisir 2 cartes parmi les 4 de la hauteur choisie. A chaque brelan, on peut donc associer $7 \cdot \binom{4}{2}$ paires différentes. Une nouvelle application du lemme des bergers démontre alors qu'il existe $8 \cdot \binom{4}{3} \cdot 7 \cdot \binom{4}{2}$ mains différentes constituant un full, i.e. 1344 fulls distincts.

ii) Pour que la main contienne un brelan et seulement un brelan, il faut donc que les deux autres cartes soient de deux hauteurs différentes (sinon il y aurait un full) et différentes de celle du brelan (sinon il y aurait un carré!). Comme il reste 7 hauteurs disponibles, il y a $\binom{7}{2}$ façons de choisir deux hauteurs et $\binom{4}{1}\binom{4}{1}$ façons de choisir deux fois une carte dans chaque hauteur. [Attention, il faut choisir les deux hauteurs parmi sept en une seule fois car il n'y a pas d'ordre dans une main]. Toujours d'après le lemme des bergers, il existe par conséquent $8 \cdot \binom{4}{3} \cdot \binom{7}{2} \cdot \binom{4}{1} \cdot \binom{4}{1}$, i.e. 10752 mains différentes contenant exactement un brelan.

iii) Un raisonnement similaire montre qu'il existe $8 \cdot \binom{4}{2} \cdot \binom{7}{3} \cdot \binom{4}{1} \cdot \binom{4}{1} \cdot \binom{4}{1}$, i.e. 107 520 mains différentes contenant exactement une paire (attention, il ne faut pas qu'il existe une seconde paire!).

5

Soit E un ensemble à n éléments. Combien existe-t-il de couples de parties de E dont la réunion soit égale à E? Combien existe-t-il de recouvrements de E à l'aide de deux parties?

Analysons tout d'abord le problème correspondant aux couples. Soit A une partie donnée de E, (A,B) appartient à l'ensemble $\mathcal{S}$ des solutions si et seulement si B contient le complémentaire de A, c'est-à-dire si et seulement si B est formé de la réunion de $\overline{A}$ et d'une partie quelconque de A. Or si A contient k éléments ($k \in [\![0,n]\!]$), A possède 2^k parties, c'est-à-dire qu'il y a alors 2^k solutions dont le premier terme soit A. Effectuons par conséquent une partition de $\mathcal{S}$ en notant $\mathcal{S}_k$ l'ensemble des solutions dont le premier terme contient k éléments. Il existe dans E $\binom{n}{k}$ parties à k éléments, le lemme des bergers indique donc que $\mathcal{S}_k$ possède $2^k \cdot \binom{n}{k}$ éléments, et comme $\mathcal{S}$ est la réunion disjointe de $\mathcal{S}_0, \mathcal{S}_1, \ldots, \mathcal{S}_n$, on en déduit:
$$\mathrm{Card}(\mathcal{S}) = 2^0 \binom{n}{0} + 2^1 \binom{n}{1} + \ldots + 2^n \binom{n}{n}.$$
Mais on reconnaît (?) alors la formule du binôme de Newton, d'où l'on déduit:
$$\mathrm{Card}(\mathcal{S}) = (2+1)^n = 3^n$$

La forme même du résultat montre que la voie que nous venons de suivre ne doit pas être la plus élégante. En effet, 3^n est le nombre d'applications d'un ensemble à n éléments dans un ensemble à 3 éléments, il faudrait donc essayer de voir une bijection plus ou moins naturelle entre $\mathcal{S}$ et l'ensemble de ces applications:

Soit $\varphi : \mathcal{S} \longrightarrow \mathcal{A}(E, \{1,2,3\})$ définie de la façon suivante:
$(A,B) \longmapsto \varphi(A,B)$

tout élément x de E est dans une et une seule des situations suivantes: $x \in A \cap \overline{B}$, $x \in A \cap B$, $x \in \overline{A} \cap B$. On pose alors:
si $x \in A \cap \overline{B}$, $\varphi(A,B)(x) = 1$
si $x \in A \cap B$, $\varphi(A,B)(x) = 2$
si $x \in \overline{A} \cap B$, $\varphi(A,B)(x) = 3$

Il est clair que l'on a : $x \in A \Leftrightarrow \varphi(A,B)(x) \in \{1,2\}$ et
$x \in B \Leftrightarrow \varphi(A,B)(x) \in \{2,3\}$.
Par conséquent toute application f de E dans $\{1,2,3\}$ est l'image par φ d'un couple (A,B) et un seul défini par $A = f^{-1}(\{1,2\})$, $B = f^{-1}(\{2,3\})$, et l'on a bien : $A \cup B = E$, c'est-à-dire $(A,B) \in \mathcal{S}$. φ est donc une bijection et par conséquent
$$\operatorname{Card}(\mathcal{S}) = \operatorname{Card}(\mathcal{A}(E,\{1,2,3\})) = 3^m.$$

Soit maintenant (A,B) un élément de $\mathcal{S}$, il est clair que (B,A) est aussi un élément de $\mathcal{S}$ mais que (A,B) et (B,A) correspondent au même recouvrement de E (puisqu'il n'y a pas d'ordre sur les parties d'un recouvrement). Par conséquent, si $(A,B) \neq (B,A)$ ces deux couples donnent naissance à un seul recouvrement. Or $(A,B) = (B,A)$ équivaut à $A = B$ et comme on a $A \cup B = E$, cela équivaut à $A = E$, $B = E$. Tous les couples vont donc par paires sauf le couple (E,E). Par conséquent, il existe $\dfrac{3^m - 1}{2} + \dfrac{1}{1}$ recouvrements distincts de E en deux parties, i.e. $\dfrac{3^m + 1}{2}$ recouvrements.

6

Soit E un ensemble à n éléments. Combien existe-t-il de triplets de parties de E dont la réunion soit égale à E ?

Il est possible de raisonner comme dans la partie analytique de l'exercice précédent, l'audacieux doit être convaincu de la difficulté !

Soit (A,B,C) une solution du problème. Tout élément $x \in E$ est dans une et une seule des 7 situations suivantes numérotées de 1 à 7 : $x \in A \cap \bar{B} \cap \bar{C}$, $x \in B \cap \bar{A} \cap \bar{C}$, $x \in C \cap \bar{A} \cap \bar{B}$, $x \in A \cap B \cap \bar{C}$, $x \in A \cap C \cap \bar{B}$, $x \in B \cap C \cap \bar{A}$, $x \in A \cap B \cap C$ [En effet trois parties d'un ensemble définissent $2^3 = 8$ régions, mais comme $A \cup B \cup C = E$ les lois de Morgan indiquent que $\bar{A} \cap \bar{B} \cap \bar{C} = \emptyset$]. Il suffit alors d'associer à x le numéro de la situation qui lui convient pour définir à partir d'une solution (A,B,C) une application $\varphi(A,B,C)$ de E dans $[\![1,7]\!]$. On voit alors comme dans l'exercice précédent que pour toute application f de E dans $[\![1,7]\!]$ est l'image par φ d'un triplet (A,B,C) et un seul, défini par $A = f^{-1}(\{1,4,5,7\})$, $B = f^{-1}(\{2,4,6,7\})$, $C = f^{-1}(\{3,5,6,7\})$, et l'on a bien $A \cup B \cup C = E$. Par conséquent l'ensemble des solutions a 7^n éléments.

Plus généralement, le même raisonnement montre qu'il existe $(2^k - 1)^n$ k-uplets de parties de E dont la réunion soit égale à E.

7

On considère une population de N individus, on effectue n prélèvements successifs avec remise d'un individu de cette population. La suite de ces prélèvements constitue un résultat.

i) Combien existe-t-il de résultats différents pour lesquels un individu X est prélevé k fois ($k \leqslant n$) ?

ii) Combien existe-t-il de résultats différents pour lesquels X est prélevé m fois au cours des r premiers tirages ($m \leqslant r \leqslant n$) ?

iii) Combien existe-t-il de résultats différents pour lesquels X est prélevé pour la $s^{\text{ème}}$ fois au $t^{\text{ème}}$ tirage ($s \leqslant t \leqslant n$) ?

Les prélèvements ayant lieu avec remise, un résultat est un n-uplet quelconque d'éléments de la population.

i) L'individu X étant prélevé k fois, il existe k rangs parmi les n pour lesquels X apparaît. Ces rangs peuvent être choisis de $\binom{n}{k}$ façons. Pour chaque choix de ces rangs, les $n - k$ rangs restants doivent faire apparaître l'un quelconque des N−1 autres individus, d'après le principe des bergers il y a donc $\binom{m}{k}(N-1)^{m-k}$ résultats convenables.

ii) D'après la question précédente il existe $\binom{r}{m}(N-1)^{r-m}$ façons différentes d'écrire les r premiers termes du m-uplet, de façon à prélever X m fois dans ces r premiers tirages. Pour chacun de ces r-uplets il existe N^{m-r} façons de le compléter. Il y a donc $\binom{r}{m}(N-1)^{r-m} N^{m-r}$ résultats convenables.

iii) Lors des t−1 premiers tirages X doit apparaître s−1 fois, ce qui peut se faire de $\binom{t-1}{s-1}(N-1)^{t-s}$ façons. Au t-ème tirage X est prélevé et chacun de ces t-uplets peut être complété de N^{m-t} façons. Il y a donc $\binom{t-1}{s-1}(N-1)^{t-s} N^{m-t}$ résultats convenables.

8

2n personnes doivent prendre place autour d'une table ronde, de combien de façons différentes peuvent-elles s'asseoir? On suppose qu'il y a n hommes et n femmes, de combien de façons peuvent-ils s'asseoir en respectant l'alternance?

Numérotons un court instant les différentes chaises. Il y a alors (2n)! bijections entre l'ensemble des personnes et l'ensemble des chaises. Mais puisque la table est ronde, une disposition des personnes est commune à 2n bijections différentes obtenues par permutations circulaires des positions. La forme inverse du lemme des bergers indique donc qu'il y a seulement (2n−1)! dispositions distinctes.

De même s'il y a alternance des hommes et des femmes et si les places sont numérotées il y a 2 façons de choisir la parité des sièges réservés aux hommes, puis n! façons de placer les hommes, et à chaque fois n! façons de placer les femmes, c'est-à-dire 2.n!.n! ordonnancements possibles. Comme précédemment, 2n ordonnancements correspondent à la même disposition; il y a donc (n−1)! n! dispositions distinctes.

Raisonnons différemment : on peut placer arbitrairement l'homme le plus âgé (c'est le point de repère). Dans le premier cas il reste à placer les 2n−1 autres convives aux 2n−1 autres places, et dans le second cas il reste à placer les n−1 autres hommes aux n−1 places de parité correspondantes et les n femmes aux n places intermédiaires. Cela conduit évidemment aux mêmes résultats !

9

Déjà des boules dans des tiroirs

α) Le cas des boules discernables (distribution de **Maxwell-Boltzmann**).

On considère r boules (r ⩾ 1) numérotées de 1 à r que l'on place dans n tiroirs numérotés, chaque tiroir étant suffisamment grand pour pouvoir contenir les r boules.

i) On suppose n = 2, r = 3. Dresser la liste des répartitions possibles.

ii) Donner pour n et r quelconques le nombre de répartitions possibles.

β) Le cas des boules indiscernables (distribution de **Bose-Einstein**).

On suppose maintenant les r boules absolument identiques. Reprendre alors les questions i) et ii).

α) i)

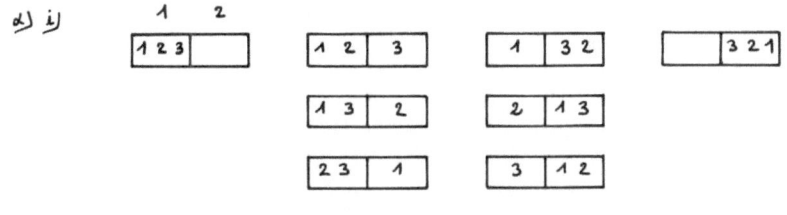

Il y a donc en tout huit répartitions possibles. Notez qu'une distribution correspond en fait à une application de l'ensemble des boules dans l'ensemble des tiroirs. Jamais le mot "application" n'a mieux porté son nom puisque l'image d'une boule est le tiroir dans lequel elle atterrit. Notez également que l'ordre des boules au sein d'un même tiroir n'est pas considéré (cf. exercice suivant).

α) ii) Les considérations précédentes nous amènent à découvrir que le nombre de répartitions n'est autre que m^n.

β) i) Reprenons les répartitions de α) i). Si les boules sont indiscernables nous ne pouvons distinguer les répartitions situées sur une même colonne. Ainsi ne subsistent que les quatre répartitions :

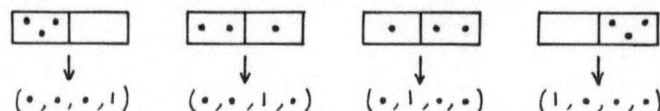

On peut alors, pour éclairer la suite, faire correspondre à chaque répartition un objet plus "mathématique" (sic), à savoir, ici, un quadruplet de la façon suivante :

$$(\cdot,\cdot,\cdot,|) \quad (\cdot,\cdot,|,\cdot) \quad (\cdot,|,\cdot,\cdot) \quad (|,\cdot,\cdot,\cdot)$$

les "•" représentant évidemment les boules et le symbole "|" la place de la cloison séparant le premier et le second tiroir.

β) ii) S'il y a n boules et m tiroirs, on peut alors considérer les $(m-1)$ cloisons séparant T_1 de T_2, T_2 de T_3, ..., T_{m-1} de T_m. La technique précédente établit alors une bijection entre l'ensemble des différentes répartitions et l'ensemble des $(m-1+n)$-uplets formés avec n symboles "•" et $m-1$ symboles "|". Comme la place des n symboles "•" suffit à déterminer le $(m+n-1)$-uplet (les autres sont nécessairement des "|" !), il y a $\binom{m+n-1}{n}$ répartitions possibles.

[On retrouve ainsi le fameux Γ_m^n et cet exercice est une des façons de définir les combinaisons avec répétitions].

On vérifie que pour $n = 2$ et $n = 3$ on trouve bien $\binom{4}{3} = 4$ répartitions.

10

Les drapeaux

On considère r drapeaux discernables (par exemple numérotés de 1 à r) et n poteaux numérotés suffisamment grands pour supporter les r drapeaux.

i)   On suppose r = 2 et n = 2. De combien de façons peut-on disposer les drapeaux sur les poteaux ?

ii) Même question dans le cas général.

(La différence essentielle par rapport à l'exercice précédent est, qu'au sein du même poteau, l'ordre des drapeaux a bien entendu de l'importance).

i)

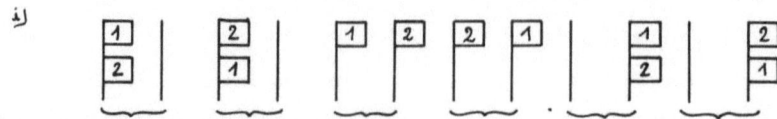

Il y a donc six dispositions possibles.

ii) Méthode pédestre :

Plaçons les drapeaux les uns après les autres et voyons l'évolution de la situation : il est clair que le drapeau n°1 peut être placé sur l'un quelconque des poteaux, ce qui offre n possibilités. Le drapeau n°2 peut alors être placé de $n+1$ façons. En effet, on peut le placer sur l'un quelconque des autres poteaux (ce qui fait déjà $n-1$ possibilités) ou sur le même poteau que le drapeau n°1 au dessus ou en dessous de celui-ci (ce qui fait 2 possibilités supplémentaires).

Voyons maintenant ce qui se passe lorsque l'on veut placer le drapeau n° r. Notons $p_1, p_2, \ldots, p_m$ le nombre de drapeaux déjà placés sur le poteau de numéro correspondant. Le drapeau n° r peut alors se placer sur le poteau n° k de p_k+1 façons (p_k points sur une droite définissent p_k+1 intervalles dont deux sont infinis !). On a :
$$p_1 + p_2 + \ldots + p_m = r-1$$
et par conséquent le drapeau n° r peut se placer de $p_1+1+p_2+1+\ldots+p_m+1 = m+r-1$ façons. Comme ce nombre ne dépend pas de la position des $(r-1)$ premiers drapeaux, le lemme des bergers s'applique. Le nombre cherché vaut donc $m(m+1)\ldots(m+r-1)$.

2ème méthode : Remarquons que l'on a : $\dfrac{m(m+1)\ldots(m+r-1)}{r!} = \binom{m+r-1}{r} = \Gamma_m^r$. Ceci ne doit pas être fortuit ! Classons donc les répartitions de la façon suivante : on met dans une même classe toutes les répartitions qui diffèrent par les numéros des drapeaux, mais pas par le nombre de drapeaux placés sur chacun des poteaux. Il est clair que ces classes nous ramènent à l'exercice précédent (les numéros des drapeaux sont effacés !), on a donc Γ_m^r classes distinctes. Or chaque classe contient exactement $r!$ répartitions distinctes correspondant à toutes les numérotations possibles des drapeaux blancs. Le lemme des bergers s'applique et montre qu'il y a $r!\,\Gamma_m^r$ répartitions possibles des drapeaux numérotés.

11

Les progressions arithmétiques

Soit n un entier supérieur ou égal à 3. On demande le nombre N_n de progressions arithmétiques à trois termes, de raison supérieure ou égale à 1, que l'on peut former à l'aide des entiers 1, 2, ..., n.

i) Dans les cas n = 3, n = 4, n = 5.
ii) Dans le cas général.

---

i) Si $m=3$, 1 2 3 est la seule progression arithmétique possible et elle est de raison 1. Donc $N_3 = 1$.

Si $m=4$, on peut former 1 2 3 et 2 3 4, c'est-à-dire deux progressions de raison 1. Donc $N_4 = 2$.

Si $m=5$, on peut former 1 2 3, 2 3 4, 3 4 5 qui sont de raison 1, mais également 1 3 5 qui est de raison 2. Donc $N_5 = 4$.

ii) Une progression arithmétique est de la forme a, $a+r$, $a+2r$ avec :
$$1 \le a < a+r < a+2r \le m.$$
Essayons déjà de cerner les raisons possibles. La raison la plus forte doit vérifier
$$1+2r \le m, \text{ i.e. } r \le \dfrac{m-1}{2}.$$
Ainsi la raison la plus forte vaut $E\left(\dfrac{m-1}{2}\right)$ (E désigne la partie entière). D'où une discussion :

1er cas : si m est pair. Posons $m=2p$, alors la raison la plus forte vaut $E(p-\tfrac{1}{2})=p-1$. Il n'y a plus qu'à comptabiliser le nombre de progressions arithmétiques en fonction de leur raison.

- Raison 1 : 1 2 3, 2 3 4, ..., m-2, m-1, m. Il y en a : $m-2 = 2(p-1)$
- Raison 2 : 1 3 5, 2 4 6, ..., m-4, m-2, m. Il y en a : $m-4 = 2(p-2)$

$\vdots$

- Raison p-1 : 1 p 2p-1, 2 p+1 2p. Il y en a : $2 = 2(1)$ (!)

et par conséquent :
$$N_{2p} = 2(p-1) + 2(p-2) + \ldots + 2(1) = 2\cdot\dfrac{p(p-1)}{2} = p(p-1) = \dfrac{m(m-2)}{4}$$

2ème cas : si m est impair. Posons $m=2p+1$, alors la raison la plus forte vaut $E(p)=p$. En comptabilisant de même on trouve :
$$N_{2p+1} = (2p-1) + (2p-3) + \ldots + 1$$
Or il est de notoriété publique que ce nombre est égal à p^2 (le vérifier par récurrence ou en transformant la relation connue concernant la somme de tous les entiers

de 1 à 2p). Donc on a :
$$N_{2p+1} = p^2 = \frac{(m-1)^2}{4}$$
Bref :
$$N_m = \begin{cases} \frac{m(m-2)}{4} & \text{si } m \text{ est pair} \\ \frac{(m-1)^2}{4} & \text{si } m \text{ est impair} \end{cases}$$

12

Partitions : nombres de Bell

Soit X_n un ensemble non vide de cardinal n, on appelle partition de X_n tout ensemble $\{A_1, \ldots, A_k\}$ de parties de X_n qui sont deux à deux disjointes non vides et dont la réunion est X_n. On note π_n le nombre de partitions de X_n, ce nombre s'appelle le nombre de **Bell** d'indice n. On conviendra pour la suite que $\pi_0 = 1$.

i) Calculer π_1, π_2, π_3.

ii) Soit X_n un ensemble de cardinal n (n ⩾ 1) et soit a un élément fixé de X_n. Soit $P = \{A_1, \ldots, A_k\}$ une partition quelconque de X_n, on suppose que A_1 est l'unique terme de P contenant a. En raisonnant sur le cardinal de A_1, démontrer la relation :

$$\forall n \in \mathbb{N}^*, \quad \pi_n = \sum_{p=1}^{n} \binom{n-1}{p-1} \pi_{n-p} = \sum_{k=0}^{n-1} \binom{n-1}{k} \pi_k$$

iii) Vérifier alors les résultats de i) et calculer π_6.

---

i) • $X_1 = \{a\}$. Il n'y a qu'une partition, à savoir $P = \{\{a\}\}$, i.e. $\pi_1 = 1$.
• $X_2 = \{a, b\}$. On a alors deux partitions possibles, à savoir :
$$P_1 = \{\{a\}, \{b\}\} \quad , \quad P_2 = \{\{a, b\}\} \quad , \text{ i.e. } \pi_2 = 2.$$
• $X_3 = \{a, b, c\}$. On a alors cinq partitions possibles, à savoir :
$P_1 = \{\{a\}, \{b\}, \{c\}\}, P_2 = \{\{a\}, \{b, c\}\}, P_3 = \{\{b\}, \{a, c\}\}, P_4 = \{\{c\}, \{a, b\}\}, P_5 = \{\{a, b, c\}\}$
c'est-à-dire $\pi_3 = 5$.

ii) On remarque simplement qu'une partition P de X_m s'obtient de la façon suivante : on choisit une partie A_1 de X_m quelconque mais contenant a.
Si A_1 contient les m éléments, on s'arrête ! sinon on greffe à cette partie A_1 une partition quelconque de son complémentaire dans X_m.
Supposons que A_1 contienne p éléments. Alors comme $a \in A_1$, il existe $\binom{m-1}{p-1}$ parties de ce type et son complémentaire contenant m-p éléments, on peut le partitionner de π_{m-p} façons. Comme p peut prendre les valeurs 1, 2, ..., m on en déduit bien :
$$\pi_m = \sum_{p=1}^{m} \binom{m-1}{p-1} \pi_{m-p}$$
(Remarquez que la convention $\pi_0 = 1$ permet de réintégrer le cas singulier où p=m à la cohue).
En posant $m - p = k$, on obtient la seconde formule annoncée.

iii) $\pi_1 = \binom{0}{0} \pi_0 = 1$
$\pi_2 = \binom{1}{1} \pi_1 + \binom{1}{0} \pi_0 = 2$
$\pi_3 = \binom{2}{2} \pi_2 + \binom{2}{1} \pi_1 + \binom{2}{0} \pi_0 = 2 + 2 + 1 = 5$
$\pi_4 = \binom{3}{3} \pi_3 + \binom{3}{2} \pi_2 + \binom{3}{1} \pi_1 + \binom{3}{0} \pi_0 = 5 + 6 + 3 + 1 = 15$
$\pi_5 = \binom{4}{4} \pi_4 + \binom{4}{3} \pi_3 + \binom{4}{2} \pi_2 + \binom{4}{1} \pi_1 + \binom{4}{0} \pi_0 = 15 + 20 + 12 + 4 + 1 = 52$
de même on trouve (vérifiez !) :
$\pi_6 = 203$.

Le tournoi de tennis

i) Soit X un ensemble de cardinal 2n (n ⩾ 1). On appelle partage par paires de X tout n-uplet $(p_1, \ldots, p_n)$ où les p_i sont des paires d'éléments de X deux à deux disjointes. On appelle partition par paires de X tout ensemble $\{p_1, \ldots, p_n\}$ où les p_i sont comme ci-dessus.

Trouver le nombre de partages par paires et de partitions par paires de X.

ii) On considère 32 joueurs de tennis. De combien de façons peut-on organiser le premier tour d'un tournoi en simple? De combien de façons peut-on organiser le premier tour d'un tournoi en double?

i). Soit $(P_1, P_2, \ldots, P_m)$ un partage par paires. P_1 peut être choisi de $\binom{2n}{2}$ façons ; P_1 étant choisi, on peut alors choisir P_2 de $\binom{2n-2}{2}$ façons, ... ; et enfin, lorsque $P_1, \ldots, P_{m-1}$ sont choisis, on peut choisir P_m de $\binom{2n-2(m-1)}{2} = 1$ façon !

Il y a donc $\binom{2n}{2}\binom{2n-2}{2}\cdots\binom{2n-2(m-1)}{2}$ partages possibles par paires. En revenant aux notations factorielles, l'expression se simplifie et on trouve $\dfrac{(2n)!}{2^m}$ partages par paires.

• Une partition par paires engendre $m!$ partages par paires, par permutations de ses termes. D'après la forme inverse du lemme des bergers, il existe donc $\dfrac{(2n)!}{2^m \cdot m!}$ partitions par paires.

ii). En simple : l'organisation du premier tour est une partition par paires d'un ensemble ayant 32 éléments. Il y a donc $\dfrac{32!}{2^{16} \cdot 16!} \simeq 1{,}9 \cdot 10^{17}$ premiers tours différents.

• En double : un match est alors une paire de paires. Il y a $\dfrac{32!}{2^{16} \cdot 16!}$ façons de "découper" les 32 joueurs en paires. On obtient à chaque fois un ensemble de 16 paires que l'on veut redécouper à son tour en $\dfrac{16!}{2^8 \cdot 8!}$ paires de paires. Il y a donc en tout

$$\frac{32!}{2^{16} \cdot 16!} \times \frac{16!}{2^8 \cdot 8!} = \frac{32!}{2^{24} \cdot 8!} \simeq 3{,}9 \cdot 10^{23} \text{ premiers tours différents.}$$

Les trous de Kaplansky

Soient n et p deux entiers naturels non nuls et ℓ un entier naturel, fixés. On cherche le nombre de suites croissantes à p termes $(i_1, \ldots, i_p)$ d'éléments de $[\![1, n]\!]$ ayant la propriété suivante : Entre deux termes consécutifs de la suite il y a la place pour au moins ℓ entiers.

Autrement dit, on cherche le nombre de suites $(i_1, \ldots, i_p)$ de $[\![1, n]\!]$ telles que : $\forall k \in [\![1, p-1]\!], i_{k+1} - i_k > \ell$.

i) Résoudre le problème pour $n = 6$, $p = 2$, $\ell = 2$.

ii) Notons Σ_ℓ l'ensemble des suites qui nous préoccupent et à toute suite $(i_1, \ldots, i_p)$ de Σ_ℓ, faisons correspondre la suite $(j_1, \ldots, j_p)$ définie par $j_1 = i_1$, $j_2 = i_2 - \ell$, ..., $j_k = i_k - (k-1)\ell$, ..., $j_p = i_p - (p-1)\ell$.

Montrer que $(j_1, \ldots, j_p)$ est une suite strictement croissante d'entiers compris entre 1 et $n - (p-1)\ell$.

iii) Montrer que la correspondance précédente réalise une bijection de Σ_ℓ sur l'ensemble des suites strictement croissantes à p termes d'entiers compris entre 1 et $n - (p-1)\ell$. En déduire que le cardinal de Σ_ℓ vaut $\dbinom{n - (p-1)\ell}{p}$.

i)

[diagram showing 6 sequences of 2 terms between dots numbered 1-6]

Il y a donc 6 suites à 2 termes convenables.

ii) Pour tout entier k compris entre 1 et $p-1$, on a :
$$j_{k+1} - j_k = (i_{k+1} - k\ell) - (i_k - (k-1)\ell) = i_{k+1} - i_k - \ell > 0.$$
Ainsi la suite $(j_1, \ldots, j_p)$ est bien strictement croissante. De plus, on a :
$$j_1 = i_1 \geq 1 \quad \text{et} \quad j_p = i_p - (p-1)\ell \leq m - (p-1)\ell,$$
ce qui montre que les entiers j_k sont bien dans l'intervalle désiré.

iii) Ceci est à peu près trivial. En effet, si $(j_1, \ldots, j_p)$ est une suite strictement croissante d'entiers compris entre 1 et $m - (p-1)\ell$, celle-ci ne peut provenir que de la suite $(i_1, \ldots, i_p)$ définie par
$$i_1 = j_1, \quad i_2 = j_2 + \ell, \quad \ldots, \quad i_p = j_p + (p-1)\ell$$
qui est évidemment un élément de Σ_ℓ. Le cardinal de Σ_ℓ est donc le même que celui des applications strictement croissantes de $[\![1,p]\!]$ dans $[\![1, m-(p-1)\ell]\!]$, c'est-à-dire par définition $\binom{m-(p-1)\ell}{p}$.

Remarques :
• Il est bien entendu que si $m - (p-1)\ell < p$, alors Σ_ℓ est vide. Les conventions faites sur les coefficients $\binom{m}{p}$ permettent de ne pas distinguer de cas particulier.
• La formule est bien entendu valable pour $\ell = 0$, mais également pour $\ell = 1$ et redonne dans ce cas le nombre Γ_m^p des combinaisons avec répétitions, puisque $i_{k+1} - i_k > -1$ signifie simplement que la suite $(i_1, \ldots, i_p)$ est croissante (au sens large).

15

i) Soient $n, p \in \mathbb{N}^*$, préciser le cardinal des ensembles suivants :
$$S_{n,p} = \{(x_1, \ldots, x_n) \in (\mathbb{N}^*)^n \,/\, x_1 + \ldots + x_n \leq p\}$$
$$S'_{n,p} = \{(x_1, \ldots, x_n) \in (\mathbb{N}^*)^n \,/\, x_1 + \ldots + x_n = p\}$$

ii) Soient $n \in \mathbb{N}$, $p \in \mathbb{N}$, préciser le cardinal des ensembles suivants :
$$\mathcal{C}_{n,p} = \{(x_1, \ldots, x_n) \in \mathbb{N}^n \,/\, x_1 + \ldots + x_n \leq p\}$$
$$\mathcal{C}'_{n,p} = \{(x_1, \ldots, x_n) \in \mathbb{N}^n \,/\, x_1 + \ldots + x_n = p\}$$

A tout m-uplet $(x_1, \ldots, x_m)$ d'éléments de $\mathbb{N}$, associons l'application f, définie sur $[\![1,m]\!]$ par :
$$\forall i \in [\![1,m]\!], \quad f(i) = \sum_{j=1}^{i} x_j \qquad (\text{i.e. } f(1) = x_1, \; f(2) = x_1 + x_2, \ldots).$$

Notons $f = \Phi(x_1, \ldots, x_n)$. Il est clair qu'une telle application f est croissante et qu'elle est même strictement croissante si et seulement si aucun des x_i n'est nul, pour $i > 1$.

Φ réalise une bijection de $\mathbb{N}^m$ sur l'ensemble $\mathcal{A}_c([\![1,m]\!], \mathbb{N})$ des applications croissantes de $[\![1,m]\!]$ dans $\mathbb{N}$, car si une telle application f est donnée, il est évident qu'elle provient du m-uplet $(x_1, \ldots, x_m)$ défini par $x_1 = f(1)$, $x_2 = f(2) - f(1)$, ..., $x_m = f(m) - f(m-1)$ et seulement de celui-ci.

De même, Φ réalise une bijection de $(\mathbb{N}^*)^m$ sur l'ensemble $\mathcal{A}_{sc}([\![1,m]\!], \mathbb{N}^*)$ des applications strictement croissantes de $[\![1,m]\!]$ dans $\mathbb{N}^*$.

i) $S_{m,p} = \Phi^{-1}(\mathcal{A}_{sc}([\![1,m]\!], [\![1,p]\!]))$. Donc $\text{Card}(S_{m,p}) = \binom{p}{m}$.
On a $S_{m,p} = S'_{m,p} \cup S_{m, p-1}$ et comme cette réunion est disjointe, il vient :
$$\text{Card}(S'_{m,p}) = \binom{p}{m} - \binom{p-1}{m} = \binom{p-1}{m-1}.$$

ii) $\mathcal{T}_{m,p} = \phi^{-1}(\mathcal{A}_c(\llbracket 1,m \rrbracket, \llbracket 0,p \rrbracket))$. Donc $\text{Card}(\mathcal{T}_{m,p}) = \binom{p+1+m-1}{m} = \binom{m+p}{m} = \binom{m+p}{p}$
(attention, l'ensemble d'arrivée contient $p+1$ éléments !)
On a $\mathcal{T}_{m,p} = \mathcal{T}'_{m,p} \cup \mathcal{T}_{m,p-1}$ et comme cette réunion est disjointe, il vient :
$$\text{Card}(\mathcal{T}'_{m,p}) = \binom{m+p}{m} - \binom{m+p-1}{m} = \binom{m+p-1}{m-1} = \binom{m+p-1}{p}.$$

16

Soient p, q, n trois entiers vérifiant $1 \leq q < p \leq n$. On note X l'ensemble des suites strictement croissantes à p termes d'éléments de $\llbracket 1, n \rrbracket$
$$X = \{(i_1, \ldots, i_p), 1 \leq i_1 < i_2 < \ldots < i_p \leq n\}$$

On note X_k l'ensemble des éléments de X pour lesquels $i_{q+1} = k$.

i) Dans cette question on prend $q = 2$, $p = 4$, $n = 6$. Calculer le cardinal de X. Vérifier que X_1, X_2, X_6 sont vides et faire la liste des éléments de X_3, X_4, X_5.

ii) On se place maintenant dans le cas général. Montrer que X_k n'est pas vide si et seulement si $k \in \llbracket q+1, n-p+q+1 \rrbracket$. Déterminer le cardinal de X_k.

iii) En déduire la formule sommatoire suivante :
$$\binom{n}{p} = \sum_{k=q+1}^{n-p+q+1} \binom{k-1}{q}\binom{n-k}{p-q-1}$$

---

i) X est dans ce cas l'ensemble des suites (i_1, i_2, i_3, i_4) où $1 \leq i_1 < i_2 < i_3 < i_4 \leq 6$. Un résultat de cours (c'est même une définition !) affirme que :
$$\text{Card}(X) = \binom{6}{4} = 15$$

X_1 est clairement vide car, si i_3 vaut 1, où seront i_1 et i_2 ?! De même, X_2 est vide car il n'y a pas assez de place pour caser i_1 et i_2. X_6 est également vide, car si $i_3 = 6$, où serait i_4 ??

Listing des éléments de X_3, X_4, X_5 :

$i_3 = 3$	$i_3 = 4$	$i_3 = 5$
1 < 2 < 3 < 4	1 < 2 < 4 < 5	1 < 2 < 5 < 6
1 < 2 < 3 < 5	1 < 2 < 4 < 6	1 < 3 < 5 < 6
1 < 2 < 3 < 6	1 < 3 < 4 < 5	1 < 4 < 5 < 6
X_3	1 < 3 < 4 < 6	2 < 3 < 5 < 6
	2 < 3 < 4 < 5	2 < 4 < 5 < 6
	2 < 3 < 4 < 6	3 < 4 < 5 < 6
	X_4	X_5

ii) Si une suite appartient à X_k, elle est de la forme :
$$1 \leq i_1 < i_2 < \ldots < i_q < k < i_{q+2} < \ldots < i_p \leq n$$

Il faut pouvoir placer les q entiers $i_1, \ldots, i_q$ dans l'intervalle d'entiers $\llbracket 1, k-1 \rrbracket$, et pour cela il faut $q \leq k-1$, c'est-à-dire $k \geq q+1$.

De la même façon, il faut aussi pouvoir placer les $p-q-1$ entiers $i_{q+2}, \ldots, i_p$ dans l'intervalle $\llbracket k+1, n \rrbracket$; comme celui-ci contient $n-k$ éléments, il est impératif d'avoir $p-q-1 \leq n-k$, c'est-à-dire $k \leq n-p+q+1$.

Réciproquement, si ces conditions sont acquises, la place est suffisante pour pouvoir construire des suites adéquates.

Remarquons alors qu'un élément de X_k est composé à partir de deux suites strictement croissantes, à savoir $i_1 < \ldots < i_q$ et $i_{q+2} < \ldots < i_p$, que nous appellerons pré-suite et post-suite.

La pré-suite est une suite strictement croissante de q entiers pris parmi $k-1$, il y a donc $\binom{k-1}{q}$ pré-suites distinctes.

De même la post-suite est une suite strictement croissante de $p-q-1$ entiers pris parmi $n-k$, il y a donc $\binom{n-k}{p-q-1}$ post-suites distinctes.

Un élément de X_k étant défini par le couple (pré-suite, post-suite), il s'en déduit
$$\text{Card}(X_k) = \binom{k-1}{q}\binom{n-k}{p-q-1}$$

iii) X est manifestement la réunion disjointe des sous-ensembles X_k non vides (Il faut bien que le $q+1^{\text{ème}}$ terme de la suite ait une valeur acceptable et il ne peut pas avoir deux valeurs distinctes pour la même suite !)

Comme $\text{Card}(X) = \binom{m}{p}$, il vient $\binom{m}{p} = \sum_{k=q+1}^{m-p+q+1} \binom{k-1}{q}\binom{m-k}{p-q-1}$

Remarque : Comme il est bien connu que le coefficient du binôme $\binom{i}{j}$ est nul si $j > i$, on peut se permettre de ne pas expliciter les bornes effectives de la sommation et écrire :

$$\binom{m}{p} = \sum_{k=1}^{m} \binom{k-1}{q}\binom{m-k}{p-q-1}$$

17

Établir la formule sommatoire :
$$\forall N \in \mathbb{N}, \sum_{i=0}^{N} \binom{2N-i}{N} 2^i = 2^{2N}$$

(Pour cela, on utilisera l'exercice n° 16 et la relation hyperclassique : $\sum_{k=0}^{n} \binom{n}{k} = 2^n$).

Remarquons que, comme le coefficient du binôme $\binom{m}{k}$ est nul si $k > m$, on peut écrire : $2^i = \sum_{j=0}^{N} \binom{i}{j}$, pour i quelconque entre 0 et N. Cela dit, posons :

$$S = \sum_{i=0}^{N} \binom{2N-i}{N} 2^i = \sum_{i=0}^{N} \left[\binom{2N-i}{N} \cdot \sum_{j=0}^{N} \binom{i}{j}\right]$$

Soit en inversant l'ordre de sommation : $S = \sum_{j=0}^{N} \left[\sum_{i=0}^{N} \binom{i}{j}\binom{2N-i}{N}\right]$.

L'expression entre crochets ressemble à celle rencontrée dans l'exercice n° 16. Pour mieux la reconnaître, nous allons la transformer un petit peu en changeant d'indice avec $k = i+1$ et en étendant le domaine de sommation en vertu de la remarque précédente :

$$\sum_{i=0}^{N} \binom{i}{j}\binom{2N-i}{N} = \sum_{k=1}^{N+1} \binom{k-1}{j}\binom{2N+1-k}{N} = \sum_{k=1}^{2N+1} \binom{k-1}{j}\binom{2N+1-k}{N}$$

Il suffit alors, avec les notations de l'exercice n° 16, de poser : $m = 2N+1$, $q = j$, $p = N+j+1$ d'où : $\sum_{k=1}^{2N+1} \binom{k-1}{j}\binom{2N+1-k}{N} = \binom{2N+1}{N+j+1}$ et par conséquent :

$$S = \sum_{j=0}^{N} \binom{2N+1}{N+j+1} = \binom{2N+1}{N+1} + \binom{2N+1}{N+2} + \ldots + \binom{2N+1}{2N+1}$$

La propriété de symétrie des coefficients du binôme ($\binom{m}{p} = \binom{m}{m-p}$) montre que S n'est autre que la moitié de la somme $\binom{2N+1}{0} + \binom{2N+1}{1} + \ldots + \binom{2N+1}{2N+1}$, qui vaut 2^{2N+1}.

D'où finalement : $S = \frac{1}{2} \cdot 2^{2N+1} = 2^{2N}$.

18

i) Soient $r, n \in \mathbb{N}$. Démontrer la formule : $\sum_{k=0}^{n} \binom{k}{r} = \binom{n+1}{r+1}$.

ii) Soient $n, p \in \mathbb{N}$. Démontrer la formule : $\sum_{k=0}^{p} \binom{n}{k}\binom{n-k}{p-k} = 2^p \binom{n}{p}$.

---

i) Remarquons tout d'abord que si $m < r$, la formule demandée est triviale car elle se réduit alors à $0 = 0$. Si $m \geq r$, la formule demandée s'écrit en fait :

$$\sum_{k=r}^{m} \binom{k}{r} = \binom{m+1}{r+1}$$

Rappelons alors la relation de Pascal : $\binom{k}{r} = \binom{k+1}{n+1} - \binom{k}{n+1}$. On peut donc écrire :

$$\sum_{k=0}^{m} \binom{k}{n} = \sum_{k=0}^{m} \left(\binom{k+1}{n+1} - \binom{k}{n+1} \right) = \binom{m+1}{n+1} - \binom{0}{n+1} = \binom{m+1}{n+1}.$$

ii) **Preuve combinatoire**

Soit E un ensemble de cardinal m et calculons de deux façons différentes le nombre de couples de parties (B, A) de E tels que B soit de cardinal p et que A soit une partie de B.

a) On peut choisir d'abord B, ce qui peut se faire de $\binom{m}{p}$ façons, puis choisir A. Quelle que soit la partie B choisie, il y a donc 2^p façons de choisir A. Le nombre de couples convenables est donc $2^p \binom{m}{p}$.

b) Soit $k \in [\![0, p]\!]$, on peut choisir d'abord une partie A à k éléments de $\binom{m}{k}$ façons et compléter une telle partie A à l'aide de $p-k$ éléments pris parmi les $m-k$ restants de $\binom{m-k}{p-k}$ façons, afin de reconstituer une partie B convenable. Il y a donc $\binom{m}{k} \cdot \binom{m-k}{p-k}$ couples adéquats, tels que le cardinal de A soit k.

D'où le résultat par sommation sur les valeurs possibles de k.

• **Preuve calculatoire**

Supposons $p \leq m$, car sinon la formule se réduit à $0 = 0$. On peut alors écrire :

$$\binom{m}{k} \cdot \binom{m-k}{p-k} = \frac{m!}{k!(m-k)!} \cdot \frac{(m-k)!}{(m-p)!(p-k)!} = \frac{m!}{p!(m-p)!} \cdot \frac{p!}{k!(p-k)!} = \binom{m}{p} \cdot \binom{p}{k}$$

D'où

$$\sum_{k=0}^{p} \binom{m}{k}\binom{m-k}{p-k} = \binom{m}{p} \cdot \sum_{k=0}^{p} \binom{p}{k} = \binom{m}{p} \cdot 2^p.$$

19

Les surjections : première approche

i) Combien existe-t-il de surjections d'un ensemble X de cardinal n ⩾ 1 sur un ensemble Y ayant deux éléments (notés 0 et 1).

ii) On range au hasard n boules dans 3 tiroirs. Quelle est la probabilité qu'il y ait exactement deux tiroirs occupés?

---

i) Notons $S_{m,2}$ le nombre cherché. Il est clair que l'on a $S_{1,2} = 0$. Supposons donc $m \geq 2$. Parmi toutes les applications de X dans Y, deux et deux seulement ne sont pas surjectives, à savoir celle qui envoie tous les éléments de X sur 0 et celle qui envoie tous les éléments de X sur 1. Par conséquent $S_{m,2} = 2^m - 2$.

Remarquons que pour $m = 1$, la formule précédente reste valable.

Moralité : $\quad \forall m \geq 1 \quad S_{m,2} = 2^m - 2$

ii) Le rangement se faisant "au hasard", cela signifie que les boules sont discernables (on les numérote) et qu'alors toutes les répartitions sont équiprobables. Le nombre de cas possibles vaut 3^m (exercice n° 9). Notons alors que les cas favorables peuvent se partager en trois catégories : les deux tiroirs occupés peuvent être T_1, T_2 ou T_1, T_3 ou T_2, T_3.

Dans le 1er cas, un cas favorable correspond à une surjection de l'ensemble des boules sur l'ensemble T_1, T_2. Il y a donc $2^m - 2$ cas favorables de ce type. Ceci s'applique bien sûr aux deux autres cas. La probabilité cherchée vaut par conséquent :

$$\frac{3 \cdot (2^m - 2)}{3^m} = 2 \cdot \left(\frac{2}{3}\right)^{m-1} - \frac{2}{3^{m-1}}.$$

Pour pouvoir généraliser l'exercice précédent, nous devons d'abord présenter un nouvel outil fort utile en analyse combinatoire : la célèbre formule d'inversion de Pascal. Les personnes non encore familiarisées avec l'algèbre linéaire et le calcul matriciel pourront admettre le résultat qui va suivre :

20

Formule d'inversion de Pascal

Soient $(f_n)_{n \in \mathbb{N}}$ et $(g_n)_{n \in \mathbb{N}}$ deux suites de nombres réels telles que:

$$\forall n \in \mathbb{N}, f_n = \sum_{k=0}^{n} \binom{n}{k} g_k$$

Montrer que l'on a alors:

$$\forall n \in \mathbb{N}, g_n = \sum_{k=0}^{n} (-1)^{n-k} \binom{n}{k} f_k$$

(cf. notre cours d'algèbre p. 61).

Soit $m \in \mathbb{N}$ fixé. On a alors :
$$\begin{cases} f_0 = g_0 \\ f_1 = g_0 + g_1 \\ f_2 = g_0 + 2g_1 + g_2 \\ \vdots \\ f_m = g_0 + \binom{m}{1} g_1 + \ldots + \binom{m}{m-1} g_{m-1} + g_m \end{cases}$$

ce qui peut s'écrire matriciellement :

$$\begin{pmatrix} f_0 \\ \vdots \\ f_m \end{pmatrix} = P \begin{pmatrix} g_0 \\ \vdots \\ g_m \end{pmatrix} \quad \text{où} \quad P = \begin{pmatrix} 1 & & & 0 \\ 1 & 1 & & \\ 1 & 2 & 1 & \\ \vdots & & & \ddots \\ 1 & \binom{m}{1} & \ldots & 1 \end{pmatrix}$$

m' est autre que la matrice triangulaire de Pascal. Exprimer g_m en fonction des f_k revient à inverser cette matrice P, ce qui est sûrement réalisable puisque det $P = 1$ (produit des termes de la diagonale, puisque la matrice est triangulaire).

La ruse monumentale consiste alors à remarquer que, pour tout nombre réel x, on a :

$$P \begin{pmatrix} 1 \\ x \\ \vdots \\ x^m \end{pmatrix} = \begin{pmatrix} 1 \\ 1+x \\ \vdots \\ (1+x)^m \end{pmatrix} \quad \text{(formule du binôme de Newton)}$$

et donc que l'on a : $\forall x \in \mathbb{R}, \begin{pmatrix} 1 \\ x \\ \vdots \\ x^m \end{pmatrix} = P^{-1} \begin{pmatrix} 1 \\ 1+x \\ \vdots \\ (1+x)^m \end{pmatrix}$.

Finalement P^{-1} me fait qu'exprimer les puissances de x en fonction de celles de $1+x$. Mais cela, on sait le faire (sacré Newton !) car on peut écrire :
$$x^i = (1 + x - 1)^i = \sum_{j=0}^{i} \binom{i}{j} (x+1)^j (-1)^{i-j}$$

Par conséquent, P^{-1} m' est autre que la matrice d'élément générique $p_{i,j} = (-1)^{i-j} \binom{i}{j}$. Comme $\begin{pmatrix} g_0 \\ \vdots \\ g_m \end{pmatrix} = P^{-1} \begin{pmatrix} f_0 \\ \vdots \\ f_m \end{pmatrix}$, l'examen de la dernière ligne fournit le résultat demandé.

21

Les surjections : cas général

Soient n et p deux entiers naturels non nuls et posons $X_p = \{1, \ldots, p\}$, $X_n = \{1, \ldots, n\}$. On note $S_{p,n}$ le nombre de surjections de X_p sur X_n.

i) Soit $k \leq n$ et soit I_k une partie fixée, de cardinal k, de X_n. Quel est le nombre d'applications de X_p dans X_n dont l'image est exactement I_k ?

ii) Quel est le nombre d'applications de X_p dans X_n dont l'image a pour cardinal k ?

iii) En classant les applications de X_p dans X_n, montrer la relation :

$$n^p = \sum_{k=1}^{n} \binom{n}{k} S_{p,k}$$

---

iv) On convient de poser, pour tout entier p non nul, $S_{p,0} = 0$. A l'aide de la formule d'inversion de Pascal, montrer que l'on a:
$$S_{p,n} = \sum_{k=0}^{n} (-1)^{n-k} \binom{n}{k} k^p.$$

i) Une application de X_p dans X_m d'image I_k est par définition une surjection de X_p sur I_k. Le nombre cherché est donc $S_{p,k}$.

ii) Il existe $\binom{m}{k}$ parties de cardinal k dans X_m. D'après ce que nous venons de voir, chacune engendre $S_{p,k}$ applications qui l'ont pour image. Comme il n'y a ni omission ni répétition, il existe au total $\binom{m}{k} S_{p,k}$ applications dont l'image a pour cardinal k.

iii) Notons $\mathcal{A}_k(X_p, X_m)$ l'ensemble des applications de X_p dans X_m dont l'image est de cardinal k. On a évidemment:
$$\mathcal{A}(X_p, X_m) = \bigcup_{k=1}^{m} \mathcal{A}_k(X_p, X_m)$$
et cette réunion est disjointe. Par conséquent:
$$|\mathcal{A}(X_p, X_m)| = \sum_{k=1}^{m} |\mathcal{A}_k(X_p, X_m)|$$
, qui n'est autre que la relation demandée.

iv) p étant fixé, posons $f_m = m^p$ et $g_m = S_{p,m}$. La convention de l'énoncé permet d'écrire:
$$\forall m \in \mathbb{N}, \quad f_m = \sum_{k=0}^{m} \binom{m}{k} g_k$$
et la formule de l'exercice n° 20 donne le résultat annoncé.

22

Les dérangements

Notons N_n^k le nombre de permutations de l'ensemble $\{1, ..., n\}$ ayant exactement k points fixes ($K \in [\![0, n]\!]$). Une permutation sans point fixe est un **dérangement**.

i) Quel est le nombre de permutations dont l'ensemble des points fixes est une partie donnée I_k de $\{1, ..., n\}$, de cardinal k ?

ii) En déduire que l'on a: $N_n^k = \binom{n}{k} N_{n-k}^0$, où l'on convient de poser $N_0^0 = 1$.

iii) Montrer que l'on a: $\forall n \in \mathbb{N}, n! = \sum_{k=0}^{n} N_n^k = \sum_{k=0}^{n} \binom{n}{k} N_k^0$.

iv) A l'aide de la formule d'inversion de Pascal, en déduire:

a) $\forall n \in \mathbb{N}, N_n^0 = n! \sum_{p=0}^{n} \frac{(-1)^p}{p!}$

b) $\forall n \in \mathbb{N}, \forall k \in [\![0, n]\!], N_n^k = \frac{n!}{k!} \sum_{p=0}^{n-k} \frac{(-1)^p}{p!}$

i) Si l'on connaît les k points fixes, il est indispensable de déranger les autres. Le nombre cherché vaut par conséquent N_{m-k}^0. (Remarquer que la convention $N_0^0 = 1$ donne un sens à cette relation même pour $k=m$, auquel cas il est évident que seule l'identité convient).

ii) Il existe $\binom{m}{k}$ parties dans $[\![1, m]\!]$ possédant k éléments, et chacune d'elles engendre N_{m-k}^0 permutations convenables d'où le résultat, par application du lemme des bergers.

iii) Notons $\mathcal{I}_m(k)$ l'ensemble des permutations de $[\![1, m]\!]$ possédant exactement k points fixes. Il est clair que l'on a $\mathcal{I}_m = \bigcup_{k=0}^{m} \mathcal{I}_m(k)$, cette réunion étant disjointe. D'où le résultat par passage aux cardinaux.

iv) Il suffit de poser $f_m = m!$, $g_m = N_m^0$ pour voir que la seconde forme de la formule *iii)* permet d'appliquer la formule d'inversion de Pascal. On en déduit bien:

$$\forall m \in \mathbb{N}, \quad N_m^0 = \sum_{p=0}^{m} (-1)^{m-p} \binom{m}{p} p! = \sum_{p=0}^{m} (-1)^{m-p} \frac{m!}{(m-p)!} = m! \sum_{p'=0}^{m} \frac{(-1)^{p'}}{p'!}$$

et par suite
$$N_m^k = \binom{m}{k} N_{m-k}^0 = \frac{m!}{k!(m-k)!} \cdot (m-k)! \sum_{p'=0}^{m-k} \frac{(-1)^{p'}}{p'!} = \frac{m!}{k!} \sum_{p=0}^{m-k} \frac{(-1)^p}{p!}$$

Remarque: Montrer que $N_m^{m-1} = 0$. Cela nous surprend-il ? (!)

23

Binôme généralisé

Pour $\alpha \in \mathbb{R}$ et $n \in \mathbb{N}^*$, on pose $\binom{\alpha}{n} = \frac{\alpha(\alpha-1)\ldots(\alpha-n+1)}{n!} = \frac{1}{n!} \prod_{j=0}^{n-1} (\alpha-j)$.

On convient de noter $\binom{\alpha}{0} = 1$.

i) Montrer que: $\forall \alpha \in \mathbb{R}, \forall n \in \mathbb{N}, \binom{\alpha+1}{n+1} = \binom{\alpha}{n+1} + \binom{\alpha}{n}$ (formule de Pascal).

ii) Montrer que: $\forall \alpha, \beta \in \mathbb{R}, \forall n \in \mathbb{N}, \binom{\alpha+\beta}{n} = \sum_{k=0}^{n} \binom{\alpha}{k}\binom{\beta}{n-k}$ (formule de Vandermonde.)

iii) a) Exprimer $\binom{\frac{1}{2}}{k}$ et $\binom{-\frac{1}{2}}{k}$ en fonction de $\binom{2k}{k}$.

b) Calculer pour $n \in \mathbb{N}$, $\sum_{k=0}^{n} \binom{2k}{k}\binom{2n-2k}{n-k}$.

iv) Soit f une fonction de classe n + 1 sur un intervalle [0, a] (i.e. n + 1 fois continûment dérivable sur cet intervalle) on démontre en analyse que l'on a:

$$\forall x \in [0, a], f(x) = \sum_{k=0}^{n} \frac{f^{(k)}(0)}{k!} x^k + \frac{1}{n!} \int_0^x (x-t)^n f^{(n+1)}(t) \, dt$$

(formule de Taylor avec reste intégral).

a) Montrer en utilisant la fonction $f: t \mapsto (1+ut)^\alpha$ que l'on a:

$$\forall \alpha \in \mathbb{R}, \forall u \in [0, 1[, (1+u)^\alpha = \sum_{k=0}^{\infty} \binom{\alpha}{k} u^k \text{ (binôme généralisé)}$$

Montrer, qu'en fait, cette formule est valable pour $u \in]-1, +1[$.

b) Montrer que:

$$\forall r \in \mathbb{N}, \forall u \in]-1, 1[, \frac{1}{(1-u)^{r+1}} = \sum_{k=r}^{+\infty} \binom{k}{r} u^{k-r}$$

c) Retrouver la formule de Vandermonde.

v) Montrer que pour $x \in]-1, +1[$ on a:

$$(1-x^2)^{-\frac{1}{2}} = \sum_{k=0}^{\infty} \binom{2k}{k}\left(\frac{x^2}{4}\right)^k \; ; \; (1-x^2)^{\frac{1}{2}} = -\sum_{k=0}^{\infty} \frac{1}{2k-1}\binom{2k}{k}\left(\frac{x^2}{4}\right)^k$$

Remarquons tout d'abord que si $\alpha \in \mathbb{N}$, $\binom{\alpha}{m}$ n'est autre que le coefficient binomial classique.

i) $\binom{\alpha}{m+1} + \binom{\alpha}{m} = \frac{1}{(m+1)!} [\alpha(\alpha-1)\cdots(\alpha-m)] + \frac{1}{m!}[\alpha(\alpha-1)\cdots(\alpha-m+1)]$

$= \frac{1}{(m+1)!} [\alpha(\alpha-1)\cdots(\alpha-m+1)][(\alpha-m)+(m+1)]$

$= \frac{1}{(m+1)!} [(\alpha+1)\alpha\cdots(\alpha-m+1)] = \binom{\alpha+1}{m+1}$

Calcul sans astuce et sans surprise !

ii) 1er cas : α et β appartiennent à $\mathbb{N}$. Alors cette formule est classique et s'obtient facilement de la façon suivante :
considérons le polynôme $(X+1)^{\alpha+\beta} = (X+1)^{\alpha}(X+1)^{\beta}$ et calculons de deux façons le coefficient du terme de degré m de ce polynôme :

$$(X+1)^{\alpha+\beta} = \sum_{m=0}^{\alpha+\beta} \binom{\alpha+\beta}{m} X^m$$

$$(X+1)^{\alpha}(X+1)^{\beta} = \left[\sum_{k=0}^{\alpha} \binom{\alpha}{k} X^k\right]\left[\sum_{j=0}^{\beta}\binom{\beta}{j} X^j\right] = \sum_{m=0}^{\alpha+\beta}\left(\sum_{k=0}^{m}\binom{\alpha}{k}\binom{\beta}{m-k}\right) X^m$$

d'après la règle de produit de deux polynômes.
En comparant les termes en X^m, on obtient bien : $\binom{\alpha+\beta}{m} = \sum_{k=0}^{m}\binom{\alpha}{k}\binom{\beta}{m-k}$
(avec les conventions habituelles concernant les coefficients binomiaux.)

2ème cas : $\beta \in \mathbb{N}$.
Considérons le polynôme $P_{\beta}(X) = \binom{X+\beta}{m} - \sum_{k=0}^{m}\binom{X}{k}\binom{\beta}{m-k}$.

P_{β} est un polynôme de $\mathbb{R}[X]$ (de degré inférieur ou égal à m) qui s'annule en tout point de $\mathbb{N}$ (1er cas), c'est donc le polynôme nul. (Rappelons que le nombre de zéros d'un polynôme non nul ne peut excéder son degré).
On a donc :
$$\forall \beta \in \mathbb{N}, \forall \alpha \in \mathbb{R}, \binom{\alpha+\beta}{m} = \sum_{k=0}^{m}\binom{\alpha}{k}\binom{\beta}{m-k}$$

3ème cas : $\beta \in \mathbb{R}$.
Considérons toujours le polynôme $P_{\beta}(X) = \binom{X+\beta}{m} - \sum_{k=0}^{m}\binom{X}{k}\binom{\beta}{m-k}$. Alors d'après le 2ème cas, P_{β} s'annule en tout point de $\mathbb{N}$, (en effet, α et β jouent des rôles symétriques, la formule est donc acquise dans le 2ème cas pour $\alpha \in \mathbb{N}$ et $\beta \in \mathbb{R}$), c'est donc le polynôme nul. On a donc :
$$\forall \beta \in \mathbb{R}, \forall \alpha \in \mathbb{R}, \binom{\alpha+\beta}{m} = \sum_{k=0}^{m}\binom{\alpha}{k}\binom{\beta}{m-k}.$$

iii) a) Supposons k non nul, on peut alors écrire :

$\binom{-1/2}{k} = \frac{1}{k!}\left(-\frac{1}{2}\right)\left(-\frac{1}{2}-1\right)\cdots\left(-\frac{1}{2}-(k-1)\right) = \frac{(-1)^k}{k!} \cdot \frac{1.3.5.\cdots(2k-1)}{2^k}$

$\binom{-1/2}{k} = \frac{(-1)^k}{k! \, 2^k} \cdot \frac{1.2.3.\cdots(2k-1).2k}{2.4.\cdots 2k} = \frac{(-1)^k}{k! \, 2^k} \cdot \frac{(2k)!}{2^k.k!} = (-1)^k \cdot \frac{\binom{2k}{k}}{2^{2k}}$.

On a de même :

$\binom{1/2}{k} = \frac{1}{k!} \cdot \left(\frac{1}{2}\right)\cdot\left(\frac{1}{2}-1\right)\cdots\left(\frac{1}{2}-(k-1)\right) = \frac{(-1)^{k-1}}{k!} \cdot \frac{1.3.\cdots(2k-3)}{2^k}$

$= \frac{(-1)^{k-1}}{k!(2k-1)} \cdot \frac{1.3.\cdots(2k-1)}{2^k} = \frac{(-1)^{k-1}}{(2k-1)} \cdot \frac{\binom{2k}{k}}{2^{2k}}$

On s'aperçoit alors que les formules trouvées restent valables pour $k=0$.

$$\forall k \in \mathbb{N}, \binom{-1/2}{k} = \frac{(-1)^k}{2^{2k}}\binom{2k}{k} \quad ; \quad \binom{1/2}{k} = \frac{(-1)^{k-1}}{2^{2k}(2k-1)}\binom{2k}{k}$$

b) On peut écrire :
$$\sum_{k=0}^{m} \binom{2k}{k}\binom{2n-2k}{m-k} = \sum_{k=0}^{m} (-1)^k (2)^{2k} \binom{-1/2}{k}(-1)^{m-k} 2^{2n-2k}\binom{-1/2}{n-k}$$
$$= (-1)^n . 2^{2n} . \sum_{k=0}^{m} \binom{-1/2}{k}\binom{-1/2}{m-k}$$

soit d'après la formule de VanderMonde :
$$\sum_{k=0}^{m} \binom{2k}{k}\binom{2n-2k}{m-k} = (-1)^m 2^{2n} \binom{-1}{m} = (-1)^m 2^{2n} \cdot \frac{(-1)(-2)\cdots(-m)}{m!} = 2^{2m}$$

c'est-à-dire : $\forall m \in \mathbb{N}$, $\sum_{k=0}^{m} \binom{2k}{k}\binom{2n-2k}{m-k} = 2^{2m}$.

iv) a) Soit $u \in [0,1[$ fixé, alors la fonction f de l'énoncé est de classe infinie sur l'intervalle $[0,1]$, on peut donc lui appliquer la formule de Taylor au point 1 à un ordre quelconque :

Remarquons tout d'abord que l'on a :
$$\forall k \in \mathbb{N}, \quad f^{(k)}(t) = \alpha(\alpha-1)\cdots(\alpha-k+1) u^k (1+ut)^{\alpha-k} = \binom{\alpha}{k} k! \, u^k (1+ut)^{\alpha-k}$$

d'où
$$\forall m \in \mathbb{N}, \quad f(1) = (1+u)^\alpha = \sum_{k=0}^{m} \binom{\alpha}{k} u^k + \underbrace{(m+1)\binom{\alpha}{m+1} u^{m+1} \int_0^1 (1+ut)^{\alpha-m-1}(1-t)^m dt}_{v_m}$$

Il s'agit de démontrer que l'on a $\lim_{m\to\infty} v_m = 0$, ce qui démontrera bien que l'on a :
$$(1+u)^\alpha = \sum_{k=0}^{\infty} \binom{\alpha}{k} u^k .$$

Supposons $m > \alpha - 1$ (ce qui ne constitue pas une restriction puisque l'on cherche à savoir ce qui se passe lorsque m tend vers $+\infty$). On a alors $\alpha - m - 1 < 0$, et comme $u \in [0,1[$, $t \in [0,1]$, on a $1+ut \geq 1$ et donc : $0 < (1+ut)^{\alpha-m-1} \leq 1$, ce qui permet de majorer $|v_m|$.
$$|v_m| \leq (m+1) u^{m+1} \left|\binom{\alpha}{m+1}\right| \int_0^1 (1-t)^m dt = \left|\binom{\alpha}{m+1}\right| u^{m+1}$$

Posons $w_m = \left|\binom{\alpha}{m+1}\right| u^{m+1}$. Si α est entier positif, alors pour m assez grand, w_m est nul et il n'y a pas vraiment de problème ! Supposons donc α non entier positif, on peut écrire :
$$\frac{w_{m+1}}{w_m} = u \cdot \frac{\left|\binom{\alpha}{m+2}\right|}{\left|\binom{\alpha}{m+1}\right|} = u \frac{|\alpha-m-1|}{m+2} \quad \text{(simplifications des termes)}$$

donc $\lim_{m \to \infty} \frac{w_{m+1}}{w_m} = u < 1$.

La série de terme général w_m est donc convergente d'après la règle de d'Alembert, en particulier son terme général tend vers 0, a fortiori $\lim_{m \to \infty} v_m = 0$, et on a bien :
$$\forall u \in [0,1[, \quad (1+u)^\alpha = \sum_{k=0}^{\infty} \binom{\alpha}{k} u^k .$$

Note : Il s'agit là d'une démarche assez classique : pour démontrer qu'une suite a pour limite 0, on étudie la série associée et le recours à la règle de d'Alembert permet d'éviter d'invoquer les théorèmes de croissances comparées de la factorielle et des puissances ou des exponentielles. Ces théorèmes permettraient de conclure tout de même !

• De même pour $u \in [0,1[$, considérons la fonction $g : t \mapsto (1-ut)^\alpha$ définie sur $[0,1]$. g est de classe infinie sur $[0,1]$ et on a :
$$\forall k \in \mathbb{N}, \quad g^{(k)}(t) = \alpha(\alpha-1)\cdots(\alpha-k+1)(-u)^k(1-ut)^{\alpha-k} = (-1)^k \binom{\alpha}{k} k! \, u^k (1-ut)^{\alpha-k}$$

d'où
$$\forall m \in \mathbb{N}, \quad g(1) = (1-u)^\alpha = \sum_{k=0}^{m} \binom{\alpha}{k}(-u)^k + \underbrace{(-1)^{m+1}(m+1) u^{m+1} \binom{\alpha}{m+1} \int_0^1 (1-t)^m (1-ut)^{\alpha-m-1} dt}_{r_m}$$

Il s'agit encore de démontrer que l'on a : $\lim_{m \to \infty} r_m = 0$. Or comme $u \in [0,1[$ et $t \in [0,1]$ on a : $(1-ut) \geq 1-t$ et par conséquent :
$$(1-t)^m (1-ut)^{\alpha-m-1} \leq (1-t)^m (1-ut)^{\alpha-1}(1-t)^{-m} = (1-ut)^{\alpha-1}$$

d'où
$$|r_m| \leq (m+1) u^{m+1} \left|\binom{\alpha}{m+1}\right| \cdot \int_0^1 (1-ut)^{\alpha-1} dt$$
(l'intégrale écrite a bien un sens !)

Posons $s_m = (m+1) u^{m+1} \left|\binom{\alpha}{m+1}\right|$. Si α est entier positif, alors pour m assez grand, s_m est nul et r_m est également nul, le problème est résolu. Supposons donc α non entier positif, on peut écrire :
$$\frac{s_{m+1}}{s_m} = \frac{m+2}{m+1} u \cdot \frac{\left|\binom{\alpha}{m+2}\right|}{\left|\binom{\alpha}{m+1}\right|} = u \frac{|\alpha - m - 1|}{m+1}$$

donc $\lim_{m \to \infty} \frac{s_{m+1}}{s_m} = u < 1$.

La série de terme général s_m est convergente et en particulier $\lim_{m \to \infty} s_m = 0$, d'où $\lim_{m \to \infty} r_m = 0$ et par conséquent :
$$\forall u \in [0, 1[\quad , \quad (1-u)^\alpha = \sum_{k=0}^\infty \binom{\alpha}{k} (-u)^k \quad .$$

Les deux résultats mis ensemble donnent donc :
$$\forall \alpha \in \mathbb{R} \quad , \quad \forall u \in \,]-1, 1[\quad , \quad (1+u)^\alpha = \sum_{k=0}^\infty \binom{\alpha}{k} u^k \quad .$$

b) Si $u \in \,]-1, 1[$, alors $-u \in \,]-1, 1[$, on peut donc écrire d'après ce qui précède :
$$\frac{1}{(1-u)^{n+1}} = (1-u)^{-n-1} = \sum_{k=0}^\infty \binom{-n-1}{k} (-u)^k = \sum_{k=0}^\infty (-1)^k \binom{-n-1}{k} u^k$$

Mais $\binom{-n-1}{k} = \frac{(-n-1)(-n-2)\ldots(-n-k)}{k!} = (-1)^k \frac{(n+k)(n+k-1)\ldots(n+2)(n+1)}{k!}$

i.e. $\binom{-n-1}{k} = (-1)^k \binom{n+k}{n}$

d'où $\forall u \in \,]-1, 1[\quad , \quad \frac{1}{(1-u)^{n+1}} = \sum_{k=0}^\infty \binom{n+k}{n} u^k = \sum_{j=0}^\infty \binom{j}{n} u^{j-n}$.

c) Pour $u \in \,]-1, 1[$, on a : $(1+u)^\alpha = \sum_{k=0}^\infty \binom{\alpha}{k} u^k$ et $(1+u)^\beta = \sum_{k=0}^\infty \binom{\beta}{k} u^k$, ces deux séries étant absolument convergentes. Donc : $(1+u)^{\alpha+\beta} = (1+u)^\alpha (1+u)^\beta$ est donnée par le produit de Cauchy des deux séries précédentes :
$$(1+u)^{\alpha+\beta} = \left(\sum_{k=0}^\infty \binom{\alpha}{k} u^k\right)\left(\sum_{j=0}^\infty \binom{\beta}{j} u^j\right) = \sum_{k=0}^\infty \sum_{j=0}^\infty \binom{\alpha}{k}\binom{\beta}{j} u^{k+j}$$

soit en posant $k+j = m$ et en réordonnant :
$$(1+u)^{\alpha+\beta} = \sum_{m=0}^\infty \left(\sum_{k=0}^m \binom{\alpha}{k}\binom{\beta}{m-k}\right) u^m = \sum_{m=0}^\infty \binom{\alpha+\beta}{m} u^m \quad .$$

D'où le résultat en admettant l'unicité d'un tel développement en série.

v) Pour $x \in \,]-1, 1[$, on a $x^2 \in [0, 1[$ et par conséquent (question iv) a)) :
$$(1-x^2)^{-1/2} = \sum_{k=0}^\infty \binom{-1/2}{k} (-x^2)^k = \sum_{k=0}^\infty (-1)^k \binom{-1/2}{k} x^{2k}$$

ce que l'on peut écrire, compte tenu du résultat obtenu en iii) :
$$(1-x^2)^{-1/2} = \sum_{k=0}^\infty \binom{2k}{k} \frac{x^{2k}}{2^{2k}} = \sum_{k=0}^\infty \binom{2k}{k} \left(\frac{x^2}{4}\right)^k \quad .$$

De même, pour $x \in \,]-1, 1[$
$$(1-x^2)^{1/2} = \sum_{k=0}^\infty \binom{1/2}{k} (-x^2)^k = \sum_{k=0}^\infty (-1)^k \binom{1/2}{k} x^{2k}$$
$$= \sum_{k=0}^\infty (-1)^k \frac{(-1)^{k-1}}{2k-1} \cdot \frac{\binom{2k}{k}}{2^{2k}} x^{2k}$$
$$= -\sum_{k=0}^\infty \frac{1}{2k-1} \binom{2k}{k} \left(\frac{x^2}{4}\right)^k$$

Soit p un nombre entier naturel donné.

i) Montrer que l'on a
$$\forall x \in \,]-1, 1[\,, \forall n \in \mathbb{N}^*, 1 + x + x^2 + \ldots + x^{n-1} = \frac{1}{1-x} - \frac{x^n}{1-x}$$

ii) Calculer, pour $n \geq p$, la dérivée $p^{\text{ème}}$ de la fonction définie sur $]-1, 1[$ par $x \longmapsto \dfrac{x^n}{1-x}$.

iii) En déduire la formule : $\forall x \in \,]-1, 1[\,, \displaystyle\sum_{n=p}^{\infty} \binom{n}{p} x^{n-p} = \dfrac{1}{(1-x)^{p+1}}$.

i) C'est clair !

ii) Notons $f : x \longmapsto x^m$, $g : x \longmapsto \dfrac{1}{1-x}$. Pour calculer la dérivée $p^{\text{ème}}$ du produit fg, il semble que le recours à la formule de Leibniz soit indispensable.

• On peut écrire :
$$f' : x \longmapsto m x^{m-1} \,;\, f'' : x \longmapsto m(m-1) x^{m-2} \,;\, \ldots \,;\, f^{(k)} : x \longmapsto m(m-1)\ldots(m-k+1) x^{m-k} \,,\, \ldots$$

i.e.
$$\forall k \leq m, \quad f^{(k)}(x) = \frac{m!}{(m-k)!} x^{m-k}$$

• De même :
$$g' : x \longmapsto (1-x)^{-2} \,;\, g'' : x \longmapsto 2(1-x)^{-3} \,;\, \ldots \,,\, g^{(k)} : x \longmapsto 2.3.\ldots.k (1-x)^{-k-1} \,,\, \ldots$$

i.e.
$$\forall k \in \mathbb{N}, \quad g^{(k)}(x) = k! (1-x)^{-k-1}$$

• On a alors :
$$\forall x \in \,]-1, 1[\quad (fg)^{(p)}(x) = \sum_{k=0}^{p} \binom{p}{k} g^{(k)}(x) f^{(p-k)}(x)$$

c'est-à-dire :
$$(fg)^{(p)}(x) = \sum_{k=0}^{p} \binom{p}{k} k! (1-x)^{-k-1} \cdot \frac{m!}{(m-p+k)!} x^{m-p+k}$$

i.e.
$$(fg)^{(p)}(x) = \sum_{k=0}^{p} \frac{p! \, m!}{(p-k)! (m-p+k)!} \cdot \frac{x^{m-p+k}}{(1-x)^{k+1}}$$

iii) Considérons l'identité obtenue en i). On obtient alors en égalant les dérivées $p^{\text{èmes}}$ des deux membres, compte tenu des résultats obtenus en ii).

$$\sum_{k=p}^{m-1} \frac{k!}{(k-p)!} x^{k-p} = \frac{p!}{(1-x)^{p+1}} - \sum_{k=0}^{p} \frac{p! \, m!}{(p-k)! (m-p+k)!} \cdot \frac{x^{n-p+k}}{(1-x)^{k+1}}$$

p étant un nombre fixé, cherchons la limite de chacun des p+1 termes de la sommation de droite, lorsque m tend vers l'infini, i.e. cherchons pour $x \in \,]-1, +1[$:

$$\lim_{m \to \infty} \frac{m!}{(m-p+k)!} x^{m-p+k} = \lim_{n \to \infty} n(n-1)\ldots(m-p+k+1) x^{m-p+k}$$

Mais $(m)(m-1)\ldots(m-p+k+1) \underset{(\infty)}{\sim} m^{p-k}$ (le nombre de termes est fixé !)

Nous sommes donc ramenés à un problème de négligeabilité classique entre la fonction puissance et la fonction exponentielle. Comme $|x| < 1$, on a :

$$\lim_{n \to \infty} m^{p-k} x^{m-p+k} = 0$$

c'est-à-dire : $\displaystyle\lim_{m \to \infty} \sum_{k=p}^{m-1} \frac{k!}{(k-p)!} x^{k-p} = \frac{p!}{(1-x)^{p+1}}$

ou encore $\displaystyle\lim_{m \to \infty} \sum_{k=p}^{m-1} \binom{k}{p} x^{k-p} = \frac{1}{(1-x)^{p+1}}$

d'où le résultat annoncé.

Note : Il était d'ailleurs clair que la série proposée est (absolument) convergente. En effet si $\alpha = 0$, il n'y a pas grand chose à prouver et si $x \neq 0$, on peut écrire :

$$\frac{\binom{m+1}{p} |x|^{m+1-p}}{\binom{m}{p} |x|^{m-p}} = \frac{m+1}{m+1-p} |x|$$

La limite de cette expression lorsque m tend vers l'infini est $|x|$, qui est strictement inférieur à 1, le critère de d'Alembert permet de conclure à la convergence absolue, donc à la convergence.

QUELQUES NO(TA)TIONS CLASSIQUES ET UTILES

extraites de l'ouvrage « COURS DE PROBABILITÉS ET DE STATISTIQUES
de Christian LEBŒUF, Jean-Louis ROQUE et Jean GUÉGAND

Ω : population, univers
$X(\Omega)$: ensemble des valeurs prises par une statistique, par une v.a.r.
$\bar{x}, \sigma$: moyenne arithmétique, écart-type
m_k, μ_k : moment d'ordre k, moment centré d'ordre k
$\mu_{[k]}$: moment factoriel d'ordre k
δ : premier coefficient de Fisher (asymétrie)
a : deuxième coefficient de Fisher (aplatissement)
$\vec{C}$: statistique double, vecteur aléatoire
σ_{xy} : covariance de deux séries statistiques
ρ_{xy} : coefficient de corrélation de deux séries statistiques
$\bar{A}$: complémentaire de la partie A, événement contraire
$A \setminus B$: différence des ensembles A et B
$\mathcal{P}(\Omega)$: ensemble des parties de Ω
$\mathcal{B}$: tribu des événements liés à une expérience $\mathcal{E}$
$P(A)$: probabilité de l'événement A
Card A, |A| : cardinal de l'ensemble fini A
$P(A/B)$: probabilité de A sachant B
F_X : fonction de répartition de la v.a.r. X
$E(X)$: espérance de la v.a.r. X
$V(X), \sigma_X$: variance de la v.a.r. X, écart-type de la v.a.r. X
X^* : v.a.r. centrée réduite associée à X
cov (X, Y) : covariance des v.a.r. X et Y
$\rho_{X,Y}$: coefficient de corrélation linéaire des v.a.r. X et Y
$\hookrightarrow$: indique la loi suivie par une v.a.r.
$\mathcal{U}_n$: loi uniforme discrète sur $[\![1, n]\!]$
$\mathcal{B}(n, p)$: loi binomiale de paramètres n et p
$\mathcal{G}(p)$: loi géométrique de paramètre p
$\mathcal{P}(r, p)$: loi de Pascal de paramètres r et p
$\mathcal{J}(r, p)$: loi binomiale négative de paramètres r et p
$\mathcal{H}(N, n, p)$: loi hypergéométrique de paramètres N, n, p
$\mathcal{P}(\lambda)$: loi de Poisson de paramètre λ
$\mathcal{U}_{[a,b]}$: loi uniforme sur [a, b]
$\mathcal{E}(\lambda)$: loi exponentielle de paramètre λ
$\mathcal{N}(m, \sigma)$: loi normale de paramètres m et σ
Φ : fonction de répartition de la loi normale centrée réduite

problèmes corrigés de
MATHEMATIQUES posés aux concours d' H.E.C.
ESSEC
E.S.C.P.
E.S.C.L.
ESCAE
I.S.G.
EDHEC
I.C.N.
ESLSCA
E.S.G.

Solutions proposées par
Christian LEBŒUF
Jean-Louis ROQUE
Jean GUEGAND

H.E.C. 80 1ère épreuve	Étude des polynômes de Tchebychev et de Lagrange. Application à l'approximation des fonctions et au calcul approché de leurs intégrales.	**ESCAE 80** 2ème épreuve	Droite des moindres carrés en échelles logarithmiques. Étude des approximations d'une loi discrète: loi binomiale, loi de Poisson, loi normale. Droite de Henry.
H.E.C. 80 2ème épreuve	Étude des variations de $x \mapsto \dfrac{x}{x-1}\sqrt{x^2+1}$. Problèmes liés à l'intégration de cette fonction.	**I.S.G. 80** 1ère épreuve	Convergence des suites dans $\mathbb{C}^m$. «Géométrie dans $\mathbb{C}^4$».
ESSEC 80 1ère épreuve	Transformations de polynômes. Calculs matriciels et rangs de systèmes de matrices.	**I.S.G. 80** 2ème épreuve	Urne à n catégories. Étude d'une suite récurrente. Équation de Fermat $x^2 + y^2 = z^2$.
ESSEC 80 2ème épreuve	Diagonalisation et calcul de la puissance $n^{\text{ième}}$ d'une matrice. Application au mouvement aléatoire d'un pion sur un carré à neuf cases.	**EDHEC 80**	Démonstration de l'égalité $\int_0^{+\infty} \dfrac{t}{e^t - 1} dt = \dfrac{\pi^2}{6}$. Étude d'une v.a.r. absolument continue. Formule de Rodrigues pour les polynômes de Legendre.
E.S.C.P. 80 1ère épreuve	Moments d'une v.a.r. binomiale. Étude complète d'une distribution trinomiale.	**I.C.N. 80**	Étude de fonctions. Loi d'un couple, lois conditionnelles.
E.S.C.P. 80 2ème épreuve	Diagonalisation et calcul de la puissance $n^{\text{ième}}$ d'une matrice. Étude d'une distribution statistique double.	**ESLSCA 80** 1ère épreuve	Calcul matriciel, sous-corps de $\mathbb{R}$ contenant Ω. Étude d'une fonction liée à l'intégrale de Gauss.
E.S.C.L. 80 1ère épreuve	Formule de Mac-Laurin, mesure sur $\mathbb{N}$, étude de l'équation intégrale $\forall x \in [0, 1], \ f(x) - \int_0^x f(t)dt = e^{-x}$.	**ESLSCA 80** 2ème épreuve	Suite de Fibonacci. Cœur d'un endomorphisme. Loi hypergéométrique.
E.S.C.L. 80 2ème épreuve	Suites récurrentes, polynômes matriciels. Application à l'étude de phénomènes liés à une succession d'épreuves indépendantes en probabilité.	**E.S.G. 80** 1ère épreuve	Diagonalisation d'un endomorphisme vérifiant une équation algébrique. Endomorphismes commutant avec un endomorphisme nilpotent. Étude de l'intégrale $\int_0^{+\infty} e^{-t^2} dt$, formule de Wallis.
ESCAE 80 1ère épreuve	Étude de la fonction $x \mapsto 1 + x - x \log |x|$. Étude d'un espace vectoriel de fonctions, calcul matriciel. Application à l'étude des suites récurrentes.	**E.S.G. 80** 2ème épreuve	Anneau, anneau-quotient. Théorie des ensembles. Probabilités, lois d'un couple fini.

deuxième partie

probabilités classiques

25

On dispose sur la table devant le petit Pam neuf cartons portant le numéro 1 ou le numéro 2, de façon à former la matrice :

$$M = \begin{pmatrix} 1 & 2 & 1 \\ 1 & 1 & 2 \\ 2 & 1 & 1 \end{pmatrix}$$

Pim, quelque peu espiègle, balaie de la main les cartons qui constituent les deux dernières lignes de M, la première étant épargnée. Sous la menace, Pam remet les cartons en place au hasard. Quelle est la probabilité que Pam ait reformé une matrice inversible ?

(D'après un oral d'E.S.C.P.)

Soit Ω l'ensemble de toutes les matrices possibles. Une telle matrice est déterminée par les positions des deux 2 parmi les six positions possibles. Ainsi :

$$\text{Card}(\Omega) = \binom{6}{2} = 15$$

Ω est bien entendu muni de la probabilité uniforme. Nous allons donc dénombrer tous les cas où la matrice formée n'est pas inversible.

1er cas : les deux cartons 2 sont sur la même ligne.

Alors l'autre ligne ne possède que des 1. Mais on a :

$$\begin{vmatrix} 1 & 2 & 1 \\ x & y & z \\ 1 & 1 & 1 \end{vmatrix} = - \begin{vmatrix} 1 & 2 & 1 \\ 1 & 1 & 1 \\ x & y & z \end{vmatrix} = z - x$$

Comme $\{x, y, z\}$ est à l'ordre près $\{1, 2, 2\}$, le déterminant précédent est nul pour $x = z = 2$.

Ce qui donne deux matrices non inversibles de cette forme.

2ème cas : il y a un carton 2 sur chaque ligne.

i) Si l'un de ces 2 est dans la seconde colonne, alors la ligne (1 2 1) apparaît deux fois dans la matrice, elle est donc non inversible. On obtient ainsi 5 matrices non inversibles :

$$\begin{pmatrix} 1 & 2 & 1 \\ 1 & 2 & 1 \\ . & . & . \end{pmatrix} , \begin{pmatrix} 1 & 2 & 1 \\ . & . & . \\ 1 & 2 & 1 \end{pmatrix} \text{ où l'un des points vaut 2, les autres 1.}$$

ii) Si les deux 2 sont dans la première ou la troisième colonne. Alors les deux dernières lignes de la matrice sont identiques, elle n'est pas inversible. On obtient ainsi 2 matrices non inversibles.

iii) Il reste à considérer les matrices $\begin{pmatrix} 1 & 2 & 1 \\ 1 & 1 & 2 \\ 2 & 1 & 1 \end{pmatrix}$ et $\begin{pmatrix} 1 & 2 & 1 \\ 2 & 1 & 1 \\ 1 & 1 & 2 \end{pmatrix}$ qui sont toutes deux inversibles (calculez leurs déterminants).

On a donc dénombré 9 matrices non inversibles, c'est-à-dire 6 matrices inversibles. Par conséquent la probabilité cherchée vaut

$$\frac{6}{15} = \frac{2}{5}.$$

26

On cherche un parapluie qui se trouve dans un immeuble de sept étages (Rdc compris) avec la probabilité p ($p \in]0, 1[$). On a exploré en vain les six premiers niveaux, quelle est la probabilité que le parapluie se trouve au dernier étage ?

(On admettra qu'il n'y a pas a priori d'étage privilégié !)

Notons A_i l'événement "le parapluie est au i^{ème} étage". Il est clair que l'on cherche

$$\alpha = P(A_7 / \overline{A_1} \cap \overline{A_2} \cap \overline{A_3} \ldots \cap \overline{A_6}) = \frac{P(A_7 \cap \overline{A_1} \cap \overline{A_2} \cap \ldots \cap \overline{A_6})}{P(\overline{A_1} \cap \overline{A_2} \cap \ldots \cap \overline{A_6})}$$

Mais $A_7 \cap \overline{A_1} \cap \overline{A_2} \cap \ldots \cap \overline{A_6} = A_7$ (il y a UN parapluie !), le numérateur de a vaut donc $\frac{p}{7}$. De plus,
$$P(\overline{A_1} \cap \ldots \cap \overline{A_6}) = 1 - P(\overline{\overline{A_1} \cap \ldots \cap \overline{A_6}}) = 1 - P(A_1 \cup A_2 \cup \ldots \cup A_6) \quad \text{(loi de Morgan)}$$
et comme cette réunion est disjointe, le dénominateur de a vaut $1 - 6\frac{p}{7}$. Soit :
$$a = \frac{\frac{p}{7}}{1 - 6\frac{p}{7}} = \frac{p}{7 - 6p}$$

Remarquons que cette probabilité est supérieure à $\frac{p}{7}$ et qu'elle est d'autant plus grande que p est proche de 1. N'était-ce pas évident ?

27

On lance trois dés discernables et on note a, b, c les résultats respectifs de chaque dé. Quelle est la probabilité que l'équation $ax^2 + bx + c = 0$ ait des zéros réels ? rationnels ?

Un résultat est un triplet (a,b,c) appartenant à $[\![1,6]\!]^3$. Il y a donc 216 résultats différents tous équiprobables (les dés sont supposés honnêtes).

i) L'équation a des racines réelles si et seulement si $\Delta = b^2 - 4ac$ est positif ou nul. Il suffit donc de faire la liste des cas favorables ! Remarquons toutefois que si (a,b,c) est un triplet convenable, alors tout triplet (a,b',c) avec $b' > b$ est aussi convenable. Il suffit donc d'indiquer, en rangeant les valeurs de b par ordre croissant, les nouveaux triplets convenables :

b	1	2	3	4	5	6
(a,c)		(1,1)	(1,2) (2,1)	(1,3) (1,4) (2,2) (3,1)	(1,5) (1,6) (2,3) (3,2) (4,1)	(2,4) (3,3) (4,2) (5,1) (6,1)
Total	0	1	1+2 =3	3+5 =8	8+6 =14	14+3 =17

Il y a donc 43 cas favorables. La probabilité cherchée vaut donc
$$\frac{43}{216} \simeq 0,199 \quad .$$

ii) L'équation a des racines rationnelles si et seulement si Δ est positif ou nul et tel que $\sqrt{\Delta}$ soit rationnel. Or Δ est entier, on sait alors que $\sqrt{\Delta}$ est rationnel si et seulement si Δ est un carré parfait. Comme Δ est inférieur ou égal à $6^2 - 4 \cdot 1 \cdot 1 = 32$, il ne reste que les possibilités $\Delta \in \{0, 1, 4, 9, 16, 25\}$.

$\alpha)$ $b^2 - 4ac = 25$. D'où $b = 6$ soit $4ac = 11$ impossible !

$\beta)$ $b^2 - 4ac = 16$. D'où b pair et $b > 4$, i.e. $b = 6$ soit $4ac = 20$ d'où les couples convenables (a,c) : $(1,5), (5,1)$.

$\gamma)$ $b^2 - 4ac = 9$. D'où b impair et $b > 3$, i.e. $b = 5$ soit $4ac = 16$ d'où les couples (a,c) convenables : $(1,4), (4,1), (2,2)$.

$\delta)$ $b^2 - 4ac = 4$. D'où b pair et $b > 2$.
  si $b = 4$, $4ac = 12$ i.e. $(a,c) = (1,3)$ ou $(3,1)$
  si $b = 6$, $4ac = 32$ i.e. $(a,c) = (2,4)$ ou $(4,2)$

$\varepsilon)$ $b^2 - 4ac = 1$. D'où b impair et $b > 1$.
  si $b = 3$, $4ac = 8$ i.e. $(a,c) = (1,2)$ ou $(2,1)$
  si $b = 5$, $4ac = 24$ i.e. $(a,c) = (1,6)$ ou $(2,3)$ ou $(3,2)$ ou $(6,1)$

a) $b^2 - 4ac = 0$. D'où b pair

    si $b=2$, $4ac = 4$ i.e. $(a,c) = (1,1)$

    si $b=4$, $4ac = 16$ i.e. $(a,c) = (1,4)$ ou $(4,1)$ ou $(2,2)$

    si $b=6$, $4ac = 36$ i.e. $(a,c) = (3,3)$

Il y a donc en tout 20 cas favorables et la probabilité cherchée vaut donc $\frac{20}{216} \simeq 0,093$

28

Un exo tarte

Combien faut-il mettre de raisins dans un kilogramme de pâte pour que, en mangeant une part de gâteau de 50 g, on ait au moins 99 chances sur 100 de manger du raisin?

(On négligera la masse des raisins!)

Notons x le nombre de raisins placés dans la pâte. Un raisin donné (il suffit de les numéroter pour les rendre discernables!) se situe dans la part de 50 g avec la probabilité $\frac{1}{20}$ et ailleurs avec la probabilité $\frac{19}{20}$.

L'événement E "il n'y a pas de raisin dans la part de 50 g" signifie que les x raisins sont situés ailleurs. Comme les raisins "sont indépendants les uns des autres", on a :

$$P(E) = \left(\frac{19}{20}\right)^x$$

On veut : $P(E) \leq 0,01$ i.e. $\left(\frac{19}{20}\right)^x \leq 0,01$

Or $\left(\frac{19}{20}\right)^x \leq 0,01 \Leftrightarrow x \log \frac{19}{20} \leq \log(0,01)$ (croissance de la fonction log)

$\Leftrightarrow x \geq \frac{\log(0,01)}{\log \frac{19}{20}} = \frac{\log 100}{\log \frac{20}{19}}$ (attention au sens)

Comme on a $\frac{\log 100}{\log \frac{20}{19}} \simeq 89,79...$ Il faut mettre au moins 90 raisins dans la pâte pour avoir au moins 99 chances sur 100 de manger du raisin.

29

Une épreuve sportive consiste à atteindre une cible partagée en trois cases notées 1, 2, 3. Deux concurrents A et B sont en présence, on admet qu'à tout coup chacun d'eux atteint une case et une seule.

Pour le concurrent A, les probabilités d'atteindre les cases 1, 2, 3 sont, dans cet ordre, en progression arithmétique de raison $\frac{1}{4}$.

Pour le concurrent B, les trois éventualités sont équiprobables.

On choisit un des deux concurrents, en admettant que la probabilité a priori de choisir A est moitié de la probabilité de choisir B. Le concurrent choisi atteint alors la case 3.

Quelle est la probabilité que ce concurrent soit A ?

Quel est l'âge du concepteur de ce texte?

(D'après un texte très ancien des ESCAE)

Notons p_i la probabilité que A atteigne la case i (événement A_i) et q_i la probabilité que B atteigne la case i (événement B_i).

• on a $q_1 = q_2 = q_3$ et comme $q_1 + q_2 + q_3 = 1$, il vient $q_1 = q_2 = q_3 = \frac{1}{3}$

• on a $p_1 = p_2 - \frac{1}{4}$, $p_3 = p_2 + \frac{1}{4}$ et comme $p_1 + p_2 + p_3 = 1$, il vient $3p_2 = 1$, d'où : $p_2 = \frac{1}{3}$ $p_1 = \frac{1}{12}$ $p_3 = \frac{7}{12}$

• Notons A l'événement "A a été choisi" et B l'événement "B a été choisi". On a $P(A) = \frac{1}{2} P(B)$ et comme $P(A) + P(B) = 1$, il vient $P(A) = \frac{1}{3}$, $P(B) = \frac{2}{3}$.

Tous ces petits bricolages étant faits, venons-en à la question posée ! On cherche $P(A / \text{case 3 atteinte})$. Par application de la formule de Bayes, on peut écrire :

$$P(A/\text{case 3 atteinte}) = \frac{P(A) \cdot P(\text{case 3 atteinte}/A)}{P(A) \cdot P(\text{case 3 atteinte}/A) + P(B) \cdot P(\text{case 3 atteinte}/B)}$$

$$= \frac{P(A) \cdot P(A_3)}{P(A) \cdot P(A_3) + P(B) \cdot P(B_3)}$$

c'est-à-dire compte-tenu des données,

$P(A / \text{case 3 atteinte}) = \frac{7}{15}$.

30

Une urne U_1 contient 2 boules rouges, 3 boules bleues et 5 boules vertes, une urne U_2 contient 4 boules rouges et 5 boules bleues, tandis qu'une troisième urne U_3 contient 3 boules bleues et 6 boules vertes. On procède alors à l'expérience suivante :

On tire au hasard une boule de U_1 que l'on place dans U_2, puis on tire au hasard une boule de U_2 que l'on place dans U_3 et enfin on tire au hasard une boule de U_3 que l'on place dans U_1.

Quelle est la probabilité que la composition du contenu de l'urne U_1 n'ait pas varié à l'issue de ces trois manipulations ?

Pour $i \in [\![1,3]\!]$, notons R_i, B_i, V_i les événements respectifs : le $i^{\text{ème}}$ tirage (qui est effectué dans U_i) amène une boule rouge, blanche, verte. Il est clair que l'on cherche

$$p = P((R_1 \cap R_3) \cup (B_1 \cap B_3) \cup (V_1 \cap V_3))$$

Comme la réunion précédente est formée d'événements disjoints, on a :

$$p = P(R_1 \cap R_3) + P(B_1 \cap B_3) + P(V_1 \cap V_3)$$

Pour calculer la probabilité de chacun de ces trois événements, il est indispensable de savoir ce qui s'est passé au second tirage. Nous allons donc appliquer la formule des probabilités totales associée au système complet $\{R_2, B_2, V_2\}$:

$$P(R_1 \cap R_3) = P(R_1 \cap R_2 \cap R_3) + P(R_1 \cap B_2 \cap R_3) + P(R_1 \cap V_2 \cap R_3)$$

Mais
$$P(R_1 \cap R_2 \cap R_3) = P(R_1) \cdot P(R_2/R_1) \cdot P(R_3/R_1 \cap R_2)$$
$$P(R_1 \cap B_2 \cap R_3) = P(R_1) \cdot P(B_2/R_1) \cdot P(R_3/R_1 \cap B_2)$$
$$P(R_1 \cap V_2 \cap R_3) = P(R_1) \cdot P(V_2/R_1) \cdot P(R_3/R_1 \cap V_2)$$

Toutes ces probabilités conditionnelles sont aisées à calculer, puisque l'on connaît alors la composition de l'urne dans laquelle on effectue le tirage :

$P(R_1 \cap R_2 \cap R_3) = \frac{2}{10} \cdot \frac{5}{10} \cdot \frac{1}{10}$
$P(R_1 \cap B_2 \cap R_3) = 0$ d'où $P(R_1 \cap R_3) = \frac{10}{1000}$
$P(R_1 \cap V_2 \cap R_3) = 0$

De la même façon, on obtient $P(B_1 \cap B_3) = \frac{108}{1000}$, $P(V_1 \cap V_3) = \frac{305}{1000}$

d'où

$$p = \frac{10 + 108 + 305}{1000} = \frac{423}{1000}$$

31

Un oral de concours auquel se présentent 50 candidats se déroule de la manière suivante: l'examinateur dispose d'une boîte contenant les 50 questions du programme, le premier candidat tire au hasard sa question dans la boîte, le second tire au hasard parmi les 49 questions restantes, ... Un candidat à l'oral a fait l'impasse sur une seule question. Y a-t-il, pour lui, un rang de passage préférentiel?

Soit $C = \{c_i\}_{1 \le i \le 50}$ l'ensemble des candidats et $Q = \{q_i\}_{1 \le i \le 50}$ l'ensemble des questions. L'univers Ω est l'ensemble des bijections de C sur Q muni de la probabilité uniforme, il contient $50!$ éléments. L'événement "le $i^{\text{ème}}$ candidat tire la $j^{\text{ème}}$ question" contient autant d'éléments que l'ensemble des bijections de $C \smallsetminus \{c_i\}$ sur $Q \smallsetminus \{q_j\}$, c'est-à-dire $49!$ éléments (il suffit de prolonger une telle bijection en associant q_j à c_i). La probabilité de cet événement vaut par conséquent $\frac{49!}{50!} = \frac{1}{50}$.

Cette probabilité étant indépendante de i et j, il n'y a pas de rang privilégié, ce qui évite les batailles rangées aux portes de la salle d'examen.

32

Deux joueurs A et B jouent avec deux dés honnêtes. A gagnera en amenant un total de 7 et B gagnera en amenant un total de 6. B joue le premier et ensuite (s'il y a une suite!), A et B jouent alternativement. Le jeu s'arrête dès que l'un d'entre eux gagne. Quelle est la probabilité de succès de chacun des joueurs?

1ère méthode

Notons B_m l'événement "B fait 6 à son $m^{\text{ème}}$ lancer", A_m l'événement "A fait 7 à son $m^{\text{ème}}$ lancer", G_m l'événement "B gagne à son $m^{\text{ème}}$ lancer", F_m l'événement "A gagne à son $m^{\text{ème}}$ lancer" et enfin G l'événement "B gagne la partie", F l'événement "A gagne la partie".

On a : $G = \bigcup_{m=1}^{\infty} G_m$, $F = \bigcup_{m=1}^{\infty} F_m$. Ces réunions étant disjointes, il ne reste plus qu'à déterminer les probabilités des événements G_m et F_m.

Dire que l'événement G_m est réalisé signifie qu'au cours des $(m-1)$ premiers tours, B n'a jamais obtenu 6 et A n'a jamais obtenu 7, et qu'à son $m^{\text{ème}}$ lancer B obtient enfin un total de 6. Les dés et les joueurs étant supposés honnêtes, la probabilité d'amener un total de 6 à un coup quelconque vaut $\frac{5}{36}$, et celle d'amener un total de 7 vaut $\frac{6}{36}$. Le processus étant sans mémoire, on a donc :

$$P(G_m) = \underbrace{\left(\frac{31}{36} \cdot \frac{30}{36}\right)\left(\frac{31}{36} \cdot \frac{30}{36}\right) \cdots \left(\frac{31}{36} \cdot \frac{30}{36}\right)}_{m-1 \text{ facteurs}} \cdot \frac{5}{36} = \frac{5}{36} \cdot \left(\frac{31}{36} \cdot \frac{30}{36}\right)^{m-1}$$

d'où $P(G) = \sum_{m=1}^{\infty} P(G_m) = \frac{5}{36} \cdot \frac{1}{1 - \frac{30}{36} \cdot \frac{31}{36}}$ (suite géométrique)

i.e. $P(G) = \frac{30}{61}$.

De même, dire que l'événement F_m est réalisé signifie qu'au cours des $(m-1)$ premiers tours, ni B ni A n'amènent le résultat souhaité par chacun, et qu'au cours du $m^{\text{ème}}$ tour, B n'amène pas un total de 6, A amenant enfin un total de 7. On obtient donc, par un même raisonnement :

$$P(F_m) = \left(\frac{31}{36} \cdot \frac{30}{36}\right)^{m-1} \cdot \frac{31}{36} \cdot \frac{6}{36}$$

D'où :

$$P(F) = \sum_{m=1}^{\infty} P(F_m) = \frac{31}{36} \cdot \frac{6}{36} \cdot \frac{1}{1 - \frac{31}{36} \cdot \frac{30}{36}}$$ (idem)

i.e. $P(F) = \frac{31}{61}$.

Note : On remarque alors que $P(F) + P(G) = 1$; autrement dit, la partie s'achève par le succès de l'un des joueurs avec une probabilité égale à 1. Il est quasi-impossible que A et B échouent indéfiniment dans leurs tentatives.

2ème méthode

L'événement "B gagne" est la réunion disjointe des deux événements suivants : " B gagne au 1er tour " ; " B perd au premier tour et A perd au premier tour, et B gagne (à un tour ultérieur!) ". Donc :

$$P(G) = P(G_1) + P(\overline{G_1} \cap \overline{F_1} \cap G)$$
$$= P(G_1) + P(\overline{G_1} \cap \overline{F_1}) \cdot P(G/\overline{G_1} \cap \overline{F_1})$$

Mais $P(G/\overline{G_1} \cap \overline{F_1}) = P(G)$, car si les deux joueurs perdent à leur premier tour, ils sont revenus à la case départ, le processus étant sans mémoire. Comme :

$$P(\overline{G_1} \cap \overline{F_1}) = P(\overline{B_1} \cap \overline{A_1}) = P(\overline{B_1}) \cdot P(\overline{A_1}) \qquad \text{(le jeu est honnête)},$$

il vient donc :

$$P(G) = \frac{5}{36} + \frac{31}{36} \cdot \frac{30}{36} \cdot P(G) \quad , \quad \text{d'où} \quad P(G) = \frac{30}{61} .$$

Le même raisonnement montre que

$$P(F) = P(F_1) + P(\overline{G_1} \cap \overline{F_1} \cap F) = P(\overline{B_1} \cap A_1) + P(\overline{B_1} \cap \overline{A_1}) \cdot P(F) \quad , \quad \text{i.e.}$$

$$P(F) = \frac{31}{36} \cdot \frac{6}{36} + \frac{31}{36} \cdot \frac{30}{36} \cdot P(F) \quad , \quad \text{d'où} \quad P(F) = \frac{31}{61} .$$

Cette méthode, par conditionnement, permet donc de "shunter" la sommation de séries géométriques.

---

33 On sait qu'un vaccin provoque, en moyenne, 1 allergie pour 100 vaccinations et 1 accident grave pour 10 000 vaccinations. Donner pour une population vaccinée de 20 000 personnes l'espérance et l'écart-type du nombre d'allergies, la probabilité de n'avoir aucun accident, celle d'avoir plus de cinq accidents.

Notons X et Y les nombres aléatoires d'allergies et d'accidents dans la population vaccinée. L'énoncé signifie que la probabilité d'une réaction allergique pour une personne donnée est $\frac{1}{100}$ et sous-entend que ces phénomènes sont indépendants d'une personne à l'autre. De même dans le cas d'un accident avec une probabilité de $\frac{1}{1000}$.

Ainsi $X \hookrightarrow \mathcal{B}(20000, \frac{1}{100})$, $Y \hookrightarrow \mathcal{B}(20000, \frac{1}{10000})$. D'où

i) $E(X) = 20000 \times \frac{1}{100} = 200$

$V(X) = 20000 \times \frac{1}{100} \times \frac{99}{100} = 198$, $\sigma(X) \simeq 14,1$

ii) Il est possible d'approcher la loi de Y par la loi de Poisson de même espérance, c'est-à-dire de paramètre 2. On a alors :

$P(Y=0) \simeq 1/e^2 \simeq 0,135$

$P(Y \geq 6) = 1 - P(Y \leq 5) \simeq 1 - 0,983$

i.e. $P(Y \geq 6) \simeq 0,017$ (à l'aide de la table de $\mathcal{P}(2)$).

---

34 Un joueur est en présence de deux urnes: l'urne A contient 4 boules noires et 2 boules blanches, l'urne B contient 2 boules noires et 4 blanches. Le joueur choisit au hasard l'une des deux urnes (choix équiprobables) et y effectue une succession de tirages d'une boule avec remise.

Quelle est la probabilité que la troisième boule tirée soit noire sachant que les deux premières l'étaient.

Notons A l'événement "les tirages ont lieu dans l'urne A" et B l'événement contraire. Notons également N_i l'événement "la $i^{ème}$ boule tirée est noire". On cherche
$$P(N_3/N_1 \cap N_2)$$
et pour cela il est clair qu'il faut se référer au système complet (A,B) pour appliquer la formule des probabilités totales :

$$P(N_3/N_1 \cap N_2) = \frac{P(N_3 \cap N_2 \cap N_1)}{P(N_1 \cap N_2)} = \frac{P(N_3 \cap N_2 \cap N_1 \cap A) + P(N_3 \cap N_2 \cap N_1 \cap B)}{P(N_1 \cap N_2)}$$

$$= \frac{P(N_3 \cap N_2 \cap N_1 \cap A) + P(N_3 \cap N_2 \cap N_1 \cap B)}{P(N_1 \cap N_2 \cap A) + P(N_1 \cap N_2 \cap B)}$$

On a :
$P(N_1 \cap N_2 \cap A) = P(A) \cdot P(N_1 \cap N_2 /A) = \frac{1}{2} \cdot \left(\frac{4}{6}\right)^2$
$P(N_1 \cap N_2 \cap B) = P(B) \cdot P(N_1 \cap N_2 /B) = \frac{1}{2} \cdot \left(\frac{2}{6}\right)^2$
$P(N_3 \cap N_2 \cap N_1 \cap A) = P(A) \cdot P(N_3 \cap N_2 \cap N_1 /A) = \frac{1}{2} \cdot \left(\frac{4}{6}\right)^3$
$P(N_3 \cap N_2 \cap N_1 \cap B) = P(B) \cdot P(N_3 \cap N_2 \cap N_1 /B) = \frac{1}{2} \cdot \left(\frac{2}{6}\right)^3$

d'où $P(N_3/N_1 \cap N_2) = \frac{3}{5}$.

Note: la probabilité trouvée est supérieure à 0,5, les conditions de l'expérience ne rendaient-elles pas ce résultat évident ?

35

Un joueur A lance deux pièces et le joueur B lance 3 pièces, les pièces étant équilibrées. Celui des deux amenant le plus de fois face a gagné. Si les joueurs amènent le même nombre de fois face, on recommence l'opération jusqu'à l'obtention d'un gagnant.

Quelle est la probabilité que B gagne?

---

i) Étudions tout d'abord le premier lancer. Pour cela, notons X le nombre aléatoire de face amené par A et Y celui amené par B.
On a : $X \hookrightarrow \mathcal{B}(2, \frac{1}{2})$, $Y \hookrightarrow \mathcal{B}(3, \frac{1}{2})$
$(X=Y) = \bigcup_{k=0}^{2} ((X=k) \cap (Y=k))$

donc : $P(X=Y) = \sum_{k=0}^{2} P(X=k) \cdot P(Y=k)$ (les lancers sont indépendants les uns des autres !)

Il vient alors : $P(X=Y) = \frac{5}{16}$.
$(X<Y) = \bigcup_{k=0}^{2} ((X=k) \cap (Y>k))$, donc $P(X<Y) = \sum_{k=0}^{2} P(X=k) \cdot P(Y>k)$

On en déduit alors $P(X<Y) = \frac{1}{2}$. Par conséquent, $P(X>Y) = \frac{3}{16}$.

Donc B a une chance sur deux de gagner dès le premier tour et 5 chances sur 16 d'avoir accès à un deuxième tour. Tandis que A n'a que 3 chances sur 16 de gagner au premier tour (et bien sûr 5 chances sur 16 d'accéder à un deuxième tour !).

ii) Que signifie l'événement "B gagne" ? Cela signifie que, ou bien B gagne dès le 1er tour, ou bien B gagne à un tour ultérieur. Si B gagne à un tour ultérieur, c'est donc que le premier tour s'est soldé par un match nul. Donc:

P(B gagne) = P(B gagne au 1er tour) + P(B gagne après, le 1er tour étant nul).

Mais si le premier tour est nul, les deux joueurs sont replacés dans les conditions initiales (les pièces n'ont pas de mémoire !). Donc :

P(B gagne / 1er tour nul) = P(B gagne), d'où enfin :

P(B gagne) = $\frac{1}{2} + \frac{5}{16}$ P(B gagne), i.e.

P(B gagne) = $\frac{8}{11}$.

Remarque : On trouverait de même P(A gagne) = $\frac{3}{11}$. Encore un jeu où le riche écrase le pauvre !

> **36**
>
> *Une urne de Pólya*
>
> Une urne contient initialement b boules blanches et r boules rouges. On effectue des tirages successifs d'une boule de cette urne selon le protocole suivant: Si à un rang quelconque on obtient une boule rouge, celle-ci est remise dans l'urne avant le tirage suivant et si à un rang quelconque on obtient une boule blanche, on la mange!
>
> i) Quelle est la probabilité de tirer **une** boule blanche au cours des n premiers tirages?
> ii) Quelle est la probabilité de manger au moins une boule blanche au cours des n premiers tirages?
> iii) Sachant qu'au cours des n premiers tirages on a tiré exactement une boule blanche, quelle est la probabilité qu'elle ait été tirée en dernier?

Notons B_i l'événement "la $i^{ème}$ boule tirée est blanche", R_i l'événement contraire, A_j l'événement "au cours des m tirages, on a obtenu j boules blanches".

i) On cherche $P(A_1)$. L'événement peut se décomposer comme union disjointe des événements $C_1, C_2, ..., C_m$ où C_h est l'événement "tous les tirages ont amené une boule rouge, sauf le $h^{ème}$ qui a amené une boule blanche", i.e.

$$C_h = R_1 \cap R_2 \cap ... \cap R_{h-1} \cap B_h \cap R_{h+1} \cap ... \cap R_m$$

On a donc

$$P(C_h) = P(R_1) \cdot P(R_2/R_1) \cdot ... \cdot P(R_{h-1}/R_{h-2} \cap ... \cap R_1) \cdot P(B_h/R_{h-1} \cap ... \cap R_1) \cdot ... \cdot P(R_m/R_{m-1} \cap ... \cap R_1)$$

$$= \frac{r}{b+r} \cdot \frac{r}{b+r} \cdot ... \cdot \frac{r}{b+r} \cdot \frac{b}{b+r} \cdot \frac{r}{b+r-1} \cdot ... \cdot \frac{r}{b+r-1}$$

soit $P(C_h) = \left(\frac{r}{b+r}\right)^{h-1} \cdot \frac{b}{b+r} \cdot \left(\frac{r}{b+r-1}\right)^{m-h}$. D'où :

$$P(A_1) = \frac{b \cdot r^{m-1}}{(r+b-1)^m} \sum_{h=1}^{m} \left(\frac{r+b-1}{r+b}\right)^h = \frac{b \cdot r^{m-1}}{(r+b-1)^m} \cdot \frac{r+b-1}{r+b} \cdot \frac{1 - \left(\frac{r+b-1}{r+b}\right)^m}{1 - \frac{r+b-1}{r+b}}$$

(somme des termes d'une progression géométrique)

i.e. $P(A_1) = \frac{b \cdot r^{m-1}}{(r+b-1)^{m-1}} \left(1 - \left(\frac{r+b-1}{r+b}\right)^m\right)$

ii) Soit C l'événement "on a tiré au moins une boule blanche en m tirages", on a : $\overline{C} = R_1 \cap R_2 \cap ... \cap R_m$. D'où :

$$P(C) = 1 - P(\overline{C}) = 1 - (P(R_1) \cdot P(R_2/R_1) \cdot ... \cdot P(R_m/R_{m-1} \cap ... \cap R_1))$$

i.e. $P(C) = 1 - \left(\frac{r}{r+b}\right)^m$.

iii) On cherche ici $P(C_m/A_1)$. Or $P(C_m/A_1) = \frac{P(A_1 \cap C_m)}{P(A_1)} = \frac{P(C_m)}{P(A_1)}$ (car $C_m \subset A_1$)

d'où :

$$P(C_m/A_1) = \left(\frac{r}{b+r}\right)^{m-1} \cdot \frac{b}{b+r} \cdot \frac{1}{\frac{b \cdot r^{m-1}}{(r+b-1)^{m-1}} \left(1 - \left(\frac{r+b-1}{r+b}\right)^m\right)} = \frac{(r+b-1)^{m-1}}{(r+b)^m - (r+b-1)^m}.$$

> **37**
>
> On étudie au cours du temps le fonctionnement d'un appareil obéissant aux règles suivantes:
>
> a) si l'appareil fonctionne à la date $t-1$ ($t \in \mathbb{N}^*$), il a la probabilité a d'être en panne à la date t.
> b) Si l'appareil est en panne à la date $t-1$ ($t \in \mathbb{N}^*$), il a la probabilité b d'être en panne à la date t.

On suppose de plus que $(a, b) \neq (0, 1)$ et on note p(t) la probabilité que l'appareil soit en état de marche à la date t.

i) Établir pour $t \in \mathbb{N}^*$, une relation entre p(t) et p(t−1). En déduire p(t) en fonction de p(0).

ii) Étudier la convergence de la suite $(p(t))_{t \in \mathbb{N}^*}$.

i) Notons M_t l'événement "l'appareil est en état de marche à la date t". Pour $t \in \mathbb{N}^*$, $\{M_{t-1}, \overline{M}_{t-1}\}$ est un système complet d'événements, ce qui permet d'écrire :

$$P(M_t) = P(M_{t-1}) \cdot P(M_t/M_{t-1}) + P(\overline{M}_{t-1}) \cdot P(M_t/\overline{M}_{t-1})$$

Mais :
$$P(M_t/M_{t-1}) = 1-a \quad , \quad P(M_t/\overline{M}_{t-1}) = 1-b \quad \text{et} \quad P(\overline{M}_{t-1}) = 1 - P(M_{t-1})$$

d'où :
$$p(t) = p(t-1) \cdot (1-a) + (1 - p(t-1)) \cdot (1-b) \quad , \text{c'est-à-dire :}$$

$$\forall t \in \mathbb{N}^* \,,\, p(t) = (b-a) \cdot p(t-1) + 1-b$$

Or $a, b \in [0,1]$ et $b-a \neq 1$ (puisque $(a,b) \neq (0,1)$). Nous sommes donc en présence d'une suite arithmético-géométrique, la résolution est alors classique :

- $\lambda = \lambda(b-a) + 1-b \implies \lambda = \dfrac{1-b}{a+1-b}$

- $(p(t) - \lambda)_{t \in \mathbb{N}}$ est une suite géométrique de raison $b-a$, d'où :

$$\forall t \in \mathbb{N} \,,\, p(t) = (b-a)^t \left(p(0) - \frac{1-b}{a+1-b} \right) + \frac{1-b}{a+1-b}$$

ii) Deux cas se présentent alors :

1er cas : $|b-a| < 1$, i.e. $(a,b) \neq (1,0)$ (car $(a,b) = (0,1)$ est exclu par l'énoncé) alors : $\lim\limits_{t \to \infty} P(t) = \dfrac{1-b}{a+1-b}$

2ème cas : $(a,b) = (1,0)$, alors $p(t) = (-1)^t \left(p(0) - \dfrac{1}{2} \right) + \dfrac{1}{2}$

- si $p(0) = \dfrac{1}{2}$, alors pour tout t de $\mathbb{N}$, $p(t) = \dfrac{1}{2}$
- si $p(0) \neq \dfrac{1}{2}$, la suite prend alternativement les valeurs $p(0)$ et $1-p(0)$, et est donc divergente.

38

Soit n un entier strictement positif et E l'ensemble $[\![1, 4n]\!]$. On partage au hasard E en deux parts égales E_1 et E_2 qui comprennent donc chacune 2n entiers. Dans chaque partie E_1, E_2 on sélectionne les n premiers éléments (dans l'ordre croissant) et on appelle E_3 la réunion de ces deux sélections. On ordonne enfin les 2n éléments de E_3 dans l'ordre croissant.

Soit x un nombre entier compris entre 1 et 4n. Quelle est la probabilité p(x) que l'entier x se retrouve dans E_3 et à la $x^{\text{ème}}$ place?

Cet exercice qui peut sembler curieux est bien connu des amateurs d'athlétisme, qui se voient contraints de passer par le stade des demi-finales avant d'espérer accéder à la finale d'une compétition. (Étant admis que la hiérarchie des concurrents est respectée).

1) Remarquons tout d'abord que tout entier x de l'intervalle $[\![1, n]\!]$ se trouve nécessairement dans E_3, puisqu'il est sûrement dans les n premiers éléments de l'ensemble E_1 ou E_2 auquel il appartient. Par conséquent, x se trouve dans E_3 et à sa place (tous ceux de l'intervalle $[\![1, x]\!]$ sont dans E_3).

2) Remarquons ensuite que si x appartient à l'intervalle $[\![2m+1, 4m]\!]$, alors il n'est pas certain que x appartienne à E_3 et même s'il est dans E_3, il est clair qu'il ne peut pas y être à sa place. En effet, E_3 contient $2m$ éléments et ne peut donc contenir l'intervalle $[\![1, x]\!]$.

3) Soit donc $x \in [\![m+1, 2m]\!]$. L'entier x est dans E_3 et à sa place, si et seulement si, tous les éléments de $[\![1, x]\!]$ sont dans E_3, c'est-à-dire dans E_1 ou dans E_2 à un rang inférieur ou égal à m.

D'après la première remarque, tous les éléments de $[\![1, m]\!]$ sont dans E_3. Par conséquent, l'événement "x n'est pas dans E_3 ou n'y est pas à sa place", que nous noterons $\overline{x}$, signifie que l'un au moins des entiers de l'intervalle $[\![m+1, x]\!]$ est dans E_1 ou E_2 à un rang strictement supérieur à m.

Déterminons tous les cas favorables à la réalisation de $\overline{x}$ et pour cela, notons k le plus petit entier de $[\![m+1, x]\!]$ dont le rang dépasse m dans E_1 ou dans E_2. Il est clair que k peut prendre toutes les valeurs de $m+1$ à x et que le rang de k dans la partie à laquelle il appartient est $m+1$.

Si k appartient à E_1, alors E_1 contient m éléments compris entre 1 et $k-1$, et $m-1$ éléments compris entre $k+1$ et $4m$. Pour k fixé, il y a donc $\binom{k-1}{m}\binom{4m-k}{m-1}$ telles parties E_1. Le raisonnement est le même si k appartient à E_2.

Le nombre de couples (E_1, E_2) tels que $\overline{x}$ soit réalisé est donc :

$$\sum_{k=m+1}^{x} 2 \binom{k-1}{m}\binom{4m-k}{m-1}$$

Comme il existe $\binom{4m}{2m}$ couples (E_1, E_2) possibles (quand E_1 est choisi, E_2 s'impose de lui-même, c'est le reste !), et que ces couples sont équiprobables, il vient :

$$P(\overline{x}) = \sum_{k=m+1}^{x} \frac{2 \binom{k-1}{m}\binom{4m-k}{m-1}}{\binom{4m}{2m}}$$

La probabilité que x soit à sa place vaut donc : $1 - \dfrac{\sum_{k=m+1}^{x} 2 \binom{k-1}{m}\binom{4m-k}{m-1}}{\binom{4m}{2m}}$

Remarque : ces probabilités sont naturellement décroissantes lorsque x croît. Mais il ne semble pas que la formule obtenue soit notablement simplifiable. Par exemple, pour l'entier $m+1$ qui est le premier à risquer de voir son rang modifié, la probabilité qu'il reste à sa place est maximale et vaut :
$$P(m+1) = 1 - 2 \frac{\binom{3m-1}{m-1}}{\binom{4m}{2m}}$$

Par exemple pour $m=2$, i.e. pour un ensemble à 8 éléments, on trouve :
$$P(3) = 1 - \frac{1}{7} = \frac{6}{7} \simeq 0{,}86.$$

De même, pour l'entier $2m$ qui est le dernier à risquer de voir son rang non modifié, la probabilité qu'il reste à sa place est minimale. Ainsi, toujours dans le cas d'un ensemble à 8 éléments, on trouve :
$$P(4) = 1 - \frac{1}{7} - \frac{12}{35} \simeq 0{,}51.$$

Lemme de Cantelli

Soit $(\Omega, \mathcal{B}, P)$ un espace probabilisé et $(A_n)_{n \in \mathbb{N}}$ une famille d'événements quelconques. Alors :

i) Si la série $\sum_{n=0}^{\infty} P(A_n)$ est convergente, il est quasi-certain que seuls un nombre fini d'événements A_n se réalisent simultanément.

ii) Si les événements A_n sont mutuellement indépendants et si la série $\sum_{n=0}^{\infty} P(A_n)$

est divergente, il est quasi-certain qu'un nombre infini d'événements A_n se réalisent simultanément.

i) Notons B l'événement "un nombre fini d'événements A_m se réalisent", cela signifie qu'à partir d'un certain rang, aucun des événements A_m ne se réalise. Ce rang pouvant être quelconque, on a donc :

(1) $\quad B = \bigcup_{m=0}^{\infty} \left(\bigcap_{k=m}^{\infty} \overline{A_k} \right)$, ou encore à l'aide des lois de Morgan :

(2) $\quad \overline{B} = \bigcap_{m=0}^{\infty} \left(\bigcup_{k=m}^{\infty} A_k \right)$.

En particulier, pour tout entier m, on a : $\overline{B} \subset \bigcup_{k=m}^{\infty} A_k$. D'où :
$$\forall m \in \mathbb{N}, \quad P(\overline{B}) \leq P\left(\bigcup_{k=m}^{\infty} A_k \right).$$

Or la probabilité d'une réunion est inférieure ou égale à la somme des probabilités, et par conséquent :
$$\forall m \in \mathbb{N}, \quad P(\overline{B}) \leq \sum_{k=m}^{\infty} P(A_k).$$

Comme la série de terme général $P(A_m)$ est convergente, on en déduit que l'expression $\sum_{k=n}^{\infty} P(A_k)$, qui est le reste d'ordre $m-1$ de cette série, a pour limite 0 lorsque m tend vers l'infini.
$$\forall \varepsilon > 0, \quad \exists m_0 \in \mathbb{N}, \quad \sum_{k=m_0}^{\infty} P(A_k) < \varepsilon$$
d'où $\forall \varepsilon > 0, \quad P(\overline{B}) < \varepsilon$.

Comme une probabilité est positive ou nulle, on en déduit $P(\overline{B}) = 0$, c'est-à-dire $P(B) = 1$, B est bien un événement quasi-certain.

ii) La relation (1) permet d'écrire :
$$P(B) \leq \sum_{m=0}^{\infty} P\left(\bigcap_{k=m}^{\infty} \overline{A_k} \right)$$

Les événements A_m étant mutuellement indépendants, il en est de même des événements $\overline{A_n}$ et par conséquent :
$$\sum_{m=0}^{\infty} P\left(\bigcap_{k=n}^{\infty} \overline{A_k} \right) = \sum_{m=0}^{\infty} \left(\prod_{k=m}^{\infty} P(\overline{A_k}) \right) = \sum_{m=0}^{\infty} \left(\prod_{k=m}^{\infty} (1 - P(A_k)) \right)$$

où il est sous-entendu que l'écriture $\prod_{k=m}^{\infty} (1 - P(A_k))$ désigne la limite lorsque N tend vers l'infini de $\prod_{k=m}^{N} (1 - P(A_k))$.

Mais : $\log \left(\prod_{k=n}^{N} (1 - P(A_k)) \right) = \sum_{k=m}^{N} \log (1 - P(A_k)) \leq -\sum_{k=n}^{N} P(A_k)$.

En effet, on sait que pour tout x supérieur à -1, on a $\log(1+x) \leq x$. La série $\sum_{k=0}^{\infty} P(A_k)$ est divergente, et comme il s'agit d'une série à termes positifs, on a donc :
$$\lim_{N \to \infty} \sum_{k=0}^{N} P(A_k) = +\infty.$$

Cette limite n'est pas perturbée par le fait de démarrer la sommation à un rang m au lieu du rang 0, i.e.
$$\lim_{N \to +\infty} \sum_{k=m}^{N} P(A_k) = +\infty \quad, \text{et par conséquent :}$$
$$\lim_{N \to +\infty} \log \left(\prod_{k=n}^{N} (1 - P(A_k)) \right) = -\infty \quad, \text{soit} \quad \lim_{N \to +\infty} \prod_{k=n}^{N} (1 - P(A_k)) = 0.$$

On a donc :
$$\forall n \in \mathbb{N}, \quad \prod_{k=n}^{\infty} (1 - P(A_k)) = 0 \quad \text{et} \quad \sum_{m=0}^{\infty} \left(\prod_{k=n}^{\infty} (1 - P(A_k)) \right) = 0$$

(sommer la série dont le terme général est nul est chose facile !).

On obtient ainsi $P(B) \leq 0$, ce qui entraîne $P(B) = 0$. On a donc bien $P(\overline{B}) = 1$, i.e. il est quasi-certain qu'une infinité d'événements A_m se réalisent.

L'indicateur d'Euler

Pour tout entier n supérieur à 1, on note $\varphi(n)$ le nombre d'entiers appartenant à $[\![1, n]\!]$ et premiers avec n. Si $p_1^{\alpha_1} \cdot p_2^{\alpha_2} \cdot \ldots \cdot p_r^{\alpha_r}$ est la factorisation de n en produit de facteurs premiers, on se propose de démontrer que l'on a:

$$\varphi(n) = n\,(1 - \frac{1}{p_1})\,(1 - \frac{1}{p_2}) \ldots (1 - \frac{1}{p_r})$$

On connaît des démonstrations de cette relation obtenues à grand peine par voie algébrique, à l'aide du lemme chinois (cf. notre cours d'algèbre, pp. 90 et 74). Un jour, un probabiliste s'intéressa à ce problème, voici ce qu'il advint!:

Soit $\Omega = [\![1, n]\!]$, muni de la probabilité uniforme.

i) Si d est un diviseur de n, on note D_d l'ensemble des multiples de d dans Ω. Calculer $P(D_d)$.

ii) Montrer que si $p_1, \ldots, p_r$ sont les facteurs premiers de n, alors les événements $D_{p_1}, D_{p_2}, \ldots, D_{p_r}$ sont mutuellement indépendants.

iii) En déduire la formule annoncée en préambule.

---

i) $D_d = \{kd \,/\, 1 \leq kd \leq m\} = \{kd \,/\, 1 \leq k \leq \frac{m}{d}\}$. Le cardinal de D_d vaut donc $\frac{m}{d}$. Comme le cardinal de Ω vaut m, on en déduit :
$$P(D_d) = \frac{1}{d}.$$

ii) Soit s un nombre entier compris entre 2 et r, et considérons l'ensemble :
$$D_{p_1} \cap D_{p_2} \cap \ldots \cap D_{p_s}.$$
Cet ensemble est constitué des entiers compris entre 1 et m, et qui sont multiples à la fois de $p_1, p_2, \ldots, p_s$. Comme ces nombres sont premiers et distincts, leur p.p.c.m. est $p_1 p_2 \cdots p_s$, c'est-à-dire :
$$D_{p_1} \cap D_{p_2} \cap \ldots \cap D_{p_s} = D_{p_1 p_2 \cdots p_s}$$
D'où $\quad P(D_{p_1} \cap \ldots \cap D_{p_s}) = P(D_{p_1 p_2 \cdots p_s}) = \frac{1}{p_1 p_2 \cdots p_s}$
$$= P(D_{p_1}) \cdot P(D_{p_2}) \cdot \ldots \cdot P(D_{p_s})$$
Ceci étant vrai pour tout s compris entre 1 et r, on en déduit bien que les événements $D_{p_1}, D_{p_2}, \ldots, D_{p_r}$ sont mutuellement indépendants.

iii) Soit $A = \{k \in [\![1,m]\!] \,/\, \text{p.g.c.d.}(k,n) = 1\}$
Pour qu'un entier k de Ω soit premier avec m, il faut et il suffit, d'après un résultat évident d'arithmétique, que k ne soit divisible ni par p_1, ni par p_2, …, ni par p_r. On a donc :
$$A = \overline{D_{p_1}} \cap \overline{D_{p_2}} \cap \ldots \cap \overline{D_{p_r}}$$
(où $\overline{}$ désigne le complémentaire).
Comme $D_{p_1}, \ldots, D_{p_r}$ sont mutuellement indépendants, il en est de même des événements $\overline{D_{p_1}}, \ldots, \overline{D_{p_r}}$, et donc :
$$P(A) = \prod_{i=1}^{r} P(\overline{D_{p_i}}) = \prod_{i=1}^{r} (1 - P(D_{p_i})) = (1 - \frac{1}{p_1}) \ldots (1 - \frac{1}{p_r})$$
or, $P(A) = \frac{\text{Card } A}{m} = \frac{\varphi(m)}{m}$, d'où le résultat annoncé.!!

Considérons un pays où il fait beau en moyenne 7 jours sur 10. Dans ce pays, deux stations de radio diffusent chaque matin un bulletin de prévisions météorologiques pour la journée. Une longue expérience a montré à M. Lambda que la station R avait raison, en moyenne, 95 fois sur 100, tandis que la station E n'avait raison, en moyenne, que 90 fois sur 100.

Un certain matin M. Lambda doit sortir, il écoute alors les deux stations: R annonce qu'il pleuvra et E qu'il fera beau. Doit-il prendre son parapluie?

(On fera des hypothèses d'indépendance qui s'imposent et on admettra que chaque station a la même fiabilité dans ses prévisions optimistes et dans ses prévisions pessimistes.)

Répertorions les renseignements de l'énoncé et pour cela adoptons les notations suivantes: B est l'événement "il fera beau" ; M est l'événement "il pleuvra" ; E_B est l'événement "E annonce qu'il fera beau", R_M est l'événement "R annonce qu'il pleuvra". On a :

$P(B) = \frac{7}{10}$, $P(M) = \frac{3}{10}$ (on admet que s'il ne fait pas beau, c'est qu'il pleut)

$P(R_M/B) = \frac{5}{100}$, $P(R_M/M) = \frac{95}{100}$

$P(E_B/B) = \frac{90}{100}$, $P(E_B/M) = \frac{10}{100}$ (la fiabilité ne dépend pas du temps qu'il fera effectivement !)

Il est clair que l'on cherche $p = P(B/E_B \cap R_M)$. Comme (B,M) est un système complet d'événements, la formule de Bayes permet d'écrire :

$$p = \frac{P(B \cap E_B \cap R_M)}{P(E_B \cap R_M)} = \frac{P(B \cap E_B \cap R_M)}{P(B \cap E_B \cap R_M) + P(M \cap E_B \cap R_M)}$$

Or $P(B \cap E_B \cap R_M) = P(B) \cdot P(E_B/B) \cdot P(R_M/B \cap E_B)$ et comme une station ne se permettrait pas de s'inspirer de ce que dit l'autre station, on a $P(R_M/B \cap E_B) = P(R_M/B)$.
D'où :

$P(B \cap E_B \cap R_M) = P(B) \cdot P(E_B/B) \cdot P(R_M/B)$

Le même raisonnement donne

$P(M \cap E_B \cap R_M) = P(M) \cdot P(E_B/M) \cdot P(R_M/M)$

d'où

$$p = \frac{\frac{7}{10} \cdot \frac{90}{100} \cdot \frac{5}{100}}{\frac{7}{10} \cdot \frac{90}{100} \cdot \frac{5}{100} + \frac{3}{10} \cdot \frac{10}{100} \cdot \frac{95}{100}} = \frac{21}{40}$$

La probabilité qu'il fasse beau, compte tenu des prévisions, est donc un petit peu supérieure à 0,5. M. Lambda peut laisser son parapluie chez lui (il faut savoir vivre dangereusement !)

Remarque : M. Lambda doit donc croire celui qui se trompe le plus souvent ! Ce résultat qui peut paraître paradoxal s'explique aisément : le temps est plus souvent beau que mauvais. Il y a donc un "plus" de confiance accordé à celui qui annonce le beau temps (Reprenez le même problème en prenant $P(B) = 0,6$, il faudra alors prendre son parapluie. De même reprenez le problème en prenant $P(B) = 1$!!!)

42

Poker de dés

On lance 5 dés honnêtes. A l'issue du premier jet, on reprend les dés qui n'ont pas amené l'as. On procède alors à un second jet avec les dés restants, et ainsi de suite avec les dés récalcitrants, jusqu'à obtenir cinq as.

i) Quelle est la probabilité que le nombre de jets (d'un nombre quelconque de dés) nécessaires à l'obtention des cinq as soit strictement inférieur à x ?

ii) Quelle est la probabilité que l'on obtienne les cinq as en exactement x jets de dés?

iii) Quelle est la probabilité que le nombre total de dés jetés soit égal à y ?

i) Pour $x \in \mathbb{N}^*$, notons A_x l'événement "le nombre de jets nécessaires à l'obtention des cinq as est strictement inférieur à x". Il est clair que A_1 est l'événement impossible et, sans restreindre la généralité du problème, on peut supposer dans cette question que les cinq dés sont discernables et numérotés de 1 à 5.

Dire que A_x est réalisé signifie que, pour tout i de $[\![1,5]\!]$, le dé n° i a amené un as en moins de x lancers. Notons $A_{i,x}$ cet événement, on a donc :
$$A_x = A_{1,x} \cap A_{2,x} \cap A_{3,x} \cap A_{4,x} \cap A_{5,x}$$

Les événements $A_{i,x}$, pour $i \in [\![1,5]\!]$, sont indépendants et ont la même probabilité. $\overline{A_{i,x}}$ est l'événement "pour le dé n° i, les $x-1$ premiers lancers ont amené un résultat autre que l'as". On a donc :
$$P(\overline{A_{i,x}}) = \left(\frac{5}{6}\right)^{x-1}$$
D'où
$$P(A_x) = P(A_{1,x}) \cdot P(A_{2,x}) \cdot \ldots \cdot P(A_{5,x}) = \left(1 - \left(\frac{5}{6}\right)^{x-1}\right)^5$$
(la formule vaut bien pour $x=1$!)

ii) Pour $x \in \mathbb{N}^*$, notons B_x l'événement "les 5 as sont obtenus en exactement x jets de dés". Il est clair que cela signifie que les 5 as sont obtenus en moins de $x+1$ jets mais pas en moins de x jets. On a donc
$$B_x = A_{x+1} \setminus A_x \quad \text{et comme } A_x \subset A_{x+1}, \text{ on en déduit}$$
$$P(B_x) = P(A_{x+1}) - P(A_x) = \left(1 - \left(\frac{5}{6}\right)^x\right)^5 - \left(1 - \left(\frac{5}{6}\right)^{x-1}\right)^5$$

iii) Pour $y \geq 5$, notons C_y l'événement "le nombre total de dés jetés vaut y". Sans perdre en généralité, on peut supposer que les dés sont lancés un par un à chaque jet de dés. L'événement C_y est réalisé si et seulement si, en lançant $y-1$ fois un dé (quel que soit son numéro !) on a obtenu 4 fois l'as (événement D) et au $y$ème lancer d'un dé un as apparaît (événement E). On a donc :
$$C_y = D \cap E$$
Or D et E sont indépendants (les dés n'ont pas de mémoire) et
$$P(D) = \binom{y-1}{4}\left(\frac{1}{6}\right)^4\left(\frac{5}{6}\right)^{y-1-4} \quad \text{(phénomène binomial : 4 succès en } y-1 \text{ essais)}$$
$$P(E) = \frac{1}{6}$$
d'où
$$P(C_y) = \binom{y-1}{4}\left(\frac{1}{6}\right)^5\left(\frac{5}{6}\right)^{y-5}$$

Note :
Le lecteur savant aura reconnu la loi de Pascal de paramètres 5 et $\frac{1}{6}$, le lecteur moins savant pourra se reporter à la page 157 de notre cours de probabilités.

Le tournoi

Des joueurs notés $A_1, A_2, \ldots$ (il y a une infinité de joueurs) s'affrontent à pile ou face, avec une pièce honnête, de la façon suivante :

A_1 et A_2 commencent, le perdant est éliminé et le gagnant rencontre A_3, le perdant est éliminé et le gagnant rencontre A_4, …

Est déclaré vainqueur le joueur qui gagne trois parties consécutives et le jeu s'arrête alors. Calculer la probabilité p_n que A_n gagne le tournoi.

Notons J_n l'événement "A_n joue" et G_n l'événement "A_n gagne". Notons également $p_n = P(G_n)$, $q_n = P(J_n)$ et analysons un peu ce qui se passe :

Puisque l'on joue avec une pièce honnête, l'important est de prendre place à la table de jeu ! En effet, si on a la chance de s'asseoir, tout ce qui se passe avant est sans intérêt et l'on a alors une chance sur huit de gagner trois parties de suite, i.e. $P(G_n / J_n) = \left(\frac{1}{2}\right)^3 = \frac{1}{8}$.

Apparaît alors une dissymétrie flagrante dans ce jeu : les quatre premiers joueurs sont sûrs de participer au tournoi (c'est évident pour A_1 et A_2 ; A_3 jouera puisqu'à ce moment A_1 ou A_2 ne pourra être déclaré vainqueur ; A_4 jouera ou bien contre A_1 ou A_2 qui aurait alors deux victoires, ou bien contre A_3 qui aurait gagné sa première partie). Tandis qu'à partir de A_5, la situation change (si A_1 ou A_2 gagne ses trois premières parties, il est déclaré vainqueur et A_5 reste sur la touche).

Supposons donc $m \geq 5$ (et même $m \geq 4$) et considérons l'événement "A_n joue". A_n ne peut jouer que contre A_{n-1} (qui aurait alors 1 victoire contre celui qui était à la table avant lui) ou contre A_{n-2} (qui aurait alors 2 victoires, une contre celui qui était à la table avant lui et la seconde contre A_{n-1}). Tout autre joueur ne pourrait arriver à cette phase sans avoir éliminé son adversaire en place, puis A_{n-2} et A_{n-1}, c'est-à-dire qu'il serait vainqueur ! Par conséquent :

"A_n joue" = "A_{n-1} joue et gagne une fois" $\cup$ "A_{n-2} joue et gagne deux fois".

Soit en passant aux probabilités :

$q_m = q_{m-1} \cdot P(A_{n-1}$ gagne une fois$/A_{n-1}$ joue$) + q_{n-2} \cdot P(A_{n-2}$ gagne 2 fois$/A_{n-2}$ joue$)$

c'est-à-dire :

$$\forall m \geq 4, \quad q_m = \frac{1}{2} q_{m-1} + \frac{1}{4} q_{m-2}$$

et comme on a $q_4 = 1$, il suffit de calculer q_5 pour résoudre totalement cette récurrence linéaire à deux termes.

"A_5 joue" signifie que ni A_1 ni A_2 n'ont gagné le tournoi (A_3 et A_4 ne peuvent pas pas gagner le tournoi à ce stade de la compétition). Comme $P(G_1) = P(G_2) = \frac{1}{8}$, il vient $q_5 = 1 - \left(\frac{1}{8} + \frac{1}{8}\right) = \frac{3}{4}$.

En résumé, on a donc :

$q_1 = q_2 = q_3 = q_4 = 1$, $q_5 = \frac{3}{4}$ et $\forall n \geq 4$ $q_n = \frac{1}{2} q_{n-1} + \frac{1}{4} q_{n-2}$.

L'équation caractéristique de cette récurrence est $X^2 - \frac{1}{2} X - \frac{1}{4} = 0$ qui admet deux racines réelles $\alpha = \frac{1}{4}(1 + \sqrt{5})$, $\beta = \frac{1}{4}(1 - \sqrt{5})$, il existe donc deux constantes réelles λ et μ telles que :

$$\forall m \geq 4 \quad q_m = \lambda \left(\frac{1+\sqrt{5}}{4}\right)^m + \mu \left(\frac{1-\sqrt{5}}{4}\right)^m$$

La détermination de λ et μ se fait à l'aide des valeurs de q_4 et q_5. Tous calculs faits, il vient alors

$$\lambda = \frac{2}{\sqrt{5}} (2 + \sqrt{5})(1 - \sqrt{5})^4 \quad ; \quad \mu = \frac{2}{\sqrt{5}} (\sqrt{5} - 2)(1 + \sqrt{5})^4$$

et donc

$$\forall n \geq 4 \quad q_m = \frac{1}{2^{2n+1} \sqrt{5}} \left[(2+\sqrt{5})(1+\sqrt{5})^m + (\sqrt{5}-2)(1-\sqrt{5})^m \right]$$

Comme $p_m = P(G_n) = P(J_n) \cdot P(G_n/J_n) = \frac{1}{2^3} P(J_n)$, il vient finalement :

$$\boxed{\begin{array}{l} p_1 = p_2 = p_3 = p_4 = \frac{1}{8} \\ \forall n \geq 4, \quad p_m = \frac{1}{2^{2n+4} \sqrt{5}} \left[(2+\sqrt{5})(1+\sqrt{5})^m + (\sqrt{5}-2)(1-\sqrt{5})^m \right] \end{array}}$$

<u>Remarque</u> : on a $p_3 = \frac{1}{2^3}$, $p_4 = \frac{1}{2^3} = \frac{2}{2^4}$, $p_5 = \frac{1}{2^3} \times \frac{3}{4} = \frac{3}{2^5}$, $p_6 = \frac{5}{2^6}$, ... Le lecteur savant pourra remarquer alors que si l'on pose $p_m = \frac{a_m}{2^m}$, les numérateurs a_m ne sont autres que les termes de la suite de Fibonacci $1, 2, 3, 5, 8, ...$ décalés. Pour s'en convaincre il lui suffira d'expliciter la relation de récurrence vérifiée par les numérateurs a_m.

---

annales corrigées du DEUG de Sciences Économiques

problèmes corrigés de STATISTIQUES

Solutions proposées par   posés aux examens du DEUG de

   C. HESS   H. de MILLEVILLE   Sciences Économiques

(1ère et 2ème année)

troisième partie

variables aléatoires

1 variables aléatoires discrètes
2 variables aléatoires continues
3 couples de variables aléatoires

1 variables aléatoires discrètes

Temps d'attente

Une urne contient n boules numérotées de 1 à n. On effectue des tirages successifs d'une boule de cette urne, sans remise, jusqu'à ce que les boules n° 1, 2, 3 soient sorties.

i) Quelle est la probabilité que les boules 1, 2, 3 sortent consécutivement et dans cet ordre?

ii) Quelle est la probabilité que les boules 1, 2, 3 sortent dans cet ordre (consécutivement ou non)?

iii) On note X le nombre de tirages effectués. Donner la loi de X et son espérance.

i) Bien que l'énoncé précise que l'on arrête le tirage dès que les boules 1,2,3 sont extraites, on peut convenir sans dommage pour les questions i) et ii) que le tirage se poursuit jusqu'à épuisement des boules.

On peut alors prendre $\Omega = S_m$ et l'hypothèse d'équiprobabilité s'applique.

Soit E l'ensemble des vidages de l'urne pour lesquels les boules 1,2,3 sont consécutives, dans cet ordre. E est l'ensemble des permutations de $[\![1,m]\!]$ pour lesquelles 1, 2, 3 sont consécutifs dans cet ordre. Il est clair que la boule n°1 peut se placer en $m-2$ endroits différents, les boules n°2 et 3 ont alors des places fixées et il reste $(m-3)!$ manières de placer les $m-3$ autres boules. D'où :

$$|E| = (m-2)(m-3)! \quad \text{et comme} \quad |\Omega| = m! \, , \text{ il vient :}$$

$$P(E) = \frac{(m-2)(m-3)!}{m!} = \frac{1}{m(m-1)}$$

ii) L'événement indiqué est constitué de l'ensemble F des permutations pour lesquelles les éléments 1,2,3 sont dans cet ordre. L'ensemble F est de cardinal $\binom{m}{3}(m-3)!$. En effet, il y a $\binom{m}{3}$ façons de choisir les emplacements réservés aux éléments 1,2,3, une seule manière d'affecter ces 3 éléments à ces emplacements et $(m-3)!$ façons de compléter la permutation. Ainsi :

$$P(F) = \frac{\binom{m}{3}(m-3)!}{m!} = \frac{1}{6}$$

Remarque :
N'était-ce pas évident, pour des raisons de symétrie ?

iii) On a bien entendu $X(\Omega) = [\![3,m]\!]$. Soit donc $k \in [\![3,m]\!]$, l'événement $X=k$ signifie que les $k-1$ premiers tirages ont amené 2 boules parmi $\{1,2,3\}$ (événement A) et que le $k^{\text{ème}}$ tirage amène la dernière boule de cet ensemble (événement B).

L'événement A est de caractère hypergéométrique (on peut considérer que les boules n° 1,2,3 sont d'une couleur autre que celle des autres boules). D'où :

$$P(A) = \frac{\binom{3}{2} \cdot \binom{m-3}{k-1-2}}{\binom{m}{k-1}}$$

On a : $P(B/A) = \frac{1}{m-k+1}$ (Il reste 1 cas favorable pour $(m-(k-1))$ cas possibles)

d'où :

$$P(X=k) = P(A \cap B) = P(A) \cdot P(B/A) = \frac{(m-3)!}{(k-3)!(m-k)!} \cdot \frac{(k-1)!(m-k+1)!}{m!} \cdot \frac{3}{m-k+1}$$

soit $\quad P(X=k) = \frac{3(k-1)(k-2)}{m(m-1)(m-2)}$.

On a alors : $\quad E(X) = \sum_{k=3}^{m} k\, P(X=k) = \frac{3}{m(m-1)(m-2)} \cdot \sum_{k=3}^{m} k(k-1)(k-2)$.

Pour calculer cette dernière somme, on peut remarquer que l'on peut ajouter sans problème les termes correspondants à $k=1$ et $k=2$. On développe alors ce produit et on utilise les formules classiques concernant la somme des m premiers entiers, des m premiers carrés et des m premiers cubes. (le faire !)

Mais il y a beaucoup mieux. En effet, on peut écrire :

$$E(X) = \frac{18}{m(m-1)(m-2)} \sum_{k=3}^{m} \binom{k}{3}$$

D'après la formule de Pascal, on peut écrire $\binom{k}{3} = \binom{k+1}{4} - \binom{k}{4}$, dans la somme les termes se simplifient alors 2 à 2 et il reste :
$$\sum_{k=3}^{m} \binom{k}{3} = \binom{m+1}{4}$$

d'où $\quad E(X) = \dfrac{18}{m(m-1)(m-2)} \cdot \dfrac{(m+1)m(m-1)(m-2)}{24} \quad$ i.e. $\quad E(X) = \dfrac{3}{4}(m+1)$.

Remarque : Le calcul de $E(X)$ montre que pour extraire les boules 1, 2, 3 il faut en moyenne tirer les $\frac{3}{4}$ des boules. Ceci vous paraît-il intuitif ?

45

Un joueur lance une fléchette au hasard sur une cible circulaire de rayon 1 et divisée en couronnes concentriques par les cercles de rayons $\dfrac{1}{n}, \dfrac{2}{n} \ldots \dfrac{n-1}{n}$. Si la fléchette touche la cible dans la couronne limitée par les cercles de rayons $\dfrac{i}{n}, \dfrac{i+1}{n}$, ($i \in [\![0, n-1]\!]$), le joueur gagne $n-i$ francs.

Soit X le gain du joueur. Déterminer la loi de X et son espérance.

Remarquons que le joueur lançant sa fléchette au hasard, cela signifie qu'elle touche la cible et que la probabilité que celle-ci pointe dans un domaine D donné est proportionnelle à l'aire de celui-ci. L'aire de la cible valant π, on a :
$$P(\text{fléchette pointe dans } D) = \frac{\mathcal{A}(D)}{\pi}$$

Un cercle ayant une aire nulle, on peut négliger les cas où la fléchette aurait le très mauvais goût de tomber juste sur un des cercles marqués ! X est donc bien définie.

Pour $i \in [\![0, m-1]\!]$, l'événement $X = m-i$ signifie que la fléchette tombe dans la couronne limitée par les cercles de rayons $\dfrac{i}{m}, \dfrac{i+1}{m}$. Cette couronne a pour aire
$$\pi \left(\frac{i+1}{m}\right)^2 - \pi \left(\frac{i}{m}\right)^2 = \pi \frac{2i+1}{m^2}.$$

Donc :
$$P(X = m-i) = \frac{2i+1}{m^2}$$

On a donc $X(\Omega) = [\![1, m]\!]$ et un changement d'indice donne :
$$\forall k \in [\![1, m]\!], \quad P(X = k) = \frac{2(m-k)+1}{m^2} = \frac{2m+1}{m^2} - \frac{2k}{m^2}.$$

D'où :
$$E(X) = \sum_{k=1}^{m} k\, P(X=k) = \frac{2m+1}{m^2} \sum_{k=1}^{m} k - \frac{2}{m^2} \sum_{k=1}^{m} k^2$$
$$= \frac{2m+1}{m^2} \cdot \frac{m(m+1)}{2} - \frac{2}{m^2} \cdot \frac{m(m+1)(2m+1)}{6}$$

Soit
$$E(X) = \frac{(m+1)(2m+1)}{6m}.$$

46

Soient k et n deux entiers tels que $1 \leq k \leq n$. Une urne contient n boules numérotées de 1 à n, on tire de cette urne une poignée aléatoire de k boules et on appelle X l'aléa numérique égal au plus petit nombre obtenu.

Déterminer la loi de X et son espérance.

Il est clair que X peut prendre toutes les valeurs comprises entre 1 et $m-k+1$, puisque la plus "grosse" poignée est constituée des boules $m-k+1, m-k+2, \ldots, m$. Prenons donc $i \in [\![1, m-k+1]\!]$ et calculons $P(X=i)$.

L'événement $X = i$ signifie que la poignée obtenue est constituée de la boule n°i et de $k-1$ boules choisies parmi les $m-i$ boules de numéros supérieurs strictement à i. Il y a donc $\binom{m-i}{k-1}$ cas favorables à la réalisation de cet événement, alors qu'il existe $\binom{m}{k}$ poignées possibles toutes équiprobables. D'où :

$$X(\Omega) = [\![1, m-k+1]\!] \quad \text{et} \quad \forall i \in [\![1, m-k+1]\!], \quad P(X=i) = \frac{\binom{m-i}{k-1}}{\binom{m}{k}}.$$

(Ceci permet de retrouver la relation sommatoire classique : $\sum_{i=1}^{m-k+1} \binom{m-i}{k-1} = \binom{m}{k}$.)

On a :
$$E(X) = \sum_{i=1}^{m-k+1} i \frac{\binom{m-i}{k-1}}{\binom{m}{k}}. \quad \text{Écrivons alors } i = (m+1) - (m+1-i) \,;\, \text{on a :}$$

$$E(X) = \frac{m+1}{\binom{m}{k}} \sum_{i=1}^{m-k+1} \binom{m-i}{k-1} - \sum_{i=1}^{m-k+1} (m+1-i) \frac{\binom{m-i}{k-1}}{\binom{m}{k}}.$$

Mais $\sum_{i=1}^{m-k+1} \binom{m-i}{k-1} = \binom{m}{k}$ et $(m+1-i)\binom{m-i}{k-1} = k \binom{m+1-i}{k+1-1}$, d'où :

$$E(X) = (m+1) - \frac{k}{\binom{m}{k}} \sum_{i=1}^{m-k+1} \binom{m+1-i}{k+1-1}.$$

On retrouve encore la relation précédente avec les indices $m+1$ et $k+1$ (ce qui ne perturbe pas les bornes de la sommation), on peut donc finalement écrire :

$$E(X) = (m+1) - k \frac{\binom{m+1}{k+1}}{\binom{m}{k}} = \frac{n+1}{k+1}.$$

Nous laissons au lecteur le soin et le plaisir de calculer la variance de X à l'aide de la même formule sommatoire.

Soit X une variable aléatoire discrète telle que :
$$X(\Omega) = [\![1, n]\!] \ (n \geq 2) \text{ et } \forall k \in [\![1, n]\!], P(X=k) = \alpha k(n-k)$$
i) Pour quelle valeur de α a-t-on bien défini une loi de probabilité ?
ii) Quel est le mode de X ?
iii) Calculer l'espérance de X.

---

i) Pour que l'on ait défini une loi de probabilité, on doit avoir
$$P(X=k) \geq 0 \quad (\text{i.e. } \alpha \geq 0) \quad \text{et} \quad \sum_{k=1}^{m} P(X=k) = 1.$$

Or $\sum_{k=1}^{m} k(m-k) = m \sum_{k=1}^{m} k - \sum_{k=1}^{m} k^2 = m \frac{m(m+1)}{2} - \frac{m(m+1)(2m+1)}{6} = \frac{m(m^2-1)}{6}$

d'où $\alpha = \frac{6}{m(m^2-1)}$ qui est bien positif.

ii) Étudions sur $[0,m]$ la fonction $f : x \mapsto x(m-x)$. Il est tout à fait évident que cette fonction passe par un maximum pour $x = \frac{m}{2}$, et que sa représentation graphique est symétrique par rapport à la verticale $x = \frac{m}{2}$ (arc de parabole). D'où :
• si m est pair, X admet un mode unique qui est $\frac{m}{2}$.
• si m est impair, X admet deux modes qui sont $[\frac{m}{2}]$ et $[\frac{m}{2}]+1$, où $[\ ]$ désigne la partie entière.

iii) On a $P(X=k) = P(X=m-k)$. La distribution étant symétrique par rapport à $\frac{m}{2}$, le regroupement des termes deux à deux montre que l'on a : $E(X) = \frac{m}{2}$.

Le sauteur en hauteur

Un sauteur en hauteur tente de franchir les hauteurs successives 1, 2, ..., n, ... On suppose les sauts indépendants les uns des autres et on suppose aussi que la probabilité de succès à la hauteur $n \in \mathbb{N}^*$ est $\frac{1}{n}$. Le sauteur est éliminé à son premier échec.

On note X la variable aléatoire «numéro du dernier saut réussi».

i) Trouver la loi de X et vérifier que $\sum_{n=1}^{\infty} P(X=n) = 1$.

ii) Calculer $E(X)$ et $V(X)$.

---

i) On a clairement $X(\Omega) = \mathbb{N}^*$, car la probabilité de succès à la hauteur 1 est 1, le dernier saut réussi vaut donc au moins 1.

Soit donc $m \in \mathbb{N}^*$. L'événement $\{X = m\}$ signifie que le sauteur a correctement passé les hauteurs $1, 2, ..., m$, et qu'il s'est planté lamentablement à la hauteur $m+1$. Comme les sauts sont indépendants, on peut affirmer que :

$$P(X=m) = 1 \cdot \frac{1}{2} \cdots \frac{1}{m!} \cdot (1 - \frac{1}{m+1}) = \frac{1}{m!} - \frac{1}{(m+1)!} = \frac{m}{(m+1)!}$$

On doit alors vérifier que la somme de la série de terme général $P(X=m)$ vaut 1. Or on a :

$$S_N = \sum_{m=1}^{N} P(X=m) = \sum_{m=1}^{N} \left(\frac{1}{m!} - \frac{1}{(m+1)!} \right) = 1 - \frac{1}{(N+1)!} \quad \text{(règle des dominos)}$$

et donc

$$\sum_{m=1}^{\infty} P(X=m) = \lim_{N \to \infty} S_N = 1,$$

ce qui assure que X est bien une variable aléatoire, puisqu'il est quasi-impossible que le sauteur ne se plante jamais !

ii) On a : $E(X) = \sum_{m=1}^{\infty} m\, P(X=m) = \sum_{m=1}^{\infty} m \left(\frac{1}{m!} - \frac{1}{(m+1)!} \right)$ (sous réserve de convergence !)

$$E(X) = \sum_{m=1}^{\infty} \frac{1}{(m-1)!} - \sum_{m=1}^{\infty} \frac{m}{(m+1)!}$$

Mais $\sum_{m=1}^{\infty} \frac{1}{(m-1)!} = \sum_{p=0}^{\infty} \frac{1}{p!} = e$ (changement d'indice et série classique).

D'autre part, comme $\sum_{m=1}^{\infty} \frac{m}{(m+1)!} = \sum_{m=1}^{\infty} P(X=m) = 1$,

on en conclut $E(X) = e - 1 \simeq 1{,}72$

Pour le calcul de la variance, nous allons ruser un petit peu et calculer tout d'abord $E(X^2 - 1)$, vous allez comprendre tout de suite pourquoi :

$$E(X^2 - 1) = \sum_{m=1}^{\infty} (n^2 - 1) P(X=m) = \sum_{m=1}^{\infty} (n^2-1) \frac{m}{(m+1)!} = \sum_{m=1}^{\infty} \frac{(n-1)m(n+1)}{(m+1)!} \quad \text{(vu ?!)}$$

Le terme correspondant à $m=1$ s'évanouit, il reste donc après simplifications :

$$E(X^2 - 1) = \sum_{m=2}^{\infty} \frac{1}{(n-2)!} = \sum_{p=0}^{\infty} \frac{1}{p!} \quad \text{(changement d'indice : } p = n-2\text{)}$$

i.e. $E(X^2 - 1) = e$, d'où $E(X^2) = e + 1$.

La formule classique de Koenig-Huyghens donne alors

$$V(X) = E(X^2) - E^2(X) = e + 1 - (e-1)^2 = e(3-e)$$

Note

La technique classique lorsque l'on désire sommer une série dont le terme général est de la forme $\frac{1}{m!}P(m)$ où P est un polynôme en m, consiste à écrire le polynôme P relativement à la base $(1, X, X(X-1), X(X-1)(X-2), \ldots)$ afin de séparer le terme général en morceaux pour lesquels des simplifications apparaissent (formule de Gregory).

Dans le cas précédent, il aurait fallu écrire
$$m^3 = (m+1)m(m-1) + (m+1) - 1$$
pour faire apparaître les simplifications avec le dénominateur $(m+1)!$, le calcul s'achève alors comme précédemment.

49

Un joueur décide de jouer à Pile ou Face (avec une pièce à deux côtés distincts mais pas nécessairement honnête) de la façon suivante:

La première fois, il parie 1 F; s'il gagne la banque lui verse 2 F et il s'arrête. Sinon, la 2ème fois, il parie 2 F; s'il gagne la banque lui verse 4 F et il s'arrête, etc... C'est-à-dire que tant que le joueur perd il double sa mise pour le coup suivant et il s'arrête dès son premier succès.

Quelle est l'espérance de gain du joueur?

Supposons que le joueur gagne à son $m^{\text{ième}}$ essai. Il a donc perdu aux essais numéros $1, 2, \ldots, m-1$, a misé pour son $m^{\text{ième}}$ essai et gagne alors.

Ce joueur a donc perdu $2^0 + 2^1 + \ldots + 2^{m-2}$ Francs, a misé enfin 2^{m-1} Francs et gagne alors 2^m Francs. Son gain net vaut donc :
$$2^m - (2^0 + 2^1 + \ldots + 2^{m-1}) = 2^m - \frac{2^m - 1}{2 - 1} = 1 \text{ Franc}.$$

Le gain du joueur est donc indépendant du rang du succès. Comme il est quasi-impossible que le joueur perde indéfiniment (du moment que $0 \leq q < 1$, on a $\lim_{m \to \infty} q^m = 0$), ce joueur est quasi-certain de gagner 1 F.

Morale :

Il semblerait donc que l'on soit sûr de gagner de l'argent, lorsque le jeu n'est pas parfaitement malhonnête. Ne vous précipitez pas pourtant dans le premier tripot venu ! En effet :

1°) Dans tous les casinos, les mises ne peuvent pas excéder une certaine somme, vous risquez donc d'être à un moment dans l'impossibilité de doubler votre mise.

2°) Admettons même que les mises ne soient pas plafonnées. Il n'est pas impossible que le rouge sorte 20 fois de suite, si vous jouez toujours sur le noir, vous aurez déjà 1 048 575 F, et il vous faudrait miser encore 1 048 575 F pour espérer gagner 1 F. Vérifier l'état de votre compte en banque avant de vous lancer dans cette aventure, les casinos ne font pas crédit !

50

Soit X une variable aléatoire telle que $X(\Omega) \subset \mathbb{N}$.

i) Déterminer la loi de X sachant que:
$$X(\Omega) = \mathbb{N}^* \text{ et } \exists p \in \,]0, 1[\,, \forall n \in \mathbb{N}^*, P(X = n) = pP(X \geq n)$$

ii) Déterminer la loi de X sachant que:
$$X(\Omega) = \mathbb{N} \text{ et } \forall n \in \mathbb{N}, 4P(X = n+2) = 5P(X = n+1) - P(X = n)$$

iii) Déterminer la loi de X sachant que:
$$X(\Omega) = \mathbb{N} \text{ et } \forall n \in \mathbb{N}^*, P(X = n) = \frac{4}{n} P(X = n - 1)$$

Dans chaque cas, nous noterons $p_m = P(X=m)$, pour $m \in X(\Omega)$.

i) On peut écrire $(X \geq m) = (X=m) \cup (X \geq m+1)$ et cette réunion est disjointe. D'où:
$$P(X \geq m) = p_m + P(X \geq m+1) \quad \text{et} \quad p \cdot P(X \geq m) = p \cdot p_m + p \cdot P(X \geq m+1)$$
soit avec l'hypothèse faite:
$$\forall m \in \mathbb{N}^*, \quad p_m = p \cdot p_m + p_{m+1}, \quad \text{i.e.} \quad p_{m+1} = (1-p) p_m.$$
Ainsi, la suite $(p_m)_{m \in \mathbb{N}^*}$ est géométrique de raison $(1-p)$, ce qui permet d'écrire:
$$\forall m \in \mathbb{N}^*, \quad p_m = (1-p)^{m-1} \cdot p_1.$$
Mais, comme il s'agit d'une distribution de probabilité, on a:
$$1 = \sum_{m=1}^{\infty} p_m = p_1 \cdot \sum_{m=1}^{\infty} (1-p)^{m-1} = \frac{p_1}{1-(1-p)}, \quad \text{d'où} \quad p_1 = p.$$
Donc, $\forall n \in \mathbb{N}^*, \quad P(X=m) = p(1-p)^{n-1}$
X suit la loi géométrique de paramètre p.

ii) Dans ce cas, on a: $\forall n \in \mathbb{N}, \quad 4 p_{n+2} = 5 p_{n+1} - p_n$. La suite $(p_n)_{n \in \mathbb{N}}$ vérifie donc une relation de récurrence linéaire sur deux termes, la résolution de ce type de problème est classique:

l'équation caractéristique $4r^2 - 5r + 1 = 0$ admet 1 et $\frac{1}{4}$ pour racines.
$\exists \lambda, \mu \in \mathbb{R}, \forall m \in \mathbb{N}, \quad p_m = \lambda + \mu \left(\frac{1}{4}\right)^m$.
Comme la série de terme général p_m converge et est de somme 1, on en déduit immédiatement $\lambda = 0$ et $\mu \cdot \frac{1}{1-\frac{1}{4}} = 1$, i.e. $\mu = \frac{3}{4}$.

Donc, $\forall n \in \mathbb{N}, \quad p_m = \frac{3}{4} \left(\frac{1}{4}\right)^m$.
X suit la loi binomiale négative de paramètres 1 et $\frac{3}{4}$.

iii) Dans ce cas, on a: $\forall m \in \mathbb{N}, \quad \frac{p_{m+1}}{p_m} = \frac{4}{m+1}$. D'après le principe des dominos il vient pour tout entier n non nul:
$$\frac{p_m}{p_0} = \frac{p_m}{p_{m-1}} \cdot \frac{p_{m-1}}{p_{m-2}} \cdots \frac{p_1}{p_0} = \frac{4^m}{m!}, \quad \text{i.e.} \quad p_m = p_0 \cdot \frac{4^m}{m!}.$$
Comme $\sum_{0}^{\infty} p_m = 1$, il vient $p_0 \cdot \sum_{0}^{\infty} \frac{4^m}{m!} = p_0 \cdot e^4 = 1$, i.e. $p_0 = e^{-4}$.

Donc, $\forall n \in \mathbb{N}, \quad p_m = e^{-4} \cdot \frac{4^m}{m!}$, X suit la loi de Poisson de paramètre 4.

51

Une urne de Pólya

On considère une urne contenant initialement une boule blanche et une boule noire et on procède à l'expérience suivante: on effectue des tirages successifs d'une boule de cette urne et à chaque pas du tirage on replace dans l'urne la boule obtenue en ajoutant une boule supplémentaire de la même couleur que la boule obtenue.

On note X_n le nombre aléatoire de boules blanches obtenues au cours des n premiers tirages. Quelle est la loi de X_n ?

(On commencera par examiner les cas $n = 1, n = 2, ...$)

Notons B_k l'événement "on obtient une boule blanche au $k^{\text{ème}}$ pas du tirage" et N_k l'événement contraire, et étudions d'abord le phénomène pour les petites valeurs de m.

1er cas : $m=1$

On a bien entendu $P(B_1) = \frac{1}{2}$, $P(N_1) = \frac{1}{2}$, c'est-à-dire
$$P(X_1 = 1) = \frac{1}{2}, \quad P(X_1 = 0) = \frac{1}{2}, \quad \text{soit} \quad X_1 \hookrightarrow \mathcal{U}_{[\![0,1]\!]}.$$

2ème cas : $m=2$

- On a $P(X_2 = 2) = P(B_1 B_2) = P(B_1) \cdot P(B_2/B_1)$

Or la probabilité conditionnelle $P(B_2/B_1)$ est facile à calculer. En effet si la première boule obtenue est blanche, pour le second tirage l'urne contient alors 1 boule noire et 2 boules blanches, d'où $P(B_2/B_1) = \frac{2}{3}$. Donc
$$P(X_2 = 2) = \frac{1}{2} \cdot \frac{2}{3} = \frac{1}{3}$$

- On a $P(X_2 = 0) = P(N_1 N_2) = P(N_1) \cdot P(N_2/N_1)$.

Le même raisonnement montre que $P(N_2/N_1) = \frac{2}{3}$ (1 blanche pour 2 noires), donc
$$P(X_2 = 0) = \frac{1}{2} \cdot \frac{2}{3} = \frac{1}{3}$$

- Comme X_2 ne peut prendre que les valeurs 0, 1, 2, on en déduit $P(X_2 = 1) = \frac{1}{3}$, c'est-à-dire
$$P(X_2 = 0) = P(X_2 = 1) = P(X_2 = 2) = \frac{1}{3}, \quad \text{soit} \quad X_2 \hookrightarrow \mathcal{U}_{[\![0,2]\!]}.$$

Cas général

On commence à se dire qu'il ne serait pas tout à fait impossible que pour toute valeur de l'entier m, X_m suive la loi uniforme discrète sur $[\![0,m]\!]$ (on a déjà sûrement $X_m(\Omega) = [\![0,m]\!]$, ce qui est rassurant !). Tentons donc une vérification de ce fait à l'aide d'une récurrence.

Hypothèse de récurrence : X_{m-1} suit la loi uniforme sur $[\![0, m-1]\!]$. Étudions alors X_m.

Soit $i \in [\![1, m-1]\!]$. L'événement $X_m = i$ est la réunion des deux événements suivants : ou bien on a obtenu i boules blanches au cours des $m-1$ premiers tirages et le $m^{\text{ème}}$ tirage amène une boule noire, ou bien on a obtenu $i-1$ boules blanches au cours des $m-1$ premiers tirages et le $m^{\text{ème}}$ tirage amène une boule blanche. Soit avec les notations sus-indiquées :
$$\{X_m = i\} = [(X_{m-1} = i) \cap N_m] \cup [(X_{m-1} = i-1) \cap B_m]$$
(réunion disjointe).

Soit $P(X_m = i) = P(X_{m-1} = i) \cdot P(N_m / X_{m-1} = i) + P(X_{m-1} = i-1) \cdot P(B_m / X_{m-1} = i-1)$

- Or d'après l'hypothèse de récurrence, $X_{m-1} \hookrightarrow \mathcal{U}_{[\![0, m-1]\!]}$, et donc :
$$P(X_{m-1} = i) = P(X_{m-1} = i-1) = \frac{1}{m}.$$

- Si $X_{m-1} = i$, cela signifie qu'au cours des $m-1$ premiers tirages, on a obtenu i fois une boule blanche (on a donc rajouté i boules blanches dans l'urne) et $m-1-i$ fois une boule noire (on a donc rajouté $m-1-i$ boules noires dans l'urne). L'urne contient donc à ce moment $i+1$ boules blanches et $m-i$ boules noires, d'où :
$$P(N_m / X_{m-1} = i) = \frac{m-i}{m+1}$$

- Le même raisonnement montre que
$$P(B_m / X_{m-1} = i-1) = \frac{i}{m+1}$$

d'où
$$P(X_m = i) = \frac{1}{m} \cdot \frac{m-i}{m+1} + \frac{1}{m} \cdot \frac{i}{m+1} = \frac{1}{m+1}.$$

Enfin $\{X_m = 0\} = (X_{m-1} = 0) \cup N_m$. D'où
$$P(X_m = 0) = P(X_{m-1} = 0) \cdot P(N_m / X_{m-1} = 0) = \frac{1}{m} \cdot \frac{m}{m+1} = \frac{1}{m+1}$$

On en déduit donc également
$$P(X_m = m) = \frac{1}{m+1} \quad ; \quad \text{d'où} \quad X_m \hookrightarrow \mathcal{U}_{[\![0,m]\!]}$$

Conclusion : Pour tout entier strictement positif m, X_m suit la loi uniforme sur l'ensemble $[\![0,m]\!]$, i.e.
$$\forall i \in [\![0,m]\!], \quad P(X_m = i) = \frac{1}{m+1}.$$

Une urne de Pólya

Dans une urne contenant initialement a boules blanches et b boules noires, on effectue des tirages successifs d'une boule selon le protocole suivant:

Si on obtient à un rang quelconque une boule blanche, celle-ci est remise dans l'urne, avant le tirage suivant.

Si on obtient à un rang quelconque une boule noire, celle-ci est jetée et remplacée dans l'urne par une boule blanche, avant le tirage suivant.

i) Quelle est la probabilité que le $k^{ème}$ tirage amène une boule noire?

ii) On note X_n le nombre aléatoire de boules noires obtenues au cours des n premiers tirages. Calculer l'espérance de X_n ainsi que sa limite lorsque n tend vers l'infini.

L'urne est "à géométrie variable", c'est-à-dire que sa composition évolue au cours des tirages. Pour pouvoir calculer les probabilités demandées, il est donc indispensable de savoir ce qui s'est passé avant le tirage considéré.

Remarquons néanmoins que le protocole est tel que l'urne contient toujours a+b boules. En vue de la seconde question, notons Z_k la variable aléatoire de Bernoulli qui vaut 1 si le $k^{ème}$ tirage amène une boule noire et 0 si le $k^{ème}$ tirage amène une boule blanche.

Notons enfin Y_i le nombre aléatoire de boules noires restant dans l'urne après i tirages.

i) L'événement $Z_k = 1$ signifie que l'on a obtenu une boule noire au $k^{ème}$ tirage. Au moment de ce $k^{ème}$ tirage l'urne pouvait contenir $0, 1, \ldots, b$ boules noires, c'est-à-dire que l'on pouvait avoir $Y_{k-1} = 0, 1, \ldots, b$. La formule des probabilités totales donne alors:

$$P(Z_k = 1) = \sum_{j=1}^{b} P(Z_k = 1 / Y_{k-1} = j) \cdot P(Y_{k-1} = j)$$

(car le terme correspondant à $j = 0$ s'évanouit). Mais on a $P(Z_k = 1 / Y_{k-1} = j) = \frac{j}{a+b}$

d'où:

$$P(Z_k = 1) = \frac{1}{a+b} \sum_{j=1}^{b} j P(Y_{k-1} = j) = \frac{1}{a+b} E(Y_{k-1})$$

1er miracle: on a $Z_k = Y_{k-1} - Y_k$ (si on tire une noire, il en restera une de moins après le $k^{ème}$ tirage, et sinon il en restera autant !!)

2ème miracle: Z_k est une variable de Bernoulli et par conséquent
$$E(Z_k) = P(Z_k = 1).$$

3ème miracle: Y_{k-1} et Y_k ne sont sûrement pas indépendantes, mais la linéarité de l'opérateur espérance vaut, sans condition sur les variables, donc:
$$E(Z_k) = E(Y_{k-1}) - E(Y_k)$$

Conclusion: on a $E(Y_{k-1}) = (a+b) E(Z_k)$ et de même $E(Y_k) = (a+b) E(Z_{k+1})$, soit en remplaçant
$$E(Z_k) = (a+b) E(Z_k) - (a+b) E(Z_{k+1}) \qquad \text{i.e.}$$
$$E(Z_{k+1}) = \frac{a+b-1}{a+b} E(Z_k)$$

Ainsi $E(Z_k)$ apparaît être le terme général d'une suite géométrique de raison $\frac{a+b-1}{a+b}$. Comme $E(Z_1) = P(Z_1 = 1) = \frac{b}{a+b}$, on en déduit finalement:

$$P(Z_k = 1) = E(Z_k) = \frac{b}{a+b} \left(\frac{a+b-1}{a+b} \right)^{k-1}$$

ii) Il est clair que l'on peut écrire $X_n = Z_1 + Z_2 + \ldots + Z_n$. Les Z_i ne sont pas indépendantes, ce qui n'arrangerait pas nos affaires si on voulait calculer la variance de X_n, mais on ne nous demande que son espérance, d'où

$$E(X_m) = E(Z_1) + E(Z_2) + \ldots + E(Z_m)$$

$$= \frac{b}{a+b} \cdot \left[1 + \frac{a+b-1}{a+b} + \left(\frac{a+b-1}{a+b}\right)^2 + \ldots + \left(\frac{a+b-1}{a+b}\right)^m \right]$$

$$= \frac{b}{a+b} \cdot \frac{1 - \left(\frac{a+b-1}{a+b}\right)^m}{1 - \frac{a+b-1}{a+b}} = b\left(1 - \left(\frac{a+b-1}{a+b}\right)^m\right)$$

Comme $\frac{a+b-1}{a+b} < 1$, il en résulte $\lim_{m \to +\infty} E(X_m) = b$.

Note : Ce résultat m'est guère étonnant, puisque toute boule noire trouvée est impitoyablement éliminée, il suffit donc de s'armer de patience...

53

Le jeu de l'anormal

n individus (n > 2) jettent chacun une pièce honnête. Une personne gagne une partie si elle obtient le contraire de toutes les autres.

i) Quelle est la probabilité qu'une partie comporte un gagnant?

ii) On note X l'aléa numérique «nombre de parties nécessaires à l'obtention d'un gagnant». Trouver la loi de X, son espérance et sa variance.

i) Appelons "succès" pour un individu le fait d'obtenir pile et "échec" le fait d'obtenir face. Puisque les pièces sont honnêtes et les individus également, il s'agit de répéter m fois une expérience à deux issues, ces expériences étant indépendantes. La partie comporte un gagnant si l'on obtient 1 succès ou n-1 succès sur m essais. Comme $m > 2$, les événements "on obtient un succès" et "on obtient n-1 succès" sont disjoints (qui serait l'anormal pour n=2 ?!!). Par conséquent :

$$p = P(G) = \binom{m}{1}\left(\frac{1}{2}\right)^1 \left(\frac{1}{2}\right)^{m-1} + \binom{m}{m-1}\left(\frac{1}{2}\right)^{m-1}\left(\frac{1}{2}\right)^1 = \frac{m}{2^{m-1}}$$

ii) Appelons succès le fait qu'une partie comporte un gagnant. Nous sommes maintenant en présence d'une succession d'expériences indépendantes à 2 issues : le succès avec la probabilité p et l'échec avec la probabilité $q = 1-p$. La variable aléatoire X est le temps d'attente du premier succès.

On sait donc que X suit la loi géométrique de paramètre $p = \frac{m}{2^{m-1}}$. D'où :

$$E(X) = \frac{1}{p} = \frac{2^{m-1}}{m} \quad ; \quad V(X) = \frac{q}{p^2} = \frac{2^{m-1} \times (2^{m-1} - m)}{m^2}$$

(cf notre cours de probabilités p. 153-155).

54

Soit X une variable aléatoire suivant une loi de Poisson de paramètre λ strictement positif. Calculer $E\left(\frac{1}{1+X}\right)$.

Sous réserve de convergence, on a : $E\left(\frac{1}{1+X}\right) = \sum_{k=1}^{\infty} \frac{1}{1+k} P(X=k) = \sum_{k=0}^{\infty} \frac{\lambda^k e^{-\lambda}}{(k+1) k!}$.

Or cette série ne peut que converger, car la variable aléatoire $\frac{1}{1+X}$ prend les valeurs 1, $\frac{1}{2}, \frac{1}{3}, \ldots$. $\frac{1}{1+X}$ est donc une variable bornée !

Écrivons alors :

$$E\left(\frac{1}{1+X}\right) = \frac{e^{-\lambda}}{\lambda} \cdot \sum_{k=0}^{\infty} \frac{\lambda^{k+1}}{(k+1)!} = \frac{e^{-\lambda}}{\lambda} \cdot \sum_{j=1}^{\infty} \frac{\lambda^j}{j!}$$

On reconnaît la série exponentielle de paramètre λ, privée de son premier terme. D'où

$$E\left(\frac{1}{1+X}\right) = \frac{e^{-\lambda}}{\lambda}(e^{\lambda}-1) = \frac{1-e^{-\lambda}}{\lambda}.$$

55

Soit X une variable aléatoire dont la loi est la loi de Poisson de paramètre λ strictement positif. On définit une variable Y de la façon suivante:

a) Si X prend une valeur impaire, alors Y prend la valeur 0.

b) Si X prend une valeur paire, alors Y prend la valeur $\frac{X}{2}$.

Trouver la loi de Y, son espérance et sa variance.

---

i) Remarquons tout d'abord que l'événement $Y=0$ peut provenir de deux sources : ou bien X prend une valeur impaire, ou bien X prend la valeur 0. Ceci étant dit, il est clair que comme $X(\Omega) = \mathbb{N}$, on a également $Y(\Omega) = \mathbb{N}$.

• Soit $m \in \mathbb{N}^*$, $P(Y=m) = P(X=2m) = e^{-\lambda} \frac{\lambda^{2m}}{(2m)!}$

• Pour $m=0$, $P(Y=0) = P(X=0) + \sum_{k=0}^{+\infty} P(X=2k+1) = e^{-\lambda} + e^{-\lambda} \sum_{k=0}^{+\infty} \frac{\lambda^{2k+1}}{(2k+1)!}$

Mais n'oublions pas que pour tout nombre réel x, on a :

$$\sum_{m=0}^{+\infty} \frac{x^m}{m!} = e^x \quad , \quad \sum_{m=0}^{+\infty} (-1)^m \frac{x^m}{m!} = e^{-x} \quad , \text{ d'où par addition et soustraction :}$$

$$\sum_{k=0}^{+\infty} \frac{x^{2k+1}}{(2k+1)!} = \text{sh}\, x \quad , \quad \sum_{k=0}^{+\infty} \frac{x^{2k}}{(2k)!} = \text{ch}\, x$$

c'est-à-dire, pour le cas qui nous préoccupe : $\forall m \in \mathbb{N}^*$, $P(Y=m) = e^{-\lambda} \frac{\lambda^{2m}}{(2m)!}$

$$P(Y=0) = e^{-\lambda}(1+\text{sh}\,\lambda)$$

ii) $E(Y) = \sum_{m=1}^{+\infty} m P(Y=m) = e^{-\lambda} \sum_{m=1}^{+\infty} m \frac{\lambda^{2m}}{(2m)!}$ (le cas $m=0$ s'évanouit dans la somme!)

Soit $E(Y) = \frac{\lambda}{2} e^{-\lambda} \cdot \sum_{m=1}^{+\infty} \frac{\lambda^{2m-1}}{(2m-1)!} = \frac{\lambda}{2} e^{-\lambda} \cdot \text{sh}\,\lambda = \frac{\lambda}{4}(1-e^{-2\lambda})$

iii) Pour calculer la variance de Y, rusons un chouïa et calculons :

$$E(2Y(2Y-1)) = \sum_{m=1}^{+\infty} 2m(2m-1) e^{-\lambda} \frac{\lambda^{2m}}{(2m)!} \quad \text{(le cas } m=0 \text{ disparaissant également)}$$

$$= \lambda^2 \cdot e^{-\lambda} \sum_{m=1}^{+\infty} \frac{\lambda^{2(m-1)}}{(2(m-1))!} = \lambda^2 e^{-\lambda} \text{ch}\,\lambda = \frac{\lambda^2}{2}(1+e^{-2\lambda}).$$

Mais $E(2Y(2Y-1)) = 4E(Y^2) - 2E(Y)$ et comme $V(Y) = E(Y^2) - (E(Y))^2$, il vient :

$$V(Y) = \frac{1}{4} E(2Y(2Y-1)) + \frac{1}{2} E(Y) - (E(Y))^2$$

$$= \frac{\lambda^2}{8}(1+e^{-2\lambda}) + \frac{\lambda}{8}(1-e^{-2\lambda}) - \frac{\lambda^2}{16}(1-e^{-2\lambda})^2$$

$$= \frac{\lambda}{8}(1-e^{-2\lambda}) + \frac{\lambda^2}{16}(1+4e^{-2\lambda}-e^{-4\lambda})$$

56

Soit X une variable aléatoire suivant une loi de Poisson. Montrer que X a plus de chances d'être paire qu'impaire.

Notons λ le paramètre de cette loi de Poisson, on a donc :
$$\forall k \in \mathbb{N}, \quad P(X=k) = e^{-\lambda} \frac{\lambda^k}{k!}$$
Soient A l'événement "X est paire" et B l'événement "X est impaire". On a :
$$P(A) = \sum_{k=0}^{+\infty} P(X=2k) = e^{-\lambda} \sum_{k=0}^{+\infty} \frac{\lambda^{2k}}{(2k)!} = e^{-\lambda} \operatorname{ch}\lambda$$
$$P(B) = \sum_{k=0}^{+\infty} P(X=2k+1) = e^{-\lambda} \sum_{k=0}^{+\infty} \frac{\lambda^{2k+1}}{(2k+1)!} = e^{-\lambda} \operatorname{sh}\lambda$$
d'où : $P(A) - P(B) = e^{-\lambda}(\operatorname{ch}\lambda - \operatorname{sh}\lambda) = e^{-2\lambda} > 0$. On a donc bien $P(A) > P(B)$.

57

Soit X une variable aléatoire suivant la loi géométrique de paramètre p. On considère la variable aléatoire Y définie par:

$Y(\omega) = 0$ si $X(\omega)$ est impair.

$Y(\omega) = \dfrac{X(\omega)}{2}$ si $X(\omega)$ est pair.

Déterminer la loi de Y, son espérance et sa variance.

On a $X(\Omega) = \mathbb{N}^*$ et $\forall k \in \mathbb{N}^*, \quad P(X=k) = p(1-p)^{k-1} = pq^{k-1}$
Il est clair que l'on a $Y(\Omega) = \mathbb{N}$, et que la valeur 0 est à traiter à part !

• $P(Y=0) = P(X \text{ impair})$
$$= \sum_{i=0}^{\infty} P(X=2i+1) = \sum_{i=0}^{\infty} pq^{2i} = \frac{p}{1-q^2} = \frac{1}{1+q}$$

(encore une série géométrique de raison q^2)

• $\forall k \in \mathbb{N}^*, \quad P(Y=k) = P(X=2k) = pq^{2k-1}$

On a alors :
$$E(Y) = \sum_{k=0}^{\infty} k \cdot P(Y=k) = \sum_{k=1}^{\infty} k \cdot P(Y=k) = \sum_{k=1}^{\infty} k \, pq^{2k-1}$$
Soit
$$E(Y) = pq \cdot \sum_{k=1}^{\infty} k(q^2)^{k-1} = pq \cdot \frac{1}{(1-q^2)^2} = \frac{q}{p(1+q)^2}$$

(dérivée d'une série géométrique).

De même
$$E(Y(Y-1)) = \sum_{k=0}^{\infty} k(k-1) P(Y=k) = \sum_{k=2}^{\infty} k(k-1) P(Y=k) = \sum_{k=2}^{\infty} k(k-1) pq^{2k-1}$$
$$E(Y(Y-1)) = pq^3 \sum_{k=2}^{\infty} k(k-1)(q^2)^{k-2} = pq^3 \cdot \frac{2}{(1-q^2)^3} = \frac{2q^3}{p^2(1+q)^3}$$

(dérivée seconde d'une série géométrique).

Une application habituelle de la formule de Koenig-Huyghens donne alors:
$$V(Y) = E(Y^2) - E(Y)^2 = E(Y(Y-1)) + E(Y) - E(Y)^2$$
d'où enfin :
$$V(Y) = \frac{q^4 + q^3 + q}{p^2(1+q)^4}$$

58

Soit X une variable aléatoire à valeurs dans $\mathbb{N}$. On définit la variable aléatoire Y par:

$Y(\omega) = \dfrac{X(\omega)}{2}$ si $X(\omega)$ est pair

$Y(\omega) = \dfrac{1 - X(\omega)}{2}$ si $X(\omega)$ est impair.

Déterminer la loi de Y et son espérance, dans chacun des cas suivants:

> i) X suit la loi géométrique de paramètre p.
> ii) X suit la loi binômiale négative de paramètre p.
> iii) X suit la loi de Poisson de paramètre λ.

Si $X(\Omega) \subset \mathbb{N}$, on a clairement $Y(\Omega) \subset \mathbb{Z}$ et
si $X(\omega) = 2k$, $Y(\omega) = k$; si $X(\omega) = 2k+1$, $Y(\omega) = -k$
Ainsi $(Y=0) = (X=0) \cup (X=1)$; si $k > 0$, $(Y=k) = (X=2k)$;
si $k < 0$, $(Y=k) = (X=1-2k)$.

i) On a dans ce cas $X(\Omega) = \mathbb{N}^*$ et $P(X=m) = pq^{m-1}$ pour $n \in \mathbb{N}^*$. D'où
$P(Y=0) = P(X=1) = p$; si $k > 0$, $P(Y=k) = pq^{2k-1}$,
si $k < 0$, $P(Y=k) = pq^{-2k}$.

Calculons alors l'espérance de Y. Sous réserve de convergence des séries écrites, on a :
$$E(Y) = \sum_{k \in \mathbb{Z}} k \cdot P(Y=k) = \sum_{k=1}^{+\infty} k p q^{2k-1} + \sum_{k=-1}^{-\infty} k p q^{-2k}$$
$$= pq \sum_{k=1}^{\infty} k (q^2)^{k-1} - q^2 \sum_{h=1}^{\infty} h (q^2)^{h-1}$$

(pour la seconde série, on fait le changement d'indice $k = -h$!!). On reconnaît alors des dérivées de série géométrique, d'où :
$$E(Y) = (pq - q^2) \cdot \frac{1}{(1-q^2)^2} = \frac{q(1-2p)}{(1-q^2)^2}$$

ii) On a alors :
$P(Y=0) = P(X=0) + P(X=1) = p + pq$
$\forall k > 0$, $P(Y=k) = P(X=2k) = pq^{2k}$
$\forall k < 0$, $P(Y=k) = P(X=1-2k) = pq^{1-2k}$

d'où, avec les mêmes réserves :
$$E(Y) = \sum_{k=1}^{\infty} k P(Y=k) + \sum_{k=-1}^{-\infty} k P(Y=k) = \sum_{k=1}^{\infty} k p q^{2k} - \sum_{h=1}^{\infty} h p q^{2h+1}$$
$$E(Y) = (p - pq) \sum_{k=1}^{\infty} k q^{2k} = (p - pq) q^2 \cdot \sum_{k=1}^{\infty} k (q^2)^{k-1} = \frac{p(1-q) q^2}{(1-q^2)^2}$$

i.e. $E(Y) = \dfrac{p^2 q^2}{(1-q^2)^2}$

iii) Enfin, dans ce dernier cas, on a :
$P(Y=0) = e^{-\lambda}(1+\lambda)$; $\forall k > 0$, $P(Y=k) = e^{-\lambda} \cdot \dfrac{\lambda^{2k}}{(2k)!}$;
$\forall k < 0$, $P(Y=k) = e^{-\lambda} \dfrac{\lambda^{1-2k}}{(1-2k)!}$

d'où, sous réserve de convergence :
$$E(Y) = \sum_{k=1}^{\infty} k e^{-\lambda} \frac{\lambda^{2k}}{(2k)!} - \sum_{h=1}^{\infty} h e^{-\lambda} \frac{\lambda^{2h+1}}{(2h+1)!}$$
$$= \lambda \frac{e^{-\lambda}}{2} \cdot \sum_{k=1}^{\infty} \frac{\lambda^{2k-1}}{(2k-1)!} - \lambda \frac{e^{-\lambda}}{2} \sum_{h=1}^{\infty} \frac{\lambda^{2h}}{(2h)!} + \frac{e^{-\lambda}}{2} \sum_{h=1}^{\infty} \frac{\lambda^{2h+1}}{(2h+1)!}$$

or toutes ces séries se somment aisément :
$$\sum_{i=0}^{\infty} \frac{\lambda^{2i}}{(2i)!} = \frac{e^{+\lambda} + e^{-\lambda}}{2} = \operatorname{ch}\lambda \quad ; \quad \sum_{i=0}^{\infty} \frac{\lambda^{2i+1}}{(2i+1)!} = \frac{e^{\lambda} - e^{-\lambda}}{2} = \operatorname{sh}\lambda$$

En effet, $\sum_{j=0}^{\infty} \dfrac{\lambda^j}{j!} = e^{\lambda}$ et $\sum_{j=0}^{\infty} (-1)^j \dfrac{\lambda^j}{j!} = e^{-\lambda}$, d'où le résultat. Il en résulte alors, après quelques petits calculs :
$$E(Y) = \frac{1}{4} - \frac{1}{2} e^{-2\lambda} \left(\lambda + \frac{1}{2}\right)$$

> **59**
>
> Soit X une variable aléatoire telle que $X(\Omega) \subset \mathbb{N}$.
> i) Montrer que pour tout $n \in \mathbb{N}^*$, $\sum_{k=1}^{n} k\, P(X=k) = \sum_{k=0}^{n-1} P(X>k) - n\, P(X>n)$.
> ii) a) On suppose que X admet une espérance, prouver que l'on a:
> $$\lim_{n \to \infty} n\, P(X \geq n) = 0 \quad \text{et} \quad \lim_{n \to \infty} n\, P(X>n) = 0.$$
> En déduire la formule: $E(X) = \sum_{k=0}^{\infty} P(X>k)$.
> b) Réciproquement, montrer que si la série de terme général $P(X>k)$ est convergente, alors X admet une espérance donnée par la formule précédente.
> iii) Retrouver ainsi l'espérance d'une variable aléatoire suivant la loi géométrique de paramètre p.
>
> Soit X une variable aléatoire telle que $X(\Omega) \subset \mathbb{Z}$, on suppose que X admet une espérance. Montrer qu'elle est donnée par la formule:
> $$E(X) = \sum_{k=1}^{+\infty} (P(X \geq k) - P(X \leq -k))$$

i) Remarquons que, pour $k \in \mathbb{N}^*$, on a : $P(X=k) = P(X>k-1) - P(X>k)$. Donc :

$$\sum_{k=1}^{m} k\, P(X=k) = \sum_{k=1}^{m} k\, P(X>k-1) - \sum_{k=1}^{m} k\, P(X>k).$$

Effectuons, dans la première sommation, le changement d'indice $h = k-1$:

$$\sum_{k=1}^{m} k\, P(X=k) = \sum_{h=0}^{m-1} (h+1) P(X>h) - \sum_{k=1}^{m} k\, P(X>k)$$

$$= \sum_{h=0}^{m-1} P(X>h) + \sum_{h=0}^{m-1} h\, P(X>h) - \sum k\, P(X>k).$$

Dans les deux dernières sommations, les termes se détruisent presque tous, et il reste :

$$\sum_{k=1}^{m} k\, P(X=k) = \sum_{k=0}^{m-1} P(X>k) - m\, P(X>m)$$

ce qui est le résultat annoncé, à l'écriture de l'indice sommatoire près.

ii) a Par hypothèse, la série de terme général $u_k = k\, P(X=k)$ est une série convergente, par conséquent :

$$\lim_{n \to +\infty} \sum_{k=m}^{+\infty} k\, P(X=k) = 0$$

(en effet l'expression écrite n'est autre que le reste d'ordre m-1 de la série définissant l'espérance de X). D'où :

$$0 \leq m\, P(X \geq m) = m \sum_{k=m}^{\infty} P(X=k) = \sum_{k=m}^{\infty} m\, P(X=k) \geq \sum_{k=m}^{\infty} k\, P(X=k)$$

On en déduit par encadrement : $\lim_{m \to +\infty} m\, P(X \geq m) = 0$.

De plus on a : $0 \leq m\, P(X>m) \leq m\, P(X \geq m)$; on en déduit également :

$$\lim_{m \to +\infty} m\, P(X>m) = 0.$$

Retournons alors en i). On peut écrire : $\sum_{k=0}^{m-1} P(X>k) = \sum_{k=0}^{m} k\, P(X=k) + m\, P(X>m)$.

Par hypothèse, la sommation du second membre a pour limite E(X) lorsque m tend vers l'infini, et le terme résiduel a pour limite 0. Donc :

$$\lim_{m \to +\infty} \sum_{k=0}^{m-1} P(X>k) = E(X) \quad , \quad \text{i.e.} \quad E(X) = \sum_{k=0}^{\infty} P(X<k).$$

b D'après le résultat obtenu en i), on peut écrire : $0 \leq \sum_{k=1}^{m} k\, P(X=k) \leq \sum_{k=0}^{m-1} P(X<k)$.

Par conséquent, si la série de terme général $P(X>k)$ est convergente, il en est de même de la série de terme général $k\, P(X=k)$. C'est-à-dire que l'existence de l'espérance de X est assurée, ce qui permet d'appliquer le a.

iii) Si $X \hookrightarrow \mathcal{G}(p)$, on a : $\forall k \in \mathbb{N}^*$, $P(X=k) = pq^{k-1}$ et donc

$$\forall m \in \mathbb{N}^*, \quad P(X \geq m) = p \sum_{k=m}^{\infty} q^{k-1} = pq^{m-1} \cdot \frac{1}{1-q} = q^{m-1},$$

d'où $\quad E(X) = \sum_{m=0}^{\infty} P(X > m) = \sum_{m=1}^{\infty} P(X \geq m) = \sum_{m=1}^{\infty} q^{m-1} = \frac{1}{1-q} = \frac{1}{p}$.

Supposons maintenant que X prend ses valeurs dans $\mathbb{Z}$. Si X admet une espérance, alors les deux séries $\sum_{k=1}^{\infty} k P(X=k)$ et $\sum_{k=-1}^{-\infty} k P(X=k)$ sont convergentes et

$$E(X) = \sum_{k=-\infty}^{+\infty} k P(X=k) = \sum_{k=1}^{+\infty} k P(X=k) + \sum_{k=-1}^{-\infty} k P(X=k) \quad.$$

Or $\sum_{k=1}^{+\infty} k P(X=k) = \sum_{k=-1}^{-\infty} k P(X=k)$, dans la seconde sommation, faisons le chan--gement de variable aléatoire $Y = -X$, il vient :

$$\sum_{k=-1}^{-\infty} k P(X=k) = -\sum_{k=-1}^{-\infty} (-k) P(Y=-k) = -\sum_{h=1}^{+\infty} h P(Y=h) = -\sum_{h=1}^{+\infty} P(Y \geq h)$$

soit en revenant aux notations initiales :

$$E(X) = \sum_{k=1}^{+\infty} P(X \geq k) - \sum_{h=1}^{+\infty} P(X \leq -h) = \sum_{k=1}^{+\infty} \left[P(X \geq k) - P(X \leq -k) \right]$$

60

Loi logarithmique

On dit qu'une variable aléatoire suit la loi logarithmique de paramètre p ($p \in \,]0, 1[$) si l'on a :
$$X(\Omega) = \mathbb{N} \text{ et } \forall k \in \mathbb{N}, P(X=k) = \frac{-p^{k+1}}{(k+1) \text{Log}(1-p)}$$

i) Vérifier qu'il s'agit bien là d'une loi de probabilité.
ii) Calculer l'espérance et la variance de X.

Préliminaire : $\forall x \in \,]-1, +1[$, $\sum_{k=0}^{\infty} \frac{x^{k+1}}{k+1} = -\log(1-x)$

En effet, pour tout x de l'intervalle $]-1, +1[$, on a : $\sum_{k=0}^{\infty} x^k = \frac{1}{1-x}$, d'où le résultat par intégration terme à terme de la série, ce qui est licite puisque l'on reste à l'intérieur de l'intervalle de convergence de la série entière.
(Le lecteur non familiarisé avec ce résultat sur les séries entières pourra écrire :

$$-\log(1-x) = \int_0^x \frac{dt}{1-t} = \int_0^x \frac{1-t^{N+1}}{1-t} dt + \int_0^x \frac{t^{N+1}}{1-t} dt \quad, \text{ c'est-à-dire :}$$

$$-\log(1-x) = \sum_{k=0}^{N} \int_0^x t^k dt + \int_0^x \frac{t^{N+1}}{1-t} dt = \sum_{k=0}^{N} \frac{x^{k+1}}{k+1} + \int_0^x \frac{t^{N+1}}{1-t} dt$$

Il montrera alors que la dernière intégrale a pour limite 0 lorsque N tend vers l'infini en majorant $\frac{1}{1-t}$ par $\frac{1}{1-|x|}$ sur l'intervalle $[0, x]$ ...)

i) On a donc : $\sum_{k=0}^{\infty} P(X=k) = -\frac{1}{\log(1-p)} \sum_{k=0}^{\infty} \frac{p^{k+1}}{k+1} = 1$.

ii) La règle de D'Alembert assure aisément l'existence des moments de tous ordres. En rusant un petit peu, pour alléger les calculs, on peut écrire :

• $E(X) = E(X+1) - 1 = -1 + \sum_{k=0}^{\infty} (k+1) P(X=k)$

$$= -1 + \sum_{k=0}^{\infty} \frac{-1}{\log(1-p)} p^{k+1} = -1 - \frac{p}{\log(1-p)} \cdot \sum_{k=0}^{\infty} p^k$$

soit $E(X) = -1 - \dfrac{p}{(1-p)\log(1-p)}$

- $V(p) = E(X^2) - [E(X)]^2 = E((X+1)(X+2)) - 3E(X) - 2 - [E(X)]^2$

Mais, $E((X+1)(X+2)) = \sum_{k=0}^{\infty} (k+1)(k+2) P(X=k) = \dfrac{-1}{\log(1-p)} \cdot \sum_{k=0}^{\infty} (k+2) p^{k+1}$

On reconnaît en $(k+2) x^{k+1}$ la dérivée de x^{k+2}. Comme $\sum_{k=0}^{\infty} x^{k+2} = \dfrac{1}{1-x} - 1 - x$. Il résulte, par dérivation de la série au point p (qui est bien dans l'intervalle ouvert de convergence):

$$\sum_{k=0}^{\infty} (k+2) p^{k+1} = \frac{1}{(1-p)^2} - 1.$$

D'où l'on déduit, après un calcul transcendental :

$$V(X) = \frac{p}{(1-p)\log(1-p)} - \frac{1}{\log(1-p)} \left(\frac{1}{(1-p)^2} - 1 \right) - \frac{p^2}{(1-p)^2 (\log(1-p))^2}$$

i.e. $V(X) = -p \dfrac{p + \log(1-p)}{(1-p)^2 (\log(1-p))^2}$

61

Killy va au téléski et emprunte l'une des N perches de cet appareil. Entre cet instant et la prochaine remontée de Killy le nombre de skieurs qui se présentent est une variable aléatoire qui suit une loi géométrique de paramètre p.

Quelle est la probabilité que Killy reprenne la même perche?

Notons X la variable aléatoire égale au nombre de skieurs qui se présentent entre les deux passages de Killy. Killy reprendra la même perche si on a :
$$X = N-1 \quad \text{ou} \quad X = 2N-1, \quad \ldots \quad \text{ou} \quad X = kN-1.$$
Ainsi la probabilité cherchée est :

$$a = \sum_{k \in \mathbb{N}^*} P(X = kN-1) = \sum_{k \in \mathbb{N}^*} p q^{kN-1-1}, \quad \text{avec } q = 1-p$$

$$= \frac{p}{q^2} \cdot \sum_{k \in \mathbb{N}^*} q^{kN} = \frac{p}{q^2} \sum_{k \in \mathbb{N}^*} (q^N)^k$$

On reconnaît alors la somme d'une série géométrique de raison q^N et de premier terme q^N, d'où :
$$a = \frac{p}{q^2} \cdot \frac{q^N}{1 - q^N}$$

Si N est grand, cette probabilité est équivalente à $p q^{N-2}$.

62

Soit X une variable aléatoire discrète dont la loi est la loi de Poisson de paramètre λ.
i) Majorer $P(X \geq n)$ pour $n > \lambda - 1$.
ii) En déduire qu'au voisinage de l'infini on a $P(X \geq n) \sim P(X = n)$.

---

i) On peut écrire : $P(X \geq m) = P(X = m) + P(X = m+1) + \ldots$
$$= e^{-\lambda} \left(\frac{\lambda^m}{m!} + \frac{\lambda^{m+1}}{(m+1)!} + \ldots + \frac{\lambda^{m+k}}{(m+k)!} + \ldots \right)$$

La somme précédente étant bien évidemment une série convergente. Mettons $\dfrac{\lambda^m}{m!}$ en facteur, il vient :

$$P(X \geq m) = e^{-\lambda} \frac{\lambda^m}{m!} \left(1 + \frac{\lambda}{m+1} + \frac{\lambda^2}{(m+1)(m+2)} + \ldots + \frac{\lambda^k}{(m+1)\ldots(m+k)} + \ldots \right)$$

Le terme général $\frac{\lambda^k}{(m+1)\ldots(m+k)}$ peut être majoré par $\left(\frac{\lambda}{m+1}\right)^k$, soit :

$$P(X \geq m) \leq e^{-\lambda} \frac{\lambda^m}{m!} \sum_{k=0}^{\infty} \left(\frac{\lambda}{m+1}\right)^k$$

Comme on a supposé $\lambda < m+1$, on reconnaît alors la somme d'une série géométrique convergente, d'où :

$$P(X \geq m) \leq e^{-\lambda} \cdot \frac{\lambda^m}{m!} \cdot \frac{1}{1 - \frac{\lambda}{m+1}}$$

c'est-à-dire $\quad P(X \geq m) \leq e^{-\lambda} \cdot \frac{\lambda^m}{m!} \cdot \frac{m+1}{m+1-\lambda}$

ii) La relation précédente permet d'écrire :

$$P(X = m) \leq P(X \geq m) \leq P(X = m) \cdot \frac{m+1}{m+1-\lambda}$$

ou encore, en divisant par $P(X = m)$:

$$1 \leq \frac{P(X \geq m)}{P(X = m)} \leq \frac{m+1}{m+1-\lambda}$$

Le dernier terme a visiblement pour limite 1 lorsque m tend vers l'infini, ce qui nous fournit un squeeze, d'où l'on peut déduire :

$$\lim_{m \to \infty} \frac{P(X \geq m)}{P(X = m)} = 1.$$

Note : On en déduit facilement $\lim_{m \to \infty} \frac{P(X > m)}{P(X = m)} = 0$, c'est-à-dire que pour n grand la probabilité résiduelle $P(X > m)$ est négligeable devant $P(X = m)$.

63

Temps d'attente

i) Montrer que pour tout n, p ∈ IN, on a:
$$\sum_{k=n}^{n+p} \binom{k}{n} = \binom{n+p+1}{n+1}$$

ii) Dans une urne contenant initialement n boules blanches et n boules noires, on tire successivement et sans remise les boules, une à une. On appelle X le nombre de tirages juste nécessaire pour obtenir toutes les boules noires.

Quelle est la loi de X? son espérance? sa variance?

---

i) La formule de Pascal permet d'écrire :

$$\binom{m+p+1}{m+1} = \binom{m+p}{m+1} + \binom{m+p}{m}$$

$$\binom{m+p}{m+1} = \binom{m+p-1}{m+1} + \binom{m+p-1}{m}$$

......

$$\binom{m+2}{m+1} = \binom{m+1}{m+1} + \binom{m+1}{m}$$

L'addition de ces égalités donne la relation cherchée.

ii) On a évidemment $X(\Omega) = [\![m, 2m]\!]$. Soit $k \in [\![m, 2m]\!]$ et A l'événement "on a obtenu m-1 boules noires sur les k-1 premiers tirages", B l'événement "on tire une noire au $k^{ème}$ tirage". On a :

$$P(X = k) = P(A \cap B) = P(A) \cdot P(B/A) \quad \text{et}$$

$$P(A) = \frac{\binom{m}{k-m}\binom{m}{m-1}}{\binom{2m}{k-1}} \quad \text{(distribution hypergéométrique)}$$

$$P(B/A) = \frac{1}{2n-k+1} \quad (\text{1 cas favorable sur } 2n-(k-1) \text{ cas possibles équiprobables})$$

d'où $\quad P(X=k) = \dfrac{\binom{m}{k-m}\binom{m}{m-1}}{\binom{2n}{k-1}} \cdot \dfrac{1}{2n-k+1}$

ce qui donne après simplifications :
$$P(X=k) = \frac{\binom{k-1}{m-1}}{\binom{2n}{m}}.$$

Note : A l'aide du **1)** on peut vérifier qu'il s'agit bien là d'une loi de probabilité, puisque
$$\sum_{k=m}^{2n} \binom{k-1}{m-1} = \binom{2n}{m} \quad (\text{avec } p=m \text{ et un simple décalage des indices}). \text{ On a alors}$$
$$E(X) = \sum_{k=m}^{2n} k\, P(X=k) = \frac{1}{\binom{2n}{m}} \sum_{k=m}^{2n} k \binom{k-1}{m-1}.$$

Or un certain lemmule nous apprend que $k \binom{k-1}{m-1} = m \binom{k}{m}$, d'où
$$E(X) = \frac{1}{\binom{2n}{m}} \sum_{k=m}^{2n} m \binom{k}{m} = \frac{m\binom{2n+1}{m+1}}{\binom{2n}{m}} = \frac{m(2n+1)}{m+1}.$$

Note : On a : $E(X) = 2n\left(1 - \dfrac{1}{2(m+1)}\right)$, cette espérance est donc équivalente à $2n$ au voisinage de l'infini.

Autrement dit, pour n grand, il est fort probable d'avoir à tirer presque toutes les boules pour épuiser les boules noires.

Pour calculer la variance de X, nous allons ruser un peu et calculer d'abord $E(X(X+1))$
$$E(X(X+1)) = \frac{1}{\binom{2n}{m}} \sum_{k=m}^{2n} (k+1)k \binom{k-1}{m-1}$$

Une double application du lemmule précédent donne :
$$E(X(X+1)) = \frac{m(m+1)}{\binom{2n}{m}} \sum_{k=m}^{2n} \binom{k+1}{m+1}$$

ce qui donne d'après la première question :
$$E(X(X+1)) = \frac{m(m+1)}{\binom{2n}{m}} \cdot \binom{2n+2}{m+2} = \frac{m(2n+1)(2n+2)}{m+2}$$

d'où
$$V(X) = E(X^2) - [E(X)]^2 = E(X(X+1)) - E(X) - [E(X)]^2.$$

Un calcul morne conduit alors au résultat final
$$V(X) = \frac{m^2(2n+1)}{(m+2)(m+1)^2}.$$

Note : On remarquera que pour n grand, $V(X)$ est peu différente de 2, ce qui renforce encore la note précédente.

64

Soit r nombre entier supérieur ou égal à 2. On considère une variable aléatoire X_r dont la loi est la loi de Pascal de paramètres r et p, avec $p \in\ ]0,1[$.

(i.e. $X_r(\Omega) = [\![r, +\infty[\![$ et $\forall k \in \mathbb{N}, P(X_r = r+k) = \binom{r+k-1}{r-1} p^r q^k$).

Montrer que l'on a $E\left(\dfrac{r-1}{X_r - 1}\right) = p$ et en déduire $E\left(\dfrac{r}{X_r}\right) > p$.

- On a, sous réserve de convergence de la série :

$$E\left(\frac{n-1}{X_n-1}\right) = \sum_{k=0}^{\infty} \frac{n-1}{n+k-1} P(X_n = n+k) = \sum_{k=0}^{\infty} \frac{n-1}{n+k-1} \binom{n+k-1}{n-1} p^n q^k$$

La règle de d'Alembert permettrait de conclure quant à la convergence de cette série, mais cela est inutile car :

$$\frac{n-1}{n+k-1} \binom{n+k-1}{n-1} = \binom{n+k-2}{n-2} \quad , \text{ d'où}$$

$$E\left(\frac{n-1}{X_n-1}\right) = p \cdot \sum_{k=0}^{\infty} \binom{n+k-2}{n-2} p^{n-1} q^k$$

Or la dernière série écrite est convergente et de somme égale à 1, car on y reconnaît la loi de Pascal de paramètres $n-1$ et p.
On a donc bien :

$$E\left(\frac{n-1}{X_n-1}\right) = p$$

- Posons $Z_n = \frac{n}{X_n} - \frac{n-1}{X_n-1} = \frac{X_n - n}{X_n(X_n-1)}$. Z_n prend ses valeurs dans $\mathbb{R}_+$ et on a $P(Z_n = 0) = P(X_n = n) = p^n \in]0,1[$. Par conséquent, si Z_n admet une espérance, celle-ci est strictement positive. La règle de d'Alembert permet de conclure quant à l'existence de l'espérance de $\frac{n}{X_n}$, on obtient donc par linéarité :

$$0 < E(Z_n) = E\left(\frac{n}{X_n}\right) - E\left(\frac{n-1}{X_n-1}\right) = E\left(\frac{n}{X_n}\right) - p \quad , \text{ d'où } \quad E\left(\frac{n}{X_n}\right) > p.$$

65

Les boîtes de Banach

On rappelle le problème classique des boîtes d'allumettes de Banach (cf. notre cours de probabilités p. 107): Un fumeur se promène avec deux boîtes d'allumettes contenant initialement N allumettes chacune. Chaque fois qu'il désire fumer, il choisit une boîte au hasard et y prend une allumette. On note R_N le nombre aléatoire d'allumettes restant dans l'**autre** boîte lorsqu'il se rend compte que l'**une** des boîtes est vide. [Attention, il se rend compte qu'une boîte est vide non pas quand il prend la dernière allumette, mais lorsqu'il cherche à y prendre une allumette supplémentaire!].

i) Déterminer la loi de R_N. Vérifier à l'aide de l'exercice n° 17 qu'il s'agit bien d'une loi de probabilité.

ii) En convenant d'écrire $P(R_N = N+1) = 0$, montrer que l'on a :
$$\forall i \in [\![0, N]\!], \; 2(N-i) P(R_N = i) = (2N+1) P(R_N = i+1) - (i+1) P(R_N = i+1)$$
En déduire que $E(R_N) = (2N+1) P(R_N = 0) - 1$.

iii) On pose $W_n = \int_0^{\frac{\pi}{2}} \sin^n x \, dx$ (intégrale de Wallis). Montrer qu'au voisinage de l'infini W_n est équivalente à $\sqrt{\frac{\pi}{2n}}$.
Montrer que $P(R_N = 0) = \frac{2}{\pi} W_{2N}$ et en déduire $P(R_N = 0) \underset{(\infty)}{\sim} \frac{1}{\sqrt{\pi N}}$.

iv) Montrer que $E(R_N) \underset{(\infty)}{\sim} 2\sqrt{\frac{N}{\pi}}$.

---

i) Il s'agit là d'un exercice standard (cf. la référence); on trouve :
$$R_N(\Omega) = [\![0, N]\!], \text{ et } \forall i \in [\![0, N]\!], \; P(R_N = i) = \binom{2N-i}{N} \cdot \frac{1}{2^{2N-i}}$$

On a alors : $\sum_{i=0}^{N} P(R_N = i) = \frac{1}{2^{2N}} \sum_{i=0}^{N} \binom{2N-i}{N} 2^i = 1$, d'après l'exercice n° 17

ii) Pour $i = N$, la relation proposée s'écrit $0 = 0$, ce qui paraît raisonnable. Pour $i \in [\![0, N-1]\!]$, on peut écrire

$$\frac{P(R_N = i+1)}{P(R_N = i)} = \frac{\binom{2N-i-1}{N} \cdot \left(\frac{1}{2}\right)^{2N-i-1}}{\binom{2N-i}{N} \cdot \left(\frac{1}{2}\right)^{2N-i}} = \frac{2(N-i)}{2N-i}$$

d'où $2(N-i) P(R_N = i) = (2N-i) P(R_N = i+1)$. Il suffit alors d'écrire astucieusement $2N - i = (2N+1) - (i+1)$ pour obtenir le résultat souhaité.

Utilisant cette relation, et sommant pour i décrivant $[\![0, N]\!]$, il vient :

$$2 \sum_{i=0}^{N} (N-i) P(R_N = i) = (2N+1) \sum_{i=0}^{N} P(R_N = i+1) - \sum_{i=0}^{N} (i+1) P(R_N = i+1)$$

Dans les deux dernières sommations, posons $i+1 = j$, il vient alors

$$2N \sum_{i=0}^{N} P(R_N = i) - 2 \sum_{i=0}^{N} i P(R_N = i) = (2N+1) \sum_{j=1}^{N} P(R_N = j) - \sum_{j=1}^{N} j P(R_N = j)$$

(nous rappelons que $P(R_N = N+1) = 0$. On reconnaît alors des personnages célèbres de la théorie et donc :

$$2N - 2 E(R_N) = (2N+1)(1 - P(R_N = 0)) - E(R_N)$$

d'où l'on déduit facilement :

$$E(R_N) = (2N+1) P(R_N = 0) - 1.$$

iii) Nous renvoyons le lecteur à notre cours d'Analyse pages 305-306. Il y trouvera l'équivalence $W_m \sim \sqrt{\frac{\pi}{2m}}$, ainsi que la formule $W_{2N} = \frac{(2N)!}{(N!)^2} \cdot \frac{\pi}{2^{2N+1}}$. On a donc :

$$P(R_N = 0) = \binom{2N}{N} \cdot \frac{1}{2^{2N}} = \frac{2}{\pi} W_{2N}.$$

D'où $P(R_N = 0) \sim \frac{2}{\pi} \sqrt{\frac{\pi}{4N}} = \frac{1}{\sqrt{\pi N}}$.

iv) On a $(2N+1) P(R_N = 0) \sim 2N \cdot \frac{1}{\sqrt{\pi N}} = 2 \sqrt{\frac{N}{\pi}}$, d'où $\lim_{N \to +\infty} (2N+1) P(R_N = 0) = +\infty$.

On a alors : $(2N+1) P(R_N = 0) - 1 \sim (2N+1) P(R_N = 0)$ et par conséquent

$$E(R_N) \sim 2 \sqrt{\frac{N}{\pi}}.$$

Par exemple pour $N = 40$, on trouve $E(R_N) \simeq 7$, ce qui laisse une bonne marge de sécurité à Banach, d'autant plus que se pose alors le problème intéressant suivant: quand Banach se rend compte qu'une boîte est vide, combien reste-t-il de cigarettes dans son paquet ?

66
Le doublet

On considère une suite, finie ou non, d'épreuves de Bernoulli indépendantes, la probabilité de succès à chaque épreuve valant $\frac{1}{2}$. La suite d'épreuves est interrompue à la première apparition de deux succès consécutifs. Ainsi si ω est un des résultats possibles de l'expérience, on se trouve dans l'une des deux situations suivantes:

a) ω est une suite infinie de succès et d'échecs où n'apparaissent jamais deux succès consécutifs.

b) ω est une suite finie de longueur ≥ 2 finissant par deux succès et ne comportant jamais auparavant deux succès consécutifs.

On note Ω l'univers des résultats et Ω_0 l'ensemble des résultats du type a). Définissons alors sur Ω la variable aléatoire X par:

si $\omega \in \Omega_0$, $X(\omega) = 0$

si $\omega \in \Omega \setminus \Omega_0$, $X(\omega) = $ «longueur de la suite ω».

Pour $n \geq 2$ on note A_n l'événement $X = n$.

i) Calculer le cardinal S_n de A_n pour $n = 2, 3, 4, 5$.

ii) Montrer que, $\forall n \geq 2$, $S_{n+2} = S_{n+1} + S_n$. En déduire la valeur de S_n en fonction de n et des deux nombres $\alpha = \dfrac{1+\sqrt{5}}{2}$, $\beta = \dfrac{1-\sqrt{5}}{2}$, ainsi que la probabilité de l'événement A_n.

iii) Pour x réel, on pose, sous réserve de convergence de la série : $g(x) = \sum_{n=2}^{\infty} S_n x^n$. Montrer que $g(x)$ existe pourvu que $|\alpha x| < 1$ et $|\beta x| < 1$ et calculer alors $g(x)$.

iv) Calculer $g(\dfrac{1}{2})$ et en déduire que Ω_0 est un événement quasi-impossible.

v) En admettant qu'il est possible de calculer $g'(\dfrac{1}{2})$ en dérivant terme à terme, calculer l'espérance de X.

i) On a $A_2 = \{(S,S)\}$ d'où $S_2 = 1$
$A_3 = \{(E,S,S)\}$ d'où $S_3 = 1$
$A_4 = \{(E,E,S,S), (S,E,S,S)\}$ d'où $S_4 = 2$
$A_5 = \{(S,E,E,S,S), (E,S,E,S,S), (E,E,E,S,S)\}$ d'où $S_5 = 3$

ii) Pour $m \geq 2$, notons A_{m+2}^S l'ensemble des éléments de A_{m+2} commençant par un succès et A_{m+2}^E l'ensemble des éléments de A_{m+2} commençant par un échec. Il est clair que l'on réalise ainsi une partition de A_{m+2} (il faut bien commencer par quelque chose!) Or si $\omega \in A_{m+2}^S$, on a $\omega = (S, E, \ldots)$ (en effet, comme $m \geq 2$, $m+2 \neq 2$ et le second essai est nécessairement un échec). Il reste alors m cases à remplir, ce que l'on peut faire avec n'importe quel élément de A_m. Donc $|A_{m+2}^S| = |A_m|$.

D'autre part, si $\omega \in A_{m+2}^E$, on a $\omega = (E, \ldots)$; il reste à remplir de façon ad hoc les m+1 cases et nous pouvons le faire avec n'importe quel élément de A_{m+1}. Donc $|A_{m+2}^E| = |A_{m+1}|$.

On a alors :
$$S_{m+2} = |A_{m+2}| = |A_{m+2}^S| + |A_{m+2}^E| = |A_m| + |A_{m+1}| = S_m + S_{m+1}.$$

La suite $(S_m)_{m \geq 2}$ vérifie une relation de récurrence linéaire double dont l'équation caractéristique est : $r^2 - r - 1 = 0$. Les racines de cette équation sont les nombres distincts α et β présentés par l'énoncé. On sait alors que S_m est de la forme : $S_m = \lambda \alpha^m + \mu \beta^m$ où λ et μ sont deux constantes déterminées par les conditions initiales $S_2 = 1$, $S_3 = 1$. On trouve alors :

$$\forall m \geq 2 \quad S_m = \dfrac{\alpha^{m-1} - \beta^{m-1}}{\alpha - \beta}$$

Comme il existe 2^m suites de longueur m d'échecs et de succès toutes équiprobables, il est clair que l'on a :
$$\forall m \geq 2 \quad P(A_m) = \dfrac{S_m}{2^m}$$

iii) On a, sous réserve de convergence de la série :
$$g(x) = \sum_{m=2}^{\infty} \dfrac{\alpha^{m-1} - \beta^{m-1}}{\alpha - \beta} x^m$$

ce que l'on peut écrire, toujours sous réserve de convergence des séries exhibées :
$$g(x) = \dfrac{x}{\alpha - \beta} \left[\sum_{m=2}^{\infty} (\alpha x)^{m-1} - \sum_{m=2}^{\infty} (\beta x)^{m-1} \right]$$

On reconnaît alors des séries géométriques privées de leur premier terme qui sont convergentes si $|\alpha x| < 1$, $|\beta x| < 1$, si ces conditions sont réalisées, on a alors :

$$g(x) = \dfrac{x}{\alpha - \beta} \left[\dfrac{\alpha x}{1 - \alpha x} - \dfrac{\beta x}{1 - \beta x} \right] = \dfrac{x}{\alpha - \beta} \cdot \dfrac{\alpha x - \beta x}{1 - (\alpha + \beta)x + \alpha \beta x^2}$$

Mais α et β sont les racines de l'équation $x^2 - x - 1 = 0$, les formules de Viète (pas de panique, ce sont les formules du programme de seconde !) donnent alors : $\alpha + \beta = 1$, $\alpha\beta = -1$, d'où

$$g(x) = \frac{x^2}{1-x-x^2}$$

iv) On a : $\Omega \smallsetminus \Omega_0 = \bigcup_{m=2}^{\infty} A_m$ et cette réunion est évidemment disjointe, d'où :

$$P(\Omega - \Omega_0) = \sum_{m=2}^{\infty} P(A_m) = \sum_{m=2}^{\infty} \frac{S_m}{2^m} = g\left(\frac{1}{2}\right).$$

On vérifie aisément que $|\alpha \frac{1}{2}| < 1$ et $|\beta \frac{1}{2}| < 1$, la formule précédente s'applique et donne $g\left(\frac{1}{2}\right) = 1$, d'où $P(\Omega \smallsetminus \Omega_0) = 1$ et $P(\Omega_0) = 0$. Il est donc quasi impossible qu'il n'y ait jamais de doublet.

v) On a : $E(X) = \sum_{m=2}^{\infty} P(X=m) \cdot m = \sum_{m=2}^{\infty} m \cdot \frac{S_m}{2^m}$.

Mais $g(x) = \sum_{m=2}^{\infty} S_m x^m$, d'où $g'(x) = \sum_{m=2}^{\infty} m \cdot S_m x^{m-1}$.

Ce calcul étant valable à l'intérieur du domaine de convergence de la série définissant g. Donc :

$$g'\left(\frac{1}{2}\right) = \sum_{m=2}^{\infty} m S_m \cdot \frac{1}{2^{m-1}} = 2 E(X)$$

Mais $g'(x) = \dfrac{(1-x-x^2) \cdot 2x + x^2(1+2x)}{(1-x-x^2)^2}$.

Le calcul s'achève alors sans heurt et donne : $E(X) = 6$.

67

On considère une suite d'épreuves de Bernoulli indépendantes, la probabilité du succès à chaque épreuve valant p, $p \in]0, 1[$. Soit r un nombre entier strictement positif.

Pour $k \in \mathbb{N}$ on note T_k l'événement « On a obtenu des succès aux épreuves de rang $k - r + 1, k - r + 2, \ldots, k$ sans jamais avoir obtenu r succès consécutifs auparavant » et on note t_k la probabilité de cet événement.

i) Montrer que l'on a $\sum_{k=r}^{\infty} t_k = 1$.

ii) En déduire que l'on peut définir une variable aléatoire T égale au temps d'attente de r succès consécutifs et calculer l'espérance de T.

---

i) Notons T' l'événement "on n'obtient jamais r succès consécutifs" et, pour $k \in \mathbb{N}$, B_k l'événement "au cours des k premières épreuves, on n'obtient pas r succès consécutifs". Il est clair que les événements $T_0, T_1, \ldots, T_{r-1}$ sont impossibles et que le système $\{T_k\}_{k \geq r} \cup T'$ est un système complet d'événements. On a donc $\sum_{k=r}^{\infty} t_k + P(T') = 1$.

Ce qui prouve s'il en était besoin que la série de terme général t_k est convergente et que l'on a : $\sum_{k=r}^{\infty} t_k = 1 - P(T')$. Il s'agit donc de démontrer que l'on a $P(T')=0$.

Mais, avec des notations évidentes, on a : $T_{k+r+1} = B_k \cap E_{k+1} \cap S_{k+2} \cap \ldots \cap S_{k+r+1}$ (i.e. S_i signifie que le $i^{\text{ème}}$ essai se solde par un succès et E_i qu'il se solde par un échec). En effet les r derniers essais sont des succès, l'essai précédent était nécessairement un échec (sinon on aurait eu une série de r succès consécutifs au rang d'avant !) et dans tous les essais qui précédaient il n'y a pas eu de séries de r succès (pour la même raison !!).

L'événement B_k ne dépend que des k premiers essais et est donc indépendant des essais ultérieurs, d'où : $t_{k+r+1} = P(B_k) \cdot p^r \cdot q$

Comme la série de terme général t_n est convergente, nécessairement son terme général tend vers zéro, i.e. $\lim\limits_{k \to \infty} P(B_k) = 0$.

Mais $T' = \bigcap\limits_{k=n}^{\infty} B_k$, et comme la suite (B_k) est clairement décroissante, il vient :
$$P(T') = \lim_{k \to \infty} P(B_k) = 0 \qquad \text{i.e.} \quad \sum_{k=n}^{\infty} t_k = 1 \ .$$

ii) Le temps d'attente de n succès consécutifs est donc défini sur l'univers Ω privé de l'ensemble T'. Comme T' est quasi-impossible, on convient de dire que T est encore une variable aléatoire sur Ω.

Le lecteur qui a cherché à déterminer la loi de T a dû se rendre compte de la difficulté de l'entreprise. Heureusement qu'il est possible de déterminer l'espérance d'une variable à valeurs dans $\mathbb{N}$ par d'autres voies !

En effet, on a, sous réserve de convergence de la série :
$$E(T) = \sum_{k=0}^{\infty} P(T > k) = \sum_{k=0}^{\infty} P(B_k) = \sum_{k=0}^{\infty} t_{k+n+1} \cdot \frac{1}{q p^n} \qquad (cf.\ exo\ 59)$$
$$= \frac{1}{q p^n}(t_{n+1} + t_{n+2} + \ldots) = \frac{1 - k_n}{q \cdot p^n} \qquad \text{(d'après le résultat i)}.$$

Mais $t_n = p^n$ (n succès aux n premiers essais). D'où :
$$E(T) = \frac{1 - p^n}{q \cdot p^n}$$

2 variables aléatoires continues

Loi de Rayleigh

Soit X une variable aléatoire réelle absolument continue, dont une densité est:
$$f: \begin{cases} x \to 0 \text{ si } x < 0 \\ x \to x e^{-\frac{x^2}{2}} \text{ si } x \geq 0. \end{cases}$$

i) Vérifier que f est bien une densité de probabilité
ii) Quelle est la loi de $Y = X^2$?
iii) Calculer l'espérance et la variance de X.

i) f est continue sur $\mathbb{R}$, positive ou nulle, et
$$\int_{-\infty}^{+\infty} f(x)\,dx = \int_0^{+\infty} x e^{-\frac{x^2}{2}}\,dx = \left[-e^{-\frac{x^2}{2}}\right]_0^{+\infty} = 1.$$

ii) Y est également une variable absolument continue, à valeurs dans $\mathbb{R}_+$. Soit donc $x \in \mathbb{R}_+$; on peut écrire :
$$P(Y \leq x) = P(X^2 \leq x) = P(-\sqrt{x} \leq X \leq +\sqrt{x}) = P(X \leq \sqrt{x}) \quad \text{(puisque}$$
X est aussi à valeurs dans $\mathbb{R}_+$). Donc :
$$P(Y \leq x) = \int_0^{\sqrt{x}} t e^{-\frac{t^2}{2}}\,dt = \left[-e^{-\frac{t^2}{2}}\right]_0^{\sqrt{x}} = 1 - e^{-\frac{x}{2}}$$

Une densité Y est donc définie par : $g : \begin{cases} x \mapsto 0 & \text{si } x < 0 \\ x \mapsto \frac{1}{2} e^{-\frac{x}{2}} & \text{si } x \geq 0. \end{cases}$

Par conséquent, Y suit une loi exponentielle de paramètre $\frac{1}{2}$.

iii) Au cas, fort improbable au demeurant, où cela vous amuserait de calculer les coefficients de Fisher de X, nous allons calculer plus généralement tous les moments de X. Pour cela il va nous être bientôt indispensable de savoir calculer :
$$I_k = \int_0^{+\infty} x^k e^{-\frac{x^2}{2}}\,dx \quad \text{(qui existe bien !)}.$$

Procédons alors à une intégration par parties :
$$I_{k+2} = \int_0^{+\infty} x^{k+1} x e^{-\frac{x^2}{2}}\,dx = \left[-x^{k+1} e^{-\frac{x^2}{2}}\right]_0^{+\infty} + (k+1)\int_0^{+\infty} x^k e^{-\frac{x^2}{2}}\,dx$$

(on n'introduit pas ainsi de formes indéterminées parasites), c'est-à-dire :
$$I_{k+2} = (k+1) I_k$$

Ceci permet de ramener le calcul de I_k à celui de I_1 ou de I_0, selon que k est impair ou pair. Mais :
$$I_1 = \int_0^{+\infty} x e^{-\frac{x^2}{2}}\,dx = 1 \quad \text{et} \quad I_0 = \int_0^{+\infty} e^{-\frac{x^2}{2}}\,dx = \frac{1}{2}\int_{-\infty}^{+\infty} e^{-\frac{x^2}{2}}\,dx = \frac{1}{2}\sqrt{2\pi}.$$

d'où
$$I_{2k+1} = (2k)(2k-2)\ldots 4.2.1 = 2^k . k!$$
$$I_{2k} = (2k-1)(2k-3)\ldots 3.1.\sqrt{\frac{\pi}{2}} = \frac{(2k)!}{2^k . k!}\sqrt{\frac{\pi}{2}}.$$

Comme on a $m_n(X) = \int_0^{+\infty} x^n f(x)\,dx = I_{n+1}$. Il vient : $E(X) = m_1(X) = I_2 = \sqrt{\frac{\pi}{2}}$
$m_2(X) = I_3 = 2$
(normal, $E(X^2) = E(Y) = \frac{1}{\frac{1}{2}}$!!), d'où $V(X) = m_2(X) - m_1^2(X) = 2 - \frac{\pi}{2}$.

69
Loi de Laplace

Soit X une variable aléatoire réelle absolument continue dont une densité f est définie sur $\mathbb{R}$ par $f(x) = \frac{1}{2} e^{-|x|}$.

Calculer le moment d'ordre r de X et en déduire son coefficient d'asymétrie ainsi que son coefficient d'aplatissement.

- Tout d'abord, remarquons que f est bien une fonction positive, continue sur $\mathbb{R}$, et que l'on a :
$$\int_{-\infty}^{+\infty} f(t)\, dt = \int_{-\infty}^{+\infty} \tfrac{1}{2} e^{-|t|}\, dt = 2 \int_0^{+\infty} \tfrac{1}{2} e^{-t}\, dt = \left[-e^{-t}\right]_0^{+\infty} = 1.$$

- Remarquons encore, et c'est maintenant un résultat bien classique, que l'on a :
$$\int_0^{+\infty} t^n e^{-t}\, dt = n! \quad \text{(intégration par parties et récurrence)}.$$

- Remarquons enfin que toutes les intégrales permettant de définir les moments de X existent bien, d'après les théorèmes de croissances comparées de l'exponentielle et de la puissance.

D'où :

i) si n est impair $\int_{-\infty}^{+\infty} t^n f(t)\, dt = 0$ (fonction impaire, et l'intégrale existe !)

ii) si n est pair $\int_{-\infty}^{+\infty} t^n \cdot \tfrac{1}{2} e^{-|t|}\, dt = \int_0^{+\infty} t^n e^{-t}\, dt = n!$ (fonction paire).

d'où $m_1(X) = E(X) = 0$
$m_2(X) = \mu_2(X) = \sigma^2(X) = 2$
$m_3(X) = \mu_3(X) = 0$
$m_4(X) = \mu_4(X) = 24.$

Le coefficient d'asymétrie est donc nul (puisque la distribution est symétrique !) et le coefficient d'aplatissement vaut 6, c'est-à-dire que la loi de Laplace est moins aplatie qu'une loi normale.

70
Loi de Pareto

On dit qu'une variable aléatoire X suit une loi de Pareto de paramètres a et α (a, $\alpha \in \mathbb{R}_+^*$) si X est absolument continue de densité f définie par:

si $x < a$, $f(x) = 0$

si $x \geq a$, $f(x) = \frac{\alpha}{a}\left(\frac{a}{x}\right)^{\alpha+1}$

i) Vérifier que f est bien une densité de probabilité.
ii) Montrer que X admet un moment d'ordre r pour $r < \alpha$.
iii) Calculer, lorsqu'elles existent E(X) et V(X).

---

i) f étant bien positive ou nulle, il suffit de vérifier que $\int_{-\infty}^{+\infty} f(x)\, dx = 1$.

$$\int_{-\infty}^{+\infty} f(x)\, dx = \int_a^{+\infty} \frac{\alpha}{a}\left(\frac{a}{x}\right)^{\alpha+1} dx.$$

Comme $\alpha + 1 > 1$, l'intégrale a bien un sens et une intégration immédiate donne :

$$\int_a^{+\infty} \frac{\alpha}{a}\left(\frac{a}{x}\right)^{\alpha+1} dx = \left[\left(\frac{a}{x}\right)^{\alpha}\right]_a^{+\infty} = 1.$$

ii) Le moment d'ordre n existe si et seulement si $\int_a^{+\infty} x^n f(x)\,dx$ converge, ce qui équivaut à la convergence de l'intégrale $\int_a^{+\infty} \frac{dx}{x^{\alpha+1-n}}$.

Par suite, ce moment existe si et seulement si $\alpha+1-n > 1$ (fonction de référence du cours) soit $\alpha > n$. On a alors :
$$m_n(X) = \alpha a^\alpha \int_a^{+\infty} \frac{dx}{x^{\alpha+1-n}} = \alpha a^\alpha \left[\frac{x^{n-\alpha}}{n-\alpha} \right]_a^{+\infty} = \alpha a^\alpha \cdot \frac{a^{n-\alpha}}{\alpha-n}.$$

Soit $m_n(X) = \frac{\alpha}{\alpha-n} a^n$.

iii) En particulier
- si $\alpha > 1$, $E(X) = m_1(X) = \frac{\alpha}{\alpha-1} a$
- si $\alpha > 2$, $E(X^2) = m_2(X) = \frac{\alpha}{\alpha-2} a^2$, d'où par application de la formule de Koenig-Huyghens
$$V(X) = m_2 - m_1^2 = \frac{\alpha a^2}{(\alpha-1)^2(\alpha-2)}.$$

71

Soit λ un paramètre réel strictement positif et f la fonction définie sur $\mathbb{R}$ par:
$$\forall u \geq 0,\, f(u) = \frac{1}{2}\lambda e^{-\lambda u} \;;\; \forall u \leq 0,\, f(u) = \frac{1}{2}\lambda e^{\lambda u}$$

i) Vérifier que f est une densité de probabilité (loi exponentielle bilatérale).

ii) Soit X une variable aléatoire réelle dont f est une densité. Quelle est la loi de la variable $Y = |X|$? En déduire la variance de X.

---

i) f est une fonction définie sur $\mathbb{R}$, continue sur $\mathbb{R}$, et positive. On a de plus :
$$\int_{-\infty}^{+\infty} f(u)\,du = 2\int_0^{+\infty} f(u)\,du = \int_0^{+\infty} \lambda e^{-\lambda u}\,du = 1$$
f est bien une densité de variable aléatoire réelle absolument continue.

ii) On a $Y(\Omega) = \mathbb{R}_+$ et, pour tout y de $\mathbb{R}_+$, on peut écrire :
$$P(Y \leq y) = P(|X| \leq y) = P(-y \leq X \leq y) = \int_{-y}^{y} f(u)\,du$$
et f étant une fonction paire, il vient
$$P(Y \leq y) = 2\int_0^y f(u)\,du = \int_0^y \lambda e^{-\lambda u}\,du = 1 - e^{-\lambda y}.$$

On reconnaît alors la fonction de répartition d'une variable suivant la loi exponentielle de paramètre λ : $Y \hookrightarrow \mathcal{E}(\lambda)$.
On sait alors que $E(Y) = \frac{1}{\lambda}$, $V(Y) = \frac{1}{\lambda^2}$. D'où $E(Y^2) = \frac{2}{\lambda^2}$.
Mais $Y^2 = X^2$, d'où $E(X^2) = \frac{2}{\lambda^2}$.
Comme X est une variable centrée, on peut donc écrire :
$$E(X) = 0, \quad V(X) = \frac{2}{\lambda^2}.$$

72

Loi gamma

i) Montrer l'existence de $\Gamma(x) = \int_0^{+\infty} e^{-t} t^{x-1}\,dt$, pour $x \in \mathbb{R}_+^*$ et montrer que $\Gamma(x) > 0$.

ii) Établir la relation: $\forall x \in \mathbb{R}_+^*$, $\Gamma(x+1) = x \cdot \Gamma(x)$ et en déduire la valeur de $\Gamma(\frac{n}{2})$ pour $n \in \mathbb{N}^*$.

VARIABLES ALÉATOIRES CONTINUES

iii) Montrer que f : $\begin{cases} u \to 0 \text{ si } u \leq 0 \\ u \to \dfrac{1}{\Gamma(x)} e^{-u} u^{x-1} \text{ si } u > 0 \end{cases}$

est une densité de probabilité (généralisée si $x \in\,]0, 1[\,$).

iv) Soit X une variable aléatoire continue dont une densité est f, montrer que X admet des moments de tous ordres et préciser la variance de X.

v) On suppose que x est de la forme $\dfrac{n}{2}$ avec $n \in \mathbb{N}^*$ (on dit alors que X suit une loi du khi-deux à $n-1$ degrés de liberté), précisez-alors le moment d'ordre k de X.

vi) On dit qu'une variable Y suit une loi gamma de paramètres α et x strictement positifs (loi $\gamma(\alpha, x)$) si Y est une variable continue dont une densité est :

g : $\begin{cases} u \to 0 \text{ si } u \leq 0 \\ u \to \dfrac{\alpha^x}{\Gamma(x)} e^{-\alpha u} u^{x-1} \text{ si } u > 0. \end{cases}$

Vérifier que g est bien une densité et calculer E(Y), V(Y).

vii) Soit Z une variable suivant la loi $\gamma(1, 2)$. Déterminer la loi de Z^2.

— i) La fonction à intégrer est positive jamais nulle sur $\mathbb{R}_+^*$ et continue. Les problèmes peuvent bien entendu provenir des bornes 0 et $+\infty$:

• au voisinage de $+\infty$: $\lim\limits_{t \to +\infty} t^{x+1} e^{-t} = 0$. La fonction à intégrer est donc infiniment petite par rapport à $\dfrac{1}{t^2}$, l'intégrabilité des fonctions de Riemann permet de conclure à la convergence de l'intégrale au voisinage de $+\infty$.

• au voisinage de 0 : on a $e^{-t} t^{x+1} \sim t^{x+1}$. Mais comme $x > 0$, on a $x - 1 > -1$, et l'intégrabilité des fonctions de Riemann permet encore de conclure dans le même sens. (si $x \geq 1$, le problème est d'ailleurs un faux problème !)

$\Gamma(x)$ a donc bien un sens et comme la fonction à intégrer est continue et strictement positive, l'intégrale est strictement positive.

ii) Soit $x > 0$ et procédons dans $\Gamma(x+1)$ à une intégration par parties (en vérifiant bien que l'on n'introduit pas de formes indéterminées parasites) :

$$\Gamma(x+1) = \int_0^{+\infty} e^{-t} t^x \, dt = \left[-e^{-t} t^x\right]_0^{+\infty} + x \int_0^{+\infty} e^{-t} t^{x-1} \, dt = x\, \Gamma(x).$$

• En particulier pour $m \in \mathbb{N}^*$, on a $\Gamma(m+1) = m\, \Gamma(m)$, cette formule de récurrence ramène le calcul de $\Gamma(m)$ à celui de $\Gamma(1)$. On a : $\Gamma(1) = \int_0^{+\infty} e^{-t} dt = 1$, d'où :
$\forall m \in \mathbb{N}^*, \quad \Gamma(m) = (m-1)!$

• Pour $n \in \mathbb{N}^*$, on a : $\Gamma\left(\dfrac{2n+1}{2}\right) = \dfrac{2n-1}{2} \cdot \Gamma\left(\dfrac{2n-1}{2}\right)$, cette formule ramène le calcul de $\Gamma\left(\dfrac{2n+1}{2}\right)$ à celui de $\Gamma\left(\dfrac{1}{2}\right)$. Or :

$\Gamma\left(\dfrac{1}{2}\right) = \int_0^{+\infty} e^{-t} \dfrac{dt}{\sqrt{t}} = 2 \int_0^{+\infty} e^{-u^2} du$ (changement de variable $t = u^2$)

i.e. $\Gamma\left(\dfrac{1}{2}\right) = \int_{-\infty}^{+\infty} e^{-u^2} du = \dfrac{1}{\sqrt{2}} \sqrt{2\pi} = \sqrt{\pi}$ (loi normale de paramètres 0 et $\dfrac{1}{\sqrt{2}}$)

d'où $\Gamma\left(\dfrac{2n+1}{2}\right) = \dfrac{2n-1}{2} \cdot \dfrac{2n-3}{2} \cdots \dfrac{1}{2} \sqrt{\pi} = \sqrt{\pi}\, \dfrac{(2n)!}{2^{2n}\, n!}$

iii) f est définie sur $\mathbb{R}$, positive et continue sur $\mathbb{R}$ (sauf peut-être en 0 si $x \in\,]0,1[$ où elle admet une limite infinie à droite ou si $x = 1$ où elle admet une limite à droite qui vaut 1). Enfin, il est clair que par définition même de $\Gamma(x)$, on a :

$$\int_{-\infty}^{+\infty} f(t)\, dt = 1.$$

iv) X admet un moment d'ordre k si l'intégrale $\int_0^{+\infty} t^k e^{-t} t^{x-1} dt$ converge. Or cette intégrale n'est autre que $\Gamma(x+k)$. Donc :

$$\forall k \in \mathbb{N}^*, \quad m_k(X) = \frac{\Gamma(x+k)}{\Gamma(x)} = (x+k-1)(x+k-2)\ldots(x+1)x .$$

En particulier : $m_1(X) = x$, $m_2(X) = (x+1)x$, soit par application de la formule de Koenig-Huyghens :
$$E(X) = x , \quad V(X) = x(x+1) - x^2 = x .$$

v) Lorsque $x = \frac{n}{2}$, deux cas se présentent :
- si n est pair : $n = 2m$, i.e. $x = m$
$$m_k(X) = (m+k-1)(m+k-2)\ldots m = \frac{(m+k-1)!}{(m-1)!}$$
- si n est impair : $n = 2m+1$, i.e. $x = m + \frac{1}{2}$
$$m_k(X) = (m+k-\tfrac{1}{2})(m+k-\tfrac{3}{2})\ldots(m+\tfrac{1}{2})$$
$$= \frac{1}{2^k} \prod_{j=1}^{k}(2m+2j-1) = \frac{1}{2^k} \cdot \frac{\prod_{h=1}^{2k-1}(2m+h)}{\prod_{j=1}^{2k-2}(2m+2j)}$$

Soit enfin : $\quad m_k(X) = \frac{1}{2^k} \cdot \frac{1}{2^{2k-2}} \cdot \frac{m!}{(m+k-1)!} \cdot \frac{(2m+2k-1)!}{(2m)!}$

i.e. $\quad m_k(X) = \frac{1}{2^{3k-2}} \cdot \frac{(2m+2k-1)!}{(m+k-1)!} \cdot \frac{m!}{(2m)!}$

vi) Grâce au changement de variable $t = \alpha u$, on obtient :
$$\int_0^{+\infty} \alpha^x e^{-\alpha u} u^{x-1} du = \int_0^{+\infty} e^{-t} t^{x-1} dt = \Gamma(x) \text{ et donc } \int_0^{+\infty} g(u) du = 1.$$

Comme g est continue sur $\mathbb{R}$, sauf peut-être en 0 où il existe des limites à gauche et à droite (finies ou infinies selon la valeur de x), g est bien une densité de probabilité.
Le même changement de variable donne alors :

$$m_k(Y) = \frac{1}{\Gamma(x)} \int_0^{+\infty} u^k e^{-\alpha u} \alpha^x u^{x-1} du = \frac{1}{\alpha^k \Gamma(x)} \int_0^{+\infty} e^{-\alpha u} (\alpha u)^{k+x-1} \alpha du$$
$$= \frac{1}{\alpha^k \Gamma(x)} \int_0^{+\infty} e^{-t} t^{k+x-1} dt$$

c'est-à-dire : $\quad m_k(Y) = \frac{1}{\alpha^k} m_k(X) = \frac{\Gamma(k+x)}{\alpha^k \Gamma(x)} .$

(les convergences des intégrales rencontrées ne posant pas de problème).
En particulier, $m_1(Y) = \frac{x}{\alpha}$, $m_2(Y) = \frac{x(x+1)}{\alpha^2}$
d'où $E(Y) = \frac{x}{\alpha}$, $V(Y) = \frac{x}{\alpha^2}$

vii) Une densité f de Z est donc donnée par :
$$f: u \longmapsto 0 \quad \text{si } u \leq 0$$
$$ u \longmapsto u e^{-u} \quad \text{si } u > 0 \qquad (\alpha = 1, x = 2)$$

Posons $T = Z^2$. T est à valeurs dans $\mathbb{R}_+$ et on a pour tout $x \in \mathbb{R}_+$:
$$F_T(x) = P(T \leq x) = P(Z^2 \leq x) = P(0 \leq Z \leq \sqrt{x}) \qquad (Z \text{ est aussi à valeurs}$$
dans $\mathbb{R}_+$), d'où :
$$F_T(x) = \int_0^{\sqrt{x}} u e^{-u} du .$$

Une intégration par parties donne alors le résultat : $F_T(x) = 1 - e^{-\sqrt{x}}(1+\sqrt{x})$.
Une densité de Z^2 est donc donnée par la fonction suivante :
$$\begin{cases} x \longmapsto 0 & \text{si } x < 0 \\ x \longmapsto \frac{1}{2} e^{-\sqrt{x}} & \text{si } x \geq 0 \end{cases}$$

73

Loi beta

Soient $p, q \in \mathbb{R}_+^*$ et $\beta(p, q) = \displaystyle\int_0^1 t^{p-1}(1-t)^{q-1}\,dt$.

i) Justifier l'existence de cette intégrale.

ii) En supposant $q > 1$, établir une relation entre $\beta(p, q)$ et $\beta(p+1, q-1)$. En déduire la valeur de $\beta(p, q)$ lorsque p et q appartiennent à $\mathbb{N}^*$.

iii) Soit f la fonction définie sur $\mathbb{R}$ par :

si $x \notin\ ]0, 1[$, $f(x) = 0$

si $x \in\ ]0, 1[$, $f(x) = \dfrac{1}{\beta(p, q)} x^{p-1}(1-x)^{q-1}$

Vérifier que f est une densité de probabilité (généralisée si p ou q appartiennent à $]0, 1[$).

iv) Soit X une variable aléatoire de densité f. Quel est le mode de X ? Montrer l'existence de E(X) et V(X) et les calculer lorsque p et q appartiennent à $\mathbb{N}^*$.

---

i) Notons φ la fonction $t \longmapsto t^{p-1}(1-t)^{q-1}$. φ est continue et positive sur $]0,1[$. Les problèmes ne peuvent venir que des bornes 0 et 1 ! Or :
$$\varphi(t) \underset{(0)}{\sim} t^{p-1} \qquad \text{et} \qquad \varphi(t) \underset{(1)}{\sim} (1-t)^{q-1}$$
Comme $p>0$ et $q>0$, on en déduit $p-1 > -1$ et $q-1 > -1$; par conséquent, la référence aux fonctions de Riemann permet de conclure à l'existence de l'intégrale. (Notez que si $p \geq 1$ et $q \geq 1$ il n'y a même pas de problème !)

ii) Supposons $q > 1$; on a : $\beta(p+1, q-1) = \displaystyle\int_0^1 t^p (1-t)^{q-2}\,dt$. Procédons à une intégration par parties en dérivant t^p et en intégrant $(1-t)^{q-2}$ (théoriquement en intégrant de a à b, et en faisant ensuite tendre a vers 0 et b vers 1, pratiquement il suffit de vérifier que l'on n'introduit pas de formes indéterminées).

$$\beta(p+1, q-1) = \left[\frac{t^p(1-t)^{q-1}}{1-q}\right]_0^1 + \frac{p}{1-q}\int_0^1 t^{p-1}(1-t)^{q-1}\,dt$$

Le crochet disparaissant, il reste : $\beta(p+1, q-1) = \dfrac{p}{q-1}\,\beta(p,q)$.

Supposons maintenant que p et q sont entiers, une simple récurrence sur la formule précédente permet de ramener le calcul de $\beta(p,q)$ à celui de $\beta(p+q-1, 1)$.

$$\beta(p, q) = \frac{q-1}{p}\,\beta(p+1, q-1)$$

$$\beta(p+1, q-1) = \frac{q-2}{p+1}\,\beta(p+2, q-2)$$

$$\vdots$$

$$\beta(p+q-2, 2) = \frac{1}{p+q-2}\,\beta(p+q-1, 1)$$

$$\beta(p+q-1, 1) = \int_0^1 t^{p+q-2}\,dt = \frac{1}{p+q-1}$$

d'où
$$\beta(p, q) = \frac{(q-1)(q-2)\cdots 1}{(p+q-1)(p+q-2)\cdots p}$$

ce qui s'écrit encore : $\beta(p, q) = \dfrac{(q-1)!\,(p-1)!}{(p+q-1)!}$

iii) f est positive et continue sur $]0,1[$ et $\displaystyle\int_0^1 f(t)\,dt = 1$ (par définition de $\beta(p,q)$!) Si p et q sont supérieurs ou égaux à 1, f admet une limite finie à droite en 0 et à gauche de 1 ; f est donc une densité d'une variable aléatoire absolument continue.

Si p et q sont strictement inférieurs à 1, alors f admet à droite de 0 et à gauche de 1 une limite infinie, f est donc une densité généralisée d'une variable continue.

iv) On peut se limiter à la recherche des modes dans l'intervalle $[0,1]$ (!) et :
si $p<1$, on a $\lim\limits_{x \to 0^+} f(x) = +\infty$ donc 0 est mode !

si $q<1$, on a $\lim\limits_{x \to 1^-} f(x) = +\infty$ donc 1 est mode.

si $p=1$ et $q>1$, $f(x) = \dfrac{(1-x)^{q-1}}{\beta(1,q)}$ et 0 est mode.

si $q=1$ et $p>1$, $f(x) = \dfrac{x^{p-1}}{\beta(p,1)}$ et 1 est mode.

si $p=q=1$, $f=1$ et X est uniforme sur $[0,1]$.

Enfin, si $p>1$ et $q>1$, on trouve :
$$f'(x) = \frac{x^{p-2}(1-x)^{q-2}}{\beta(p,q)}\left((p-1) - x(p+q-2)\right).$$

On vérifie alors que $\dfrac{p-1}{p+q-2}$ est bien compris entre 0 et 1, et que f passe par un maximum en ce point. Le mode est alors $\dfrac{p-1}{p+q-2}$.

En résumé :

q \ p	<1	1	>1
<1	$\{0,1\}$	$\{1\}$	$\{1\}$
1	$\{0\}$	$[0,1]$	$\{1\}$
>1	$\{0\}$	$\{0\}$	$\{\frac{p-1}{p+q-2}\}$

← mode(s)

L'espérance de X et la variance de X existent, ainsi que tous les moments d'ordre quelconque de X, puisque si $\int_a^b f(x)\,dx$ est convergente (f étant positive), alors a fortiori $\int_a^b x^k f(x)\,dx$ est également convergente !

On a :
$$E(X) = \int_0^1 \frac{x^p(1-x)^{q-1}}{\beta(p,q)}\,dx = \frac{\beta(p+1,q)}{\beta(p,q)}$$

$$E(X^2) = \int_0^1 \frac{x^{p+1}(1-x)^{q-1}}{\beta(p,q)}\,dx = \frac{\beta(p+2,q)}{\beta(p,q)}$$

Les valeurs obtenues en ii) donnent alors : $E(X) = \dfrac{p}{p+q}$, $E(X^2) = \dfrac{p(p+1)}{(p+q)(p+q+1)}$

d'où :
$$E(X) = \frac{p}{p+q}, \quad V(X) = \frac{pq}{(p+q)^2(p+q+1)}$$

Loi Log-normale

Soit X une variable aléatoire suivant la loi normale de paramètres m et σ. On pose $Y = e^X$, calculer l'espérance et la variance de Y.

• Rappelons que X est une variable absolument continue dont une densité $\varphi_{m,\sigma}$ est définie sur $\mathbb{R}$ par :
$$\varphi_{m,\sigma} : x \longmapsto \frac{1}{\sigma\sqrt{2\pi}} e^{-\frac{(x-m)^2}{2\sigma^2}}$$

On a alors le résultat fondamental : $\int_{-\infty}^{+\infty} \varphi_{m,\sigma}(x)\,dx = 1$.

• Y est encore une variable continue à valeurs dans $\mathbb{R}_+^*$, on dit que Y suit la loi log-normale de paramètres m et σ.

- Sous réserve d'existence de l'intégrale, on a donc :
$$E(Y) = \int_{-\infty}^{+\infty} e^x \, \varphi_{m,\sigma}(x) \, dx = \frac{1}{\sigma\sqrt{2\pi}} \int_{-\infty}^{+\infty} e^{x - \frac{(x-m)^2}{2\sigma^2}} \, dx$$

Mais $(x-m)^2 - 2\sigma^2 x = (x - (m+\sigma^2))^2 - 2m\sigma^2 - \sigma^4$
(forme canonique du trinôme du second degré)

par conséquent :
$$E(Y) = \frac{1}{\sigma\sqrt{2\pi}} \int_{-\infty}^{+\infty} e^{-\frac{(x-(m+\sigma^2))^2}{2\sigma^2}} \cdot e^{m + \frac{\sigma^2}{2}} \, dx$$

$$= e^{m + \frac{\sigma^2}{2}} \cdot \int_{-\infty}^{+\infty} \varphi_{m+\sigma^2, \sigma}(x) \, dx$$

c'est-à-dire,
$$E(Y) = e^{m + \frac{\sigma^2}{2}}.$$

- De même
$$E(Y^2) = \int_{-\infty}^{+\infty} (e^x)^2 \, \varphi_{m,\sigma}(x) \, dx = \frac{1}{\sigma\sqrt{2\pi}} \int_{-\infty}^{+\infty} e^{2x - \frac{(x-m)^2}{2\sigma^2}} \, dx$$

De la même façon, on peut écrire :
$$(x-m)^2 - 4\sigma^2 x = (x - (m+2\sigma^2))^2 - 4m\sigma^2 - 4\sigma^4$$

d'où
$$E(Y^2) = \frac{1}{\sigma\sqrt{2\pi}} \int_{-\infty}^{+\infty} e^{-\frac{(x-(m+2\sigma^2))^2}{2\sigma^2}} \cdot e^{2m + 2\sigma^2} \, dx$$

$$= e^{2m + 2\sigma^2} \cdot \int_{-\infty}^{+\infty} \varphi_{m+2\sigma^2, \sigma}(x) \, dx = e^{2m + 2\sigma^2}$$

Par application de la formule de Koenig-Huyghens, on obtient donc :
$$V(Y) = E(Y^2) - E(Y)^2 = e^{2m + 2\sigma^2} - e^{2m + \sigma^2} = e^{2m + \sigma^2} (e^{\sigma^2} - 1)$$

75

Soit X une variable réelle absolument continue et F sa fonction de répartition. On pose Y = F(X), quelle est la loi de la variable Y?

Rappelons que F est toujours une fonction croissante à valeurs dans [0,1] et d'après les hypothèses F est de plus continue. La variable Y est donc à valeurs dans [0,1]. Soit alors y appartenant à $]0,1[$ et évaluons $P(Y \leq y)$.
L'événement $Y \leq y$ signifie que $F(X) \leq y$.
Soit $A = \{x \in \mathbb{R} \,/\, F(x) \leq y\}$, A est une partie non vide ($\lim_{x \to -\infty} F(x) = 0$) et majorée ($\lim_{x \to +\infty} F(x) = 1$) de $\mathbb{R}$. Notons u sa borne supérieure, comme F est continue, on a par conséquent $F(u) = y$. D'où :
$$P(Y \leq y) = P(F(X) \leq y) = P(X \leq u) = F(u) = y$$
La variable Y suit donc la loi uniforme sur l'intervalle [0, 1].

76

Soit X une variable aléatoire discrète dont la loi est la loi de Poisson de paramètre $\lambda > 0$. Notons F_X la fonction de répartition de X.

i) Montrer que : $\forall n \in \mathbb{N},\ F_X(n) = \dfrac{1}{n!} \int_{\lambda}^{+\infty} e^{-x} x^n \, dx$.

ii) Soit, pour $n \in \mathbb{N}$, Y_n une variable aléatoire absolument continue dont une densité f_n est donnée par:

$$f_n : \begin{cases} t \to 0, \text{ si } t < 0 \\ t \to \dfrac{1}{n!} e^{-t} t^n, \text{ si } t \geq 0 \end{cases}$$

Vérifier que f_n est bien une densité de probabilité et que l'on a $F_X(n) = P(Y_n > \lambda)$.

i) La propriété est vraie pour $m=0$, puisque l'on a

$$F_X(0) = P(X=0) = e^{-\lambda} \quad \text{et} \quad \frac{1}{0!} \int_\lambda^{+\infty} e^{-x} dx = e^{-\lambda}.$$

Supposons donc la propriété acquise à un rang m et regardons ce qui se passe au rang $m+1$.

$$F_X(m+1) = P(X \leq m+1) = F_X(m) + P(X=m+1) = F_X(m) + e^{-\lambda} \frac{\lambda^{m+1}}{(m+1)!}$$

Mais :

$$\frac{1}{(m+1)!} \int_\lambda^{+\infty} e^{-x} x^{m+1} dx = \frac{1}{(m+1)!} \left[-x^{m+1} e^{-x} \right]_\lambda^{+\infty} + \frac{m+1}{(m+1)!} \int_\lambda^{+\infty} e^{-x} x^m dx$$

(intégration par parties légitime puisque toutes les intégrales écrites sont convergentes). D'où

$$\frac{1}{(m+1)!} \int_\lambda^{+\infty} e^{-x} x^{m+1} dx = e^{-\lambda} \frac{\lambda^{m+1}}{(m+1)!} + \frac{1}{m!} \int_\lambda^{+\infty} e^{-x} x^m dx$$

Comme $\dfrac{1}{m!} \int_\lambda^{+\infty} e^{-x} x^m dx = F_X(m)$, on en déduit bien $\dfrac{1}{(m+1)!} \int_\lambda^{+\infty} e^{-x} x^{m+1} dx = F_X(m+1)$

et ceci achève la preuve par récurrence.

ii) On peut vérifier que f est bien une densité, mais on peut aussi s'apercevoir qu'il s'agit de la loi $\gamma(1, m+1)$. Comme Y_m est absolument continue, on a :

$$P(Y_m > \lambda) = \int_\lambda^{+\infty} f(t) dt = \frac{1}{m!} \int_\lambda^{+\infty} e^{-t} t^m dt = P(X \leq m)$$

d'après la question précédente.

77

Soit X une variable aléatoire absolument continue dont la loi est la loi exponentielle de paramètre λ.

i) Montrer que X admet des moments de tous ordres et les calculer.

ii) Calculer les coefficients de Fisher de X : $\delta = \dfrac{\mu^3}{\sigma^3}$; $a = \dfrac{\mu^4}{\sigma^4}$

i) Le moment d'ordre n, s'il existe, est défini par : $m_n(X) = \int_0^{+\infty} t^n \lambda e^{-\lambda t} dt$.

Puisqu'une densité de X est définie par $f(x) = 0$ pour $x < 0$ et $f(x) = \lambda e^{-\lambda x}$ pour $x \geq 0$. Les théorèmes de négligeabilité classiques montrent que

$$\lim_{t \to +\infty} t^{n+2} e^{-\lambda t} = 0.$$

Par conséquent, pour t assez grand, on peut écrire $0 < t^n e^{-\lambda t} < \dfrac{1}{t^2}$. La règle de Riemann assure alors la convergence de l'intégrale définissant $m_n(X)$.

Supposons $n \geq 1$ et procédons alors à une intégration par parties (d'abord sur l'intégrale définie, pour éviter toute mauvaise surprise, puis en passant à la limite):

$$m_n(X) = \lim_{A \to +\infty} \int_0^A t^n \lambda e^{-\lambda t} dt = \lim_{A \to +\infty} \left(\left[-t^n e^{-\lambda t} \right]_0^A + n \int_0^A t^{n-1} e^{-\lambda t} dt \right)$$

soit $\quad m_n(X) = \dfrac{n}{\lambda} m_{n-1}(X)$.

Un calcul élémentaire donne $m_0(X) = 1$ (X est une variable aléatoire !), d'où
$$\forall n \in \mathbb{N}, \quad m_n(X) = \frac{n!}{\lambda^n}$$

ii) $\mu_k(X)$ désigne le moment centré d'ordre k d'une variable aléatoire X, soit :
$\mu_k = E((X - m_1)^k)$, où m_1 désigne l'espérance de X.
$$\mu_2 = m_2 - m_1^2 = \sigma^2$$
$$\mu_3 = m_3 - 3 m_1 m_2 + 2 m_1^3$$
$$\mu_4 = m_4 - 4 m_1 m_3 + 6 m_1^2 m_2 - 3 m_1^4$$

Le résultat de la première question fournit alors les réponses cherchées : $\sigma = \frac{1}{\lambda}$,
$\mu_3 = \frac{2}{\lambda^3}$, $\mu_4 = \frac{9}{\lambda^4}$, et $\begin{cases} \delta = 2 & \text{(distribution étalée vers la droite)} \\ a = 9 & \text{(distribution moins aplatie qu'une loi normale)} \end{cases}$

78

Le skieur

Un skieur doit traverser un glacier de largeur 1. A l'endroit où il devra traverser, on sait qu'il y a la probabilité p qu'il existe une crevasse. On suppose que, si cette crevasse existe, sa position est uniformément distribuée sur l'intervalle $[0, 1]$ du trajet. Le skieur a déjà parcouru la distance x, $0 \leq x \leq 1$, sans encombre et il se demande alors quelle est la probabilité qu'il rencontre la crevasse.

Notons c l'événement "la crevasse existe", A l'événement "la crevasse existe et se trouve dans l'intervalle $[0, x]$", B l'événement "la crevasse existe et se trouve dans l'intervalle $]x, 1]$". La question que se pose le skieur est bien entendu de calculer $P(B/\bar{A})$, où $\bar{A}$ est l'événement contraire de A.

D'après les hypothèses, on peut écrire $P(A/c) = x$ et $P(B/c) = 1 - x$ (puisque si l'existence est assurée, la loi de la position de la crevasse est uniforme, la "probabilité d'un intervalle" est donc égale à sa longueur, le trajet total étant de longueur 1).

On a $\quad P(B/\bar{A}) = \dfrac{P(B \cap \bar{A})}{P(\bar{A})} = \dfrac{P(B)}{P(\bar{A})}$

En effet, B et A sont des événements incompatibles, et par conséquent $B \subset \bar{A}$. On en déduit :
$$P(B) = P(B/c) \cdot P(c) = p(1-x)$$
$$P(A) = P(A/c) \cdot P(c) = p x, \quad \text{d'où} \quad P(\bar{A}) = 1 - px \quad \text{et :}$$

$$\boxed{P(B/\bar{A}) = \frac{p(1-x)}{1 - px}}$$

Remarque :

Une étude rapide de la fonction $f : [0,1] \to \mathbb{R}$ qui est définie par $f(x) = \dfrac{p(1-x)}{1 - px}$, montre que celle-ci est décroissante (ce qui était évident en termes de probabilité) et que sa dérivée, en valeur absolue, est inférieure à 1. C'est-à-dire que le risque du skieur décroît moins vite que le chemin parcouru ne croît. En particulier le risque moitié ($f(x) = \frac{p}{2}$) est obtenu pour la valeur $x = \dfrac{1}{2 - p}$ qui peut être sensiblement supérieure au chemin moitié.

79

Le Slalom

Un skieur passe un slalom de 20 portes et, s'il ne tombe pas, son temps de parcours suit une loi normale de moyenne 50 secondes et d'écart-type 2 secondes. A chaque porte il peut tomber avec une probabilité de $\dfrac{1}{20}$, ce qui lui fait perdre 4 secondes sur son temps de parcours. On admet que les chutes éventuelles sont indépendantes les unes des autres.

Quelle est la probabilité de décrocher la flèche de platine? (temps inférieur à 52 secondes).

Soit T_1 la variable aléatoire "temps de parcours hors chutes". T_1 suit la loi $\mathcal{N}(50,2)$.
Soit X la variable aléatoire "nombre de chutes". X suit la loi $\mathcal{B}(20, \frac{1}{20})$.
Si T est la variable aléatoire "temps de parcours". On a $T = T_1 + 4X$.
(Notons que T est une variable aléatoire continue d'un type un peu particulier, puisque somme d'une variable absolument continue et d'une variable discrète).

Les événements $X=0$, $X=1$, ..., $X=20$ forment un système complet, et la formule des probabilités totales appliquée à ce système donne :

$$P(T \leq 52) = \sum_{k=0}^{20} P(T \leq 52 / X=k) \cdot P(X=k)$$

Comme chaque chute coûte 4 secondes, on a : $P(T \leq 52 / X=k) = P(T_1 \leq 52 - 4k)$. D'où :

$$P(T \leq 52) = \sum_{k=0}^{20} P(T_1 \leq 52 - 4k) \cdot P(X=k)$$

Notons $T_1^* = \frac{T_1 - 50}{2}$ la variable normale centrée réduite associée à T_1. On a :

$$(T_1 \leq 52 - 4k) = (T_1^* \leq 1 - 2k),$$

ce qui permet d'entamer un calcul numérique. Mais avant cela, remarquons deux choses :
i) La loi $\mathcal{B}(20, \frac{1}{20})$ peut être approchée par la loi de Poisson $\mathcal{P}(1)$.
ii) Dans la somme définissant $P(T \leq 52)$, les probabilités deviennent rapidement négligeables, un grand nombre de chutes représentant un "handicap-temps" quasi-insurmontable.

k	$1-2k$	$P(T_1^* \leq 1-2k)$	$P(X=k)$	produit
0	1	0,841	0,368	0,309
1	-1	0,159	0,368	0,059
2	-3	0,001	0,184	0,000...
				0,368

Soit $P(T \leq 52) \simeq 0,37$.

80

Soit X une variable aléatoire réelle absolument continue admettant pour densité la fonction f définie sur $\mathbb{R}$ par :

$$f(x) = \cos x \quad \text{si } x \in]0, \frac{\pi}{2}[, \quad f(x) = 0 \quad \text{si } x \notin]0, \frac{\pi}{2}[.$$

Trouver la fonction de répartition et la loi de la variable Y définie par $Y = \text{tg } X$.
Calculer son espérance. A-t-elle une variance?

Convenons que l'on a $X(\Omega) = [0, \frac{\pi}{2}[$ (le problème des bornes n'est pas vraiment un problème, puisque X est une variable absolument continue ; on a donc $P(X=\frac{\pi}{2}) = 0$). Il est alors clair que Y prend ses valeurs dans $\mathbb{R}_+$. Soit donc $y \in \mathbb{R}_+$. On a :

$$P(Y \leq y) = P(\text{tg} X \leq y) = P(0 \leq X \leq \text{Arctg } y)$$

i.e. $F_Y(y) = F_X(\text{Arctg } y)$.
Comme $\text{Arctg } y \in [0, \frac{\pi}{2}[$, on a : $F_X(\text{Arctg } y) = \int_0^{\text{Arctg } y} \cos t \, dt = \sin(\text{Arctg } y)$.

Mais $\sin^2 \theta = \frac{\text{tg}^2 \theta}{1 + \text{tg}^2 \theta}$, d'où $\sin(\text{Arctg } y) = \frac{y}{\sqrt{1+y^2}}$.

On a donc : $\forall y \in \mathbb{R}_+ \quad F_Y(y) = \dfrac{y}{\sqrt{1+y^2}}$

$\forall y \in \mathbb{R}_- \quad F_Y(y) = 0$

F_Y est une fonction dérivable sur $\mathbb{R}$ sauf en 0 où elle admet une dérivée à gauche et une dérivée à droite. Y est donc une variable absolument continue dont une densité g est définie par : $\forall y < 0 \quad g(y) = 0$

$\forall y \geq 0 \quad g(y) = F_Y'(y) = \dfrac{1}{(1+y^2)^{3/2}}$.

On remarque qu'au voisinage de l'infini, $g(y)$ est équivalente à $\dfrac{1}{y^3}$. Ainsi l'intégrale $\int_0^{+\infty} y\, g(y)\, dy$ est convergente, tandis que $\int_0^{+\infty} y^2 g(y)\, dy$ est divergente. Il vient alors :

$$E(Y) = \int_0^{+\infty} y\, g(y)\, dy = \int_0^{+\infty} y(1+y^2)^{-3/2}\, dy = \left[-(1+y^2)^{-\frac{1}{2}}\right]_0^{+\infty} = 1.$$

Y n'a pas de variance (on dit aussi que sa variance est infinie).

---

81. Soit X une variable aléatoire réelle suivant la loi uniforme sur $[0, 1]$. Quelle est la loi de la variable $Y = -\dfrac{1}{\lambda} \text{Log}(1-X)$, où λ est un paramètre strictement positif ?

Remarquons tout d'abord que si ω est un événement tel que $X(\omega) = 1$, alors $Y(\omega)$ n'a pas de sens. Heureusement pour nous, $P(X=1) = 0$ (X est une variable continue) par conséquent Y est définie sauf sur un ensemble quasi-impossible. On convient de dire que Y est encore une variable aléatoire sur l'espace probabilisable $(\Omega, \mathcal{B})$.

Il est clair que, comme X prend ses valeurs dans $[0,1]$, Y prend ses valeurs dans $\mathbb{R}_+$ (n'oubliez pas que λ est strictement positif).

Soit alors $t \in \mathbb{R}_+$ et évaluons $P(Y \leq t)$.

$(Y \leq t) = (-\dfrac{1}{\lambda} \log(1-X) \leq t)$ (par définition)

$= (\log(1-X) \geq -\lambda t)$ (attention au sens !)

$= (1-X \geq e^{-\lambda t})$ (par croissance de la fonction log)

$= (X \leq 1 - e^{-\lambda t})$

Comme $t \in \mathbb{R}_+$, $1 - e^{-\lambda t} \in [0, 1]$, X suivant la loi uniforme sur $[0, 1]$, on en déduit :

$P(Y \leq t) = P(X \leq 1 - e^{-\lambda t}) = 1 - e^{-\lambda t}$

On reconnaît alors la fonction de répartition de la loi exponentielle de paramètre λ, c'est-à-dire :

Y est une variable aléatoire absolument continue dont la loi est la loi exponentielle de paramètre λ.

---

82. Soit X une variable aléatoire absolument continue, de densité f continue sur $\mathbb{R}$ et de fonction de répartition F vérifiant :
$$\lim_{x \to +\infty} x(1 - F(x) - F(-x)) = 0$$
Montrer que si X admet une espérance, celle-ci est donnée par la formule :
$$E(X) = \int_0^{+\infty} (1 - F(x) - F(-x))\, dx$$

Comme X est supposé avoir une espérance, celle-ci est donnée par la formule :
$$E(X) = \lim_{A \to +\infty} \int_{-A}^{A} x f(x) dx.$$

(Attention, l'existence de la limite placée à droite ne suffirait pas pour affirmer l'existence de l'espérance ! Si ce détail vous avait échappé, revoyez votre cours sur les intégrales généralisées !!)

On peut donc écrire :
$$E(X) = \lim_{A \to +\infty} \left[\int_{0}^{A} x f(x) dx + \int_{-A}^{0} x f(x) dx \right]$$

ou encore, à l'aide d'un changement de variable évident dans la seconde intégrale :
$$E(X) = \lim_{A \to +\infty} \left(\int_{0}^{A} x f(x) dx + \int_{0}^{A} x f(-x) dx \right) = \lim_{A \to +\infty} \int_{0}^{A} x \left[f(x) - f(-x) \right] dx.$$

Procédons alors à une intégration par parties :
$$v(x) = x \quad \text{d'où} \quad v'(x) = 1$$
$$u'(x) = f(x) - f(-x), \quad \text{d'où par exemple} \quad u(x) = F(x) + F(-x) - 1$$

(En effet, F est une primitive de f sur $\mathbb{R}$ et $x \mapsto -F(-x)$ une primitive de $x \mapsto f(-x)$)

$$E(X) = \lim_{A \to +\infty} \left(\left[x \left(F(x) + F(-x) - 1 \right) \right]_{0}^{A} + \int_{0}^{A} (1 - F(x) - F(-x)) dx \right).$$
$$= \lim_{A \to +\infty} \left(A(F(A) + F(-A) - 1) + \int_{0}^{A} (1 - F(x) - F(-x)) dx \right)$$

d'où le résultat par passage à la limite, d'après l'hypothèse.

MATHEMATIQUES
CLASSES PREPARATOIRES AUX GRANDES ECOLES

1. cours d'algèbre
2. cours d'analyse
3. cours de probabilités
   et de statistiques

3 couples de variables aléatoires

Variable indicatrice

Soit $(\Omega, \mathscr{B}, P)$ un espace probabilisé. Pour tout événement A on note φ_A la variable aléatoire définie par:

$$\forall \omega \in A, \varphi_A(\omega) = 1 \; ; \quad \forall \omega \notin A, \varphi_A(\omega) = 0. \quad \textbf{(Variable indicatrice)}$$

i) Montrer que deux événements A et B sont indépendants si et seulement si $\overline{A}$ et B sont indépendants.

ii) Montrer que deux événements A et B sont indépendants si et seulement si les variables aléatoires φ_A et φ_B sont indépendantes.

iii) Montrer que deux variables aléatoires de Bernoulli définies sur Ω sont indépendantes si et seulement si leur covariance est nulle.

---

i) On a : A et B indépendants $\Leftrightarrow P(A \cap B) = P(A) \cdot P(B)$
$\Leftrightarrow P(B) - P(A \cap B) = P(B) - P(A) \cdot P(B)$
$\Leftrightarrow P(B \setminus (A \cap B)) = P(B)(1 - P(A))$
$\Leftrightarrow P(B \cap \overline{A}) = P(B) \cdot P(\overline{A})$
$\Leftrightarrow \overline{A}$ et B indépendants.

Remarque : Comme A et B jouent des rôles symétriques, on en déduit également :
A et B indépendants $\Leftrightarrow$ A et $\overline{B}$ indépendants.
Une itération du procédé montre que l'on a encore :
A et B indépendants $\Leftrightarrow \overline{A}$ et $\overline{B}$ indépendants.

ii) Les variables de Bernoulli φ_A et φ_B sont indépendantes si et seulement si :
$$\forall i \in \{0,1\} \quad \forall j \in \{0,1\} \quad P((\varphi_A = i) \cap (\varphi_B = j)) = P(\varphi_A = i) \cdot P(\varphi_B = j).$$
Mais on a : $(\varphi_A = 1) = A$, $(\varphi_A = 0) = \overline{A}$, idem pour B. Les conditions précédentes équivalent donc à l'indépendance des couples d'événements $(A, B), (A, \overline{B}), (\overline{A}, B), (\overline{A}, \overline{B})$. D'après i), ceci équivaut à l'indépendance des événements A et B.

iii) Soit Z une variable aléatoire de Bernoulli quelconque. On peut écrire :
$$E(Z) = 1 \cdot P(Z=1) + 0 \cdot P(Z=0) = P(Z=1).$$
Soient donc X et Y deux variables de Bernoulli, définies sur le même espace, dont la covariance est nulle. On a : $E(XY) = E(X) \cdot E(Y)$.
Mais XY est encore une variable de Bernoulli et $(XY = 1) = (X=1) \cap (Y=1)$, la nullité de la covariance s'écrit donc :
$$P((X=1) \cap (Y=1)) = P(X=1) \cdot P(Y=1)$$
Les événements $A = (X=1)$ et $B = (Y=1)$ sont donc indépendants. Comme $X = \varphi_A$ et $Y = \varphi_B$, la conclusion résulte de ii).
Enfin, notons que si X et Y sont deux variables indépendantes (de Bernoulli ou non !), alors leur covariance est nulle.

Note : Attention si deux variables qui ne sont pas de Bernoulli ont une covariance nulle, il n'est pas du tout indispensable que ces variables soient indépendantes ! Les variables de Bernoulli sont très "pauvres" et donc très particulières !

Un étudiant peut se présenter chaque année à n certificats indépendants. Sa probabilité de réussite à chaque certificat est supposée être constante égale à p. ($p \in \,]0, 1[\,$!). Ces n certificats sont indispensables pour obtenir le diplôme désiré, la réussite à un certificat quelconque dispensant de le repasser les années ultérieures.

i) Notons U_n le nombre d'années juste nécessaire à l'obtention du diplôme. Déterminer la fonction de répartition de U_n.

ii) A l'aide de l'exercice n° 59 calculer l'espérance de U_n.
iii) Donner un équivalent de cette espérance lorsque n tend vers l'infini.

i) Pour $i \in [\![1,m]\!]$, notons X_i la variable aléatoire "nombre d'années nécessaires à l'obtention du certificat n° i". Il est clair que $U_m = \max(X_1, X_2, \ldots, X_m)$. Les variables X_i sont indépendantes et suivent toutes la loi géométrique de paramètre p. C'est-à-dire que l'on a :
$$\forall i \in [\![1,m]\!], \quad \forall k \in \mathbb{N}^*, \quad P(X_i = k) = pq^{k-1} \quad (\text{avec } q = 1-p).$$
Soit donc $k \in \mathbb{N}^*$, l'événement $U_m \leq k$ est la conjonction des événements $X_1 \leq k, X_2 \leq k, \ldots, X_m \leq k$. Donc :
$$P(U_m \leq k) = P(X_1 \leq k) \cdot P(X_2 \leq k) \cdots P(X_m \leq k) \quad (\text{indépendance des certificats})$$
$$= [P(X_1 \leq k)]^m \quad (\text{toutes les } X_i \text{ ont la même loi})$$
$$= \left[p \sum_{i=1}^{k} q^{i-1}\right]^m$$

Mais, $\sum_{i=1}^{k} q^{i-1} = \dfrac{1-q^k}{1-q}$, on peut donc écrire $P(U_m \leq k) = [1-q^k]^m$.
(cf. le poker de dés)

ii) On peut alors écrire, sous réserve de convergence de la série :
$$E(U_m) = \sum_{k=0}^{\infty} P(U_m > k) = \sum_{k=0}^{\infty} (1 - (1-q^k)^m)$$

Développons alors chaque terme de la sommation à l'aide de la formule du binôme de Newton :
$$E(U_m) = \sum_{k=0}^{\infty} \left(\sum_{j=1}^{m} \binom{m}{j} (-1)^{j-1} q^{kj} \right)$$
$$= \sum_{j=1}^{m} \binom{m}{j} (-1)^{j-1} \cdot \sum_{k=0}^{\infty} q^{kj} \quad (\text{intervertion de l'ordre des sommations})$$
$$E(U_m) = \sum_{j=1}^{m} \binom{m}{j} (-1)^{j-1} \cdot \dfrac{1}{1-q^j} \quad (\text{série géométrique de paramètre } q^j)$$

iii) Reprenons la formule $E(U_m) = \sum_{k=0}^{\infty} (1 - (1-q^k)^m)$. Considérons la fonction $\varphi : x \longmapsto 1 - (1-q^x)^m$.
φ est positive et dérivable sur $\mathbb{R}_+$ et on a :
$$\forall x \in \mathbb{R}_+, \quad \varphi'(x) = m (\log q) q^x (1-q^x)^{m-1}$$
Par conséquent, φ est strictement décroissante (car $\log q < 0$!!). Ceci permet de comparer la série $\sum_{k=0}^{\infty} \varphi(k)$ et l'intégrale $\int_{0}^{+\infty} \varphi(x) dx$.
En effet, on a d'après la décroissance de φ : $\varphi(k+1) \leq \int_{k}^{k+1} \varphi(x) dx \leq \varphi(k)$. D'où :
$$\sum_{k=0}^{\infty} \varphi(k) - 1 \leq \int_{0}^{+\infty} \varphi(x) dx \leq \sum_{k=0}^{\infty} \varphi(k),$$
c'est-à-dire : $E(U_m) - 1 \leq \int_{0}^{+\infty} \varphi(x) dx \leq E(U_m)$.

Calculons donc $\int_{0}^{+\infty} (1 - (1-q^x)^m) dx$. Pour cela, effectuons le changement de variable : $t = 1 - q^x$, i.e. $x = \dfrac{\log(1-t)}{\log q}$, d'où $dx = -\dfrac{1}{\log q} \cdot \dfrac{1}{1-t} dt$:
$$\int_{0}^{+\infty} (1 - (1-q^x)^m) dx = -\dfrac{1}{\log q} \int_{0}^{1} \dfrac{1-t^m}{1-t} dt = -\dfrac{1}{\log q} \int_{0}^{1} (1 + t + t^2 + \ldots + t^{m-1}) dt$$
$$= -\dfrac{1}{\log q} \left(1 + \dfrac{1}{2} + \ldots + \dfrac{1}{m}\right)$$

D'où : $\dfrac{-1}{\log q} \left(1 + \dfrac{1}{2} + \ldots + \dfrac{1}{m}\right) \leq E(U_m) \leq 1 - \dfrac{1}{\log q} \left(1 + \dfrac{1}{2} + \ldots + \dfrac{1}{m}\right)$.

Comme il est archi-classique que $1 + \dfrac{1}{2} + \ldots + \dfrac{1}{m} \underset{(\infty)}{\sim} \log m$, on en déduit :
$$E(U_m) \underset{(\infty)}{\sim} \dfrac{-\log m}{\log q} \quad (\text{ne pas oublier que } \log q < 0).$$

85

Un individu joue avec une pièce non nécessairement symétrique (la probabilité d'obtenir pile est $p \in \,]0, 1[\,$) de la façon suivante:

Dans un premier temps il lance la pièce jusqu'à obtenir pour la première fois pile. On note N le nombre aléatoire de lancers nécessaires (N suit donc la loi géométrique de paramètre p).

Dans un deuxième temps, si le premier pile était apparu au $n^{\text{ème}}$ lancer, il lance cette même pièce n fois et on note X le nombre aléatoire de piles obtenus au cours de cette seconde série de lancers. (La loi conditionnelle de X sachant $N = n$ est donc la loi $\mathcal{B}(n, p)$).

i) Déterminer la loi du couple (N, X).
ii) Déterminer la loi de X.
iii) Montrer que X a la même loi qu'un produit de deux variables indépendantes, l'une étant une variable de Bernoulli et l'autre une variable géométrique de même paramètre.
iv) Calculer l'espérance et la variance de X.

i) Le couple (N, X) est bien entendu à valeurs dans $\mathbb{N}^* \times \mathbb{N}$. Soit donc $(i,j) \in \mathbb{N}^* \times \mathbb{N}$, deux cas se présentent :

• si $i < j$ $P((N=i) \cap (X=j)) = 0$ puisqu'un tel événement est impossible.

• si $i \geq j$ $P((N=i) \cap (X=j)) = P(N=i) \cdot P(X=j / N=i)$, c'est-à-dire :

$$P((N=i) \cap (X=j)) = p\,q^{i-1} \binom{i}{j} p^j q^{i-j} \quad \text{(avec } q = 1-p\text{)}$$

soit $\quad P((N=i) \cap (X=j)) = \binom{i}{j} p^{j+1} q^{2i-j-1}$

puisque $\binom{i}{j}$ est nul pour $i < j$, la formule précédente a donc valeur universelle.

ii) Soit $j \in \mathbb{N}$. On a par définition de la loi marginale : $P(X=j) = \sum_{i=0}^{+\infty} P((N=i) \cap (X=j))$.

Mais d'après le i) les termes correspondant à $i<j$ s'évanouissent et le terme correspondant éventuellement à $i=0$ également. On voit donc qu'il est nécessaire, pour effectuer le calcul, de distinguer deux cas :

1er cas : $j=0$
$$P(X=0) = \sum_{i=1}^{\infty} P((N=i) \cap (X=0)) = \sum_{i=1}^{\infty} p\,q^{2i-1} = pq \sum_{i=1}^{\infty} (q^2)^{i-1}$$

On reconnaît alors une série géométrique de raison q^2 (qui est bien inférieure à 1), d'où

$$P(X=0) = pq \cdot \frac{1}{1-q^2} = \frac{q}{1+q}$$

2ème cas : $j > 0$
$$P(X=j) = \sum_{i=j}^{+\infty} P((N=i) \cap (X=j)) = \sum_{i=j}^{+\infty} \binom{i}{j} p^{j+1} q^{2i-j-1}$$

Sortons alors de cette somme ce qui peut être sorti, et développons le coefficient binomial :

$$P(X=j) = \frac{p^{j+1} q^{j-1}}{j!} \sum_{i=j}^{+\infty} i(i-1)\cdots(i-j+1)\, q^{2i-2j}$$

Pour calculer la somme de cette série, généralisons un petit peu, et calculons :

$$\sum_{i=j}^{+\infty} i(i-1)\cdots(i-j+1)\, x^{i-j} \qquad \text{pour tout } x \text{ appartenant à }]-1, 1[.$$

On reconnaît alors dans le terme général de cette série la dérivée $j^{\text{ème}}$ de x^i. On a :

$$\sum_{i=0}^{+\infty} x^i = \frac{1}{1-x}.$$

On a admis qu'il était légitime de dériver une série entière à l'intérieur de son intervalle de convergence. On peut donc écrire : $\forall x \in \,]-1, 1[\,, \quad \sum_{i=1}^{+\infty} i\, x^{i-1} = \frac{1}{(1-x)^2}$

De même $\forall x \in \,]-1, 1[\,, \quad \sum_{i=2}^{+\infty} i(i-1)\, x^{i-2} = \frac{2}{(1-x)^3}\,,$

soit en itérant le procédé, à l'aide d'une récurrence immédiate :

$$\forall x \in \,]-1,1[\,, \quad \sum_{i=j}^{+\infty} i(i-1)\cdots(i-j+1)\, x^{i-j} = \frac{j!}{(1-x)^{j+1}}$$

On applique alors ce résultat pour $x = q^2$ (qui est bien dans $]-1,1[$) et il vient :

$$P(X=j) = \frac{p^{j+1} q^{j-1}}{j!} \cdot \frac{j!}{(1-q^2)^{j+1}}$$

et comme $1-q^2 = (1-q)(1+q) = p(1+q)$, l'expression se simplifie en :

$$P(X=j) = \frac{1}{q^2}\left(\frac{q}{1+q}\right)^{j+1}$$

finalement : $P(X=0) = \frac{q}{1+q}$; $\forall j > 0$, $P(X=j) = \frac{1}{q^2}\left(\frac{q}{1+q}\right)^{j+1}$.

iii) Intuitivement, l'expression des probabilités précédentes montre que X est "presque" une variable géométrique et l'objet de cette question est de préciser ce que l'on entend par là :

Analysons le problème, i.e. supposons que X ait la même loi qu'un produit BG où B est une variable de Bernoulli de paramètre p' et G une variable géométrique de même paramètre p'; B et G étant de plus indépendantes. On a :

$$P(B=1) = p' \qquad P(B=0) = 1-p' = q'$$
$$\forall j \in \mathbb{N}^*, \quad P(G=j) = p' q'^{j-1}$$

Mais $P(X=0) = P(BG=0) = P(B=0) = q'$, puisque la variable G n'est jamais nulle. Donc si X se factorise bien, de la façon sus-indiquée, on a nécessairement

$$q' = P(X=0) = \frac{q}{1+q} \qquad \text{(on s'y attendait !)}$$

On en déduit alors :

$$\forall j \in \mathbb{N}^* \quad P(BG=j) = P((B=1) \cap (G=j)) = P(B=1)\cdot P(G=j)$$

(puisque B et G sont indépendantes),

d'où

$$P(BG=j) = p' \cdot p'\left(\frac{q}{1+q}\right)^{j-1} = \left(1-\frac{q}{1+q}\right)^2 \left(\frac{q}{1+q}\right)^{j-1} = \frac{1}{q^2}\left(\frac{q}{1+q}\right)^{j+1}$$

ce qui montre bien que BG a même loi que X et achève la vérification.

iv) Utilisons la factorisation précédente !

$$E(X) = E(B)\, E(G) \quad \text{(puisque B et G sont indépendantes)}$$

mais $E(B) = p' = \frac{1}{1+q}$ et $E(G) = \frac{1}{p'}$, d'où $E(X) = 1$.

$E(X^2) = E(B^2 G^2) = E(B^2)\, E(G^2)$ (B^2 et G^2 sont aussi indépendantes !)

Mais on a $E(B^2) = p'$, puisque $B^2 = B$, et le cours nous apprend que l'on a :

$V(G) = \frac{q'}{p'^2}$. Une application inversée de la formule de Koenig-Huyghens donne alors :

$$E(G^2) = V(G) + [E(G)]^2 = \frac{q'}{p'^2} + \frac{1}{p'^2} \qquad \text{D'où} \qquad E(X^2) = \frac{1+q'}{p'}$$

Une nouvelle application de la formule de Koenig-Huyghens donne enfin :

$$V(X) = E(X^2) - [E(X)]^2 = \frac{1+q'}{p'} - 1 = 2q' = 2(1-p').$$

86

Le compteur détraqué

Les valeurs prises par une variable binômiale X de paramètres n et p sont affichées par un compteur de la façon suivante :

Si X prend une valeur non nulle, le compteur affiche correctement cette valeur.

Si X prend la valeur 0, le compteur affiche n'importe quoi, au hasard, entre 1 et n.

> On note Y la variable aléatoire «nombre affiché par le compteur». Quelle est la loi de Y? son espérance?

On a $X(\Omega) = [\![0, m]\!]$ et par conséquent $Y(\Omega) = [\![1, m]\!]$. Le système complet intéressant est, bien entendu, $\{(X=0), (X \neq 0)\}$. Soit alors $k \in [\![1, m]\!]$, on a :
$$P(Y=k) = P(X=0 \text{ et } Y=k) + P(X \neq 0 \text{ et } Y=k)$$

Mais
$$P(X=0 \text{ et } Y=k) = P(X=0) \cdot P(Y=k/X=0) = (1-p)^m \cdot \frac{1}{m}$$

D'autre part, il est clair que l'événement $\{X \neq 0 \text{ et } Y=k\}$ n'est autre que l'événement $\{X=k\}$, c'est pour cette raison que nous avons choisi d'écrire la formule des probabilités totales sans conditionnement ! D'où :
$$P(Y=k) = (1-p)^m \cdot \frac{1}{m} + \binom{m}{k} p^k (1-p)^{m-k}$$

On a alors : $E(Y) = \sum_{k=1}^{m} k \cdot P(Y=k) = (1-p)^m \cdot \frac{1}{m} \cdot \sum_{k=1}^{m} k + \sum_{k=1}^{m} k \binom{m}{k} p^k (1-p)^{m-k}$

Le lecteur avisé économisera beaucoup de calculs en remarquant que la seconde somme n'est autre que l'espérance de la loi binomiale $\mathcal{B}(m, p)$, puisque le terme correspondant à $k=0$ est visiblement nul. On a donc :
$$E(Y) = (1-p)^m \cdot \frac{m+1}{2} + mp$$

87

> On lance un dé cubique honnête, soit X le résultat obtenu. Si X est divisible par 3 on extrait en une fois 3 boules d'une urne U_1 contenant 3 boules blanches et 5 boules noires. Sinon on extrait en une fois X boules d'une urne U_2 contenant 2 boules blanches et 3 boules noires.
>
> Soit Y le nombre aléatoire de boules blanches obtenues. Déterminer la loi de Y, son espérance et sa variance.

i) Si le résultat x du lancer du dé est divisible par 3, alors le nombre Y de boules blanches obtenues ensuite appartient à $[\![0, 3]\!]$, sinon on ne peut extraire plus de 2 boules blanches de l'urne 2. Donc :
$$Y(\Omega) = [\![0, 3]\!]$$

Le "hasard" intervenant à deux niveaux chronologiquement hiérarchisés (!), il est urgent de faire appel au conditionnement du second par le premier.

D'après les conditions de tirage (sans remise), les variables conditionnées $Y/X=3$ et $Y/X=6$ suivent la même loi $\mathcal{H}(8, 3, \frac{3}{8})$ (loi hypergéométrique) tandis que pour $j=1,2,4,5$, $Y/X=j$ suit la loi $\mathcal{H}(5, j, \frac{2}{5})$.

Le dé étant honnête, X suit la loi uniforme sur $[\![1, 6]\!]$. Ainsi la formule des probabilités totales associée au système complet $\{X=j\}_{j \in [\![1,6]\!]}$ s'écrit :

$$\forall i \in [\![0, 3]\!], \quad P(Y=i) = \sum_{j=1}^{6} P(Y=i/X=j) P(X=j) = \frac{1}{6} \sum_{j=1}^{6} P(Y=i/X=j)$$
$$= \frac{1}{6} \left[P(Y=i/X=3) + P(Y=i/X=6) + \sum_{j \in \{1,2,4,5\}} P(Y=i/X=j) \right]$$

ce qui donne, compte tenu des lois conditionnelles :

$$P(Y=i) = \frac{1}{6} \left(2 \cdot \frac{\binom{3}{i}\binom{5}{3-i}}{\binom{8}{3}} + \sum_{j \in \{1,2,4,5\}} \frac{\binom{2}{i}\binom{3}{j-i}}{\binom{5}{j}} \right)$$

Il n'y a plus qu'à faire les calculs !

i	0	1	2	3
$P(Y=i)$	$\frac{176}{840}$	$\frac{346}{840}$	$\frac{313}{840}$	$\frac{5}{840}$
$i\,P(Y=i)$		$\frac{346}{840}$	$\frac{626}{840}$	$\frac{15}{840}$
$i^2\,P(Y=i)$		$\frac{346}{840}$	$\frac{1252}{840}$	$\frac{45}{840}$

d'où $\quad E(Y) = \frac{987}{840} = \frac{47}{40} \quad,\quad E(Y^2) = \frac{1643}{840} \quad$ et $\quad V(Y) = \frac{405\,951}{(840)^2}$

Soit $\quad E(Y) = 1,175 \quad,\quad V(Y) \simeq 0,58$

ii) On cherche $p = P(X \in \{3,6\}/Y=2) = P(X=3/Y=2) + P(X=6/Y=2)$

$$= \frac{P(Y=2/X=3)\cdot P(X=3)}{P(Y=2)} + \frac{P(Y=2/X=6)\cdot P(X=6)}{P(Y=2)}$$

$$= 2 \times \frac{1}{6} \times \frac{1}{P(Y=2)} \left(\frac{\binom{3}{2}\cdot\binom{5}{1}}{\binom{8}{3}} \right) = \frac{75}{313}$$

i.e. $p \simeq 0,24$.

88

Soit X, Y deux variables aléatoires indépendantes suivant la même loi binômiale négative de paramètres 1 et p. On pose
$$U = \max(X, Y) \,,\, V = \min(X, Y)$$
i) Déterminer la loi du couple (U, V) et en déduire les lois marginales de U et V.
ii) Calculer l'espérance de V et celle de U.

---

i) On a : $X(\Omega) = Y(\Omega) = \mathbb{N}$ et, pour tout k de $\mathbb{N}$, on a :
$$P(X=k) = P(Y=k) = p\,q^k.$$

Par conséquent, V et U sont également à valeurs dans $\mathbb{N}$. Pour $(i,j) \in \mathbb{N}^2$, nous poserons $p_{ij} = P((U=i) \cap (V=j))$.

• si $i < j$, $(U=i) \cap (V=j)$ est clairement l'événement impossible, et par conséquent $p_{ij} = 0$.

• si $i = j$, $(U=i) \cap (V=j) = (X=i) \cap (Y=i)$, et comme X et Y sont indépendantes, $p_{ij} = p q^i \cdot p q^i = q^{2i} p^2$.

• si $i > j$, $(U=i) \cap (V=j) = [(X=i) \cap (Y=j)] \cup [(X=j) \cap (Y=i)]$, cette réunion étant disjointe, on obtient donc, toujours d'après l'indépendance de X et Y : $p_{ij} = p q^i \cdot p q^j + p q^j \cdot p q^i = 2 p^2 q^{i+j}$.

En résumé, on obtient donc :

$$\forall i,j \in \mathbb{N} \quad \begin{cases} \text{si } i < j \,,\, p_{ij} = 0 \\ \text{si } i = j \,,\, p_{ii} = p^2 q^{2i} \\ \text{si } i > j \,,\, p_{ij} = 2 p^2 q^{i+j} \end{cases}$$

Connaissant la loi du couple, les lois marginales s'obtiennent aisément par sommations :

• $\forall i \in \mathbb{N}, \quad P(U=i) = \sum_{j=0}^{\infty} p_{ij} = \sum_{j=0}^{i-1} p_{ij} + p_{ii}$

(les termes qui suivent sont tous nuls),

$$P(U=i) = p^2 q^{2i} + \sum_{j=0}^{i-1} 2 p^2 q^{i+j} = p^2 q^{2i} + 2 p^2 q^i \sum_{j=0}^{i-1} q^j$$

On reconnaît, non sans plaisir, la somme des premiers termes d'une progression géométrique, d'où :

$$\forall i \in \mathbb{N}, \quad P(U=i) = p^2 q^{2i} + 2 p^2 q^i \cdot \frac{1-q^i}{1-q} = p^2 q^{2i} + 2 p q^i (1-q^i)$$

• De même, $\forall j \in \mathbb{N}$, $P(V=j) = \sum_{i=0}^{\infty} p_{ij} = p_{jj} + \sum_{i=j+1}^{\infty} p_{ij}$
(les termes précédents étaient tous nuls)
$$P(V=j) = p^2 q^{2j} + \sum_{i=j+1}^{\infty} 2p^2 q^{i+j}$$

Faisons alors dans cette série le changement d'indice $i = j+1+k$, afin de reconnaître une série géométrique :
$$\forall j \in \mathbb{N}, \quad P(V=j) = p^2 q^{2j} + 2p^2 q^{2j+1} \sum_{k=0}^{\infty} q^k = p^2 q^{2j} + 2p^2 q^{2j+1} \cdot \frac{1}{1-q}$$
c'est-à-dire
$$\forall j \in \mathbb{N}, \quad P(V=j) = p^2 q^{2j} + 2pq^{2j+1} = p(1+q) q^{2j}$$

Note : le lecteur est prié de vérifier que l'on a bien $\sum_{i=0}^{\infty} P(U=i) = 1$, et $\sum_{j=0}^{\infty} P(V=j) = 1$, ceci se faisant en sommant encore des séries géométriques de raison q ou q^2.

iii) La loi de V étant plus sympathique que celle de U, commençons par calculer l'espérance de V :
$$E(V) = \sum_{j=0}^{\infty} j \cdot P(V=j) = p(1+q) \cdot \sum_{j=1}^{\infty} j q^{2j}$$

Mais pour $x \in [0, 1[$, on a : $\sum_{i=1}^{\infty} i x^i = x \sum_{i=1}^{\infty} i x^{i-1} = x \cdot \frac{1}{(1-x)^2}$, puisque la dérivation terme à terme est légitime à l'intérieur du domaine de convergence. En appliquant celà pour $x = q^2$, il vient :
$$E(V) = p(1+q) \cdot q^2 \cdot \frac{1}{(1-q^2)^2} = \frac{q^2}{p(1+q)}$$

L'espérance de U pourrait se calculer directement de la même façon, il est plus astucieux de remarquer que l'on a :
$$U + V = X + Y$$
et par linéarité de l'espérance, il vient :
$$E(U) = E(X) + E(Y) - E(V)$$
Comme $E(X) = E(Y) = \frac{q}{p}$ (cf. notre cours de probabilités page 161 ou 158), on obtient :
$$E(U) = \frac{2q}{p} - \frac{q^2}{p(1+q)} = \frac{q(q+2)}{p(1+p)}$$

---

89 Soient X et Y deux variables indépendantes telles que X suit la loi binomiale de paramètres n et $\frac{1}{2}$ et Y suit la loi binomiale de paramètres m et $\frac{1}{2}$. Calculer la probabilité de l'événement $X = Y$.

Sans restreindre la généralité, on peut supposer $n \leq m$. On a donc :
$$P(X=Y) = \sum_{k=0}^{n} P((X=k) \cap (Y=k)) = \sum_{k=0}^{n} P(X=k) \cdot P(Y=k)$$

Les lois de X et Y étant connues, celà s'écrit :
$$P(X=Y) = \sum_{k=0}^{n} \binom{n}{k} \left(\frac{1}{2}\right)^n \binom{m}{k} \left(\frac{1}{2}\right)^m$$
$$= \left(\frac{1}{2}\right)^{n+m} \sum_{k=0}^{n} \binom{n}{k} \binom{m}{k} = \left(\frac{1}{2}\right)^{n+m} \sum_{k=0}^{n} \binom{n}{k} \binom{m}{m-k}$$

et d'après la formule de Vandermonde, il vient :
$$P(X=Y) = \frac{1}{2^{n+m}} \cdot \binom{n+m}{m} = \frac{1}{2^{n+m}} \binom{n+m}{n}$$

> Soient X et Y deux variables aléatoires indépendantes à valeurs dans $\mathbb{N}$.
>
> i) On suppose que : $\forall n \in \mathbb{N}^*, \forall k \in [\![0, n-1]\!], P(Y=k) \leqslant P(Y=n)$
>   a) Montrer que $\forall n \in \mathbb{N}^*, P(X+Y=n) \leqslant P(Y=n)$
>   b) Montrer pourquoi l'exercice posé n'a pas de sens !
>
> ii) On suppose que : $\exists n \in \mathbb{N}^*, \forall k \in [\![0, n-1]\!], P(Y=k) \leqslant P(Y=n)$
>   a) Montrer que $P(X+Y=n) \leqslant P(Y=n)$
>   b) Montrer que si X admet une espérance inférieure ou égale à 1, alors $P(X+Y>n) \leqslant P(Y \geqslant n)$.

i) a) Faisons marcher la machine infernale des probabilités totales :
$$\forall m \in \mathbb{N}^*, \quad P(X+Y=m) = \sum_{k \in \mathbb{N}} P((X+Y=m) \cap (Y=k))$$
$$= \sum_{k \in \mathbb{N}} P((Y=k) \cap (X=m-k))$$

Comme $X(\Omega) \subset \mathbb{N}$, la sommation ne porte que sur les valeurs de k telles que $m-k \geqslant 0$, et d'après l'hypothèse d'indépendance :
$$P(X+Y=m) = \sum_{k=0}^{m} P(Y=k) \cdot P(X=m-k) \leqslant P(Y \leqslant m) \cdot \sum_{k=0}^{m} P(X=m-k).$$

Comme $\sum_{k=0}^{m} P(X=m-k) \leqslant 1$, la conclusion en résulte.

b) Réfléchissons un peu à l'énoncé proposé (authentique !). On a en particulier :
$$\forall m \in \mathbb{N}^*, \quad P(Y=m-1) \leqslant P(Y=m).$$
La suite $(P(Y=m))_{m \in \mathbb{N}}$ est donc une suite croissante de nombres réels positifs ou nuls. Comme $\sum_{m=0}^{\infty} P(Y=m) = 1$, cette suite n'est pas la suite constante égale à 0. Par conséquent, $(P(Y=m))_{m \in \mathbb{N}}$ ne peut avoir pour limite 0, ce qui contredit la convergence de la série de terme général $P(Y=m)$!! L'exercice posé n'a donc aucun sens, puisqu'aucune loi de probabilité ne vérifie la condition imposée !!.

ii) a) Le même calcul que celui fait en i) a), pour cette valeur de m, conduit naturellement au même résultat !

b) La formule des probabilités totales et l'hypothèse d'indépendance donne encore :
$$P(X+Y>m) = \sum_{k \in \mathbb{N}} P((Y=k) \cap (X+Y>m)) = \sum_{k \in \mathbb{N}} P((Y=k) \cap (X>m-k)) = \sum_{k \in \mathbb{N}} P(Y=k) \cdot P(X>m-k)$$

mais pour $k>m$, on a $P(X>m-k) = 1$, d'où :
$$P(X+Y>m) = \sum_{k=0}^{m} P(Y=k) \cdot P(X>m-k) + \sum_{k=n+1}^{\infty} P(Y=k)$$

c'est-à-dire, à l'aide de l'hypothèse :
$$P(X+Y>m) \leqslant P(Y=m) \cdot \sum_{k=0}^{m} P(X>m-k) + P(Y \geqslant m+1)$$

Or $\sum_{k=0}^{m} P(X>m-k) = \sum_{j=0}^{m} P(X>j) = \sum_{j=0}^{m} j P(X=j) + \sum_{j=n+1}^{\infty} (n+1) P(X=j) \leqslant E(X) \leqslant 1$.

D'où $P(X+Y>m) \leqslant P(Y=m) + P(Y \geqslant m+1)$
i.e. $P(X+Y>m) \leqslant P(Y \geqslant m)$

91

Soient X et Y deux variables indépendantes telles que $X(\Omega) \subset Y(\Omega) \subset \mathbb{N}$. Déterminer $P(X = Y)$ et $P(X \leq Y)$ dans chacun des cas suivants:
i) $X \hookrightarrow \mathcal{U}[\![0,n]\!]$, $Y \hookrightarrow \mathcal{U}[\![0,m]\!]$ avec $n \leq m$
ii) $X \hookrightarrow \mathcal{G}(p_1)$, $Y \hookrightarrow \mathcal{G}(p_2)$
iii) $X \hookrightarrow \mathcal{J}(1, p_1)$, $Y \hookrightarrow \mathcal{J}(1, p_2)$

D'après la formule des probabilités totales et l'indépendance de X et Y, on a dans tous ces cas :

$$P(X = Y) = \sum_{k \in X(\Omega)} P((X = k) \cap (Y = k)) = \sum_{k \in X(\Omega)} P(X = k) \cdot P(Y = k)$$

$$P(X \leq Y) = \sum_{k \in X(\Omega)} P((X = k) \cap (Y \geq k)) = \sum_{k \in X(\Omega)} P(X = k) \cdot P(Y \geq k)$$

Il n'y a plus qu'à calculer !

i) On a donc ici $P(X = k) = \dfrac{1}{n+1}$ pour $k \in [\![0, n]\!]$ et $P(Y = k) = \dfrac{1}{m+1}$ pour $k \in [\![0, m]\!]$

- $P(X = Y) = \sum_{k=0}^{n} \dfrac{1}{n+1} \cdot \dfrac{1}{m+1} = \dfrac{1}{m+1}$

- $P(X \leq Y) = \sum_{k=0}^{n} \dfrac{1}{n+1} \cdot P(Y \geq k) = \sum_{k=0}^{n} \dfrac{1}{n+1} \cdot \dfrac{m+1-k}{m+1}$

$$= \dfrac{1}{(n+1)(m+1)} \sum_{k=0}^{n} [(m+1) - k] = \dfrac{1}{(n+1)(m+1)} \cdot \left[(n+1)(m+1) - \dfrac{n(n+1)}{2}\right]$$

$$P(X \leq Y) = 1 - \dfrac{n}{2(m+1)}$$

ii) On a ici, pour $k \in \mathbb{N}^*$, $P(X = k) = p_1(1 - p_1)^{k-1}$
$P(Y = k) = p_2(1 - p_2)^{k-1}$

- $P(X = Y) = \sum_{k=1}^{\infty} p_1 p_2 [(1-p_1)(1-p_2)]^{k-1} = \dfrac{p_1 p_2}{1 - (1-p_1)(1-p_2)} = \dfrac{p_1 p_2}{p_1 + p_2 - p_1 p_2}$

(car on reconnaît la somme d'une série géométrique convergente).

- $P(X \leq Y) = \sum_{k=1}^{\infty} p_1 (1-p_1)^{k-1} P(Y \geq k)$

Or $P(Y \geq k) = \sum_{j=k}^{\infty} p_2 (1-p_2)^{j-1} = p_2 (1-p_2)^{k-1} \cdot \sum_{i=0}^{\infty} (1-p_2)^i = \dfrac{p_2(1-p_2)^{k-1}}{1 - (1-p_2)}$

i.e. $P(Y \geq k) = (1-p_2)^{k-1}$

(on fait le changement d'indice $j = k + i$, classique tout cela ...)
donc :

$$P(X \leq Y) = \sum_{k=1}^{\infty} p_1 [(1-p_1)(1-p_2)]^{k-1} = \dfrac{p_1}{p_1 + p_2 - p_1 p_2}$$

iii) On a ici, pour $k \in \mathbb{N}$, $P(X = k) = p_1(1-p_1)^k$, $P(Y = k) = p_2(1-p_2)^k$.
Mais il est inutile de refaire les calculs ! En effet, $X' = X + 1$ et $Y' = Y + 1$ suivent des lois géométriques de paramètres respectifs p_1 et p_2. Comparer X et Y n'est pas essentiellement différent de la manipulation qui consiste à comparer X' et Y'. Les résultats sont donc identiques à ceux de ii) !

92

Selon une théorie génétique un caractère C se manifeste chez les mâles d'une espèce lorsqu'un certain gène est altéré, alors que ce caractère ne se manifeste chez les femelles que lorsque deux gènes déterminés sont atteints. On admet que les gènes sont atteints indépendamment les uns des autres, d'un individu à l'autre et chez le même individu, avec la même probabilité p.

i) On considère un échantillon de m mâles et f femelles, le couple des nombres respectifs de mâles et de femelles présentant le caractère C est une variable aléatoire à deux dimensions (M, F). Déterminer la densité g(x, y) de ce couple.

ii) On observe l'échantillon précédent et soient m_0, f_0 les nombres de mâles et de femelles présentant le caractère C. On décide de retenir comme estimation de p, le nombre α qui rend maximum $g(m_0, f_0)$. Déterminer une relation liant α aux nombres m, f, m_0, f_0.

Calculer α dans le cas m = 12 000, f = 6 000, m_0 = 620, f_0 = 18.

i) D'après les hypothèses, la probabilité qu'un mâle donné présente le caractère C vaut p, tandis que pour une femelle cette probabilité vaut p^2. Le nombre aléatoire de mâles M atteints dans une population de m mâles suit donc la loi binomiale de paramètres m et p, tandis que le nombre aléatoire F de femelles atteintes dans une population de f femelles suit la loi binomiale de paramètres f et p^2. De plus M et F sont, toujours d'après les hypothèses, indépendantes. Par conséquent :

$$\forall x \in [\![0,m]\!], \forall y \in [\![0,f]\!],$$
$$g(x,y) = P((M=x) \cap (F=y)) = P(M=x) \cdot P(F=y)$$
$$= \binom{m}{x} p^x (1-p)^{m-x} \cdot \binom{f}{y}(p^2)^y (1-p^2)^{f-y}.$$

ii) On a donc : $g(m_0, f_0) = \binom{m}{m_0}\binom{f}{f_0} p^{m_0+2f_0} (1-p)^{m+f-m_0-f_0} (1+p)^{f-f_0}$,

qui est bien une fonction de p. On cherche la valeur de p (bien entendu comprise entre 0 et 1 !) qui maximise cette fonction de p. En éliminant les constantes, nous sommes donc amenés à étudier la fonction ψ définie par :

$$\psi(p) = p^{m_0+2f_0} (1-p)^{m+f-m_0-f_0} (1+p)^{f-f_0} \quad \text{sur } [0,1].$$

Supposons que l'on ait $f_0 < f$ et $m_0 + 2f_0 \neq 0$ (nous laisserons ces deux cas particuliers aux lecteurs consciencieux !). On a alors :

$$\psi'(p) = \frac{\psi(p)}{p(1-p^2)} \left[-p^2(m+2f) - p(m-m_0) + m_0+2f_0 \right]$$

Posons $t(p) = -p^2(m+2f) - p(m-m_0) + m_0+2f_0$. Ce trinôme du second degré admet deux racines de signes contraires et on a $t(0) > 0$, $t(1) \leq 0$. Par conséquent la racine positive α est comprise entre 0 et 1. Le trinôme étant positif entre les deux racines, cette valeur α correspond bien à un maximum de ψ, donc de g. Par conséquent :

$$\alpha \in [0,1] \quad \text{et} \quad \alpha^2(m+2f) - \alpha(m-m_0) - m_0+2f_0 = 0$$

En particulier pour les données de l'énoncé, on trouve : $\alpha \approx 0,052$.

Remarque : Admettons donc que α soit la probabilité d'atteinte d'un gène. L'espérance du nombre de mâles atteints dans une population de 12 000 mâles serait alors de 624 mâles et celle du nombre de femelles atteintes dans une population de 6000 femelles serait de 16 femelles. Ces données sont bien compatibles avec les données observées.

93

Soient X et Y deux variables aléatoires indépendantes suivant la même loi de Bernoulli de paramètre p ($p \in [0, 1]$).

i) Quelle est la loi de X + Y ? de X − Y ?

ii) X + Y et X−Y peuvent-elles être indépendantes ?

i). On sait que $X+Y$ suit la loi binomiale $\mathcal{B}(2,p)$, c'est-à-dire :
$(X+Y)(\Omega) = [\![0,2]\!]$ et $P(X+Y=0) = q^2$, $P(X+Y=1) = 2pq$, $P(X+Y=2) = p^2$
(avec $q = 1-p$).

• On a : $(X-Y)(\Omega) = [\![-1,+1]\!]$ et
$P(X-Y=-1) = P(X=0 \cap Y=1) = pq$
$P(X-Y=0) = P(X=1 \cap Y=1) + P(X=0 \cap Y=0) = q^2 + p^2$
$P(X-Y=+1) = P(X=1 \cap Y=0) = pq$
(on a bien $q^2 + p^2 + pq + pq = 1$)

ii) Déterminons la loi du couple $(X+Y, X-Y)$, c'est-à-dire calculons :
$\forall (i,j) \in [\![0,2]\!] \times [\![-1,1]\!]$
$$p_{ij} = P(X+Y=i \cap X-Y=j) = P\left(X = \frac{i+j}{2} \cap Y = \frac{i-j}{2}\right).$$

p_{ij} est clairement nul si i et j n'ont pas la même parité, et d'après l'indépendance de X et Y le tableau se remplit aisément :

$j \backslash i$	0	1	2
-1	0	pq	0
0	q^2	0	p^2
1	0	pq	0

$X+Y$ et $X-Y$ sont indépendantes si et seulement si on a :
$$\forall (i,j) \in [\![0,2]\!] \times [\![-1,+1]\!], \quad p_{ij} = P(X+Y=i)P(X-Y=j).$$
D'après la présence de zéros dans le tableau, on a alors, par exemple :
$0 = p_{2,1} = P(X+Y=2) \cdot P(X-Y=-1) = p^2 \cdot pq$, d'où $p=0$ ou $p=1$ (i.e. $q=0$).
Dans ces deux cas dégénérés, on vérifie aisément l'indépendance de $X+Y$ et $X-Y$.

Par conséquent, $X+Y$ et $X-Y$ sont indépendantes si et seulement si on a $p=0$ ou $p=1$.

94

Le modèle de Paul et Tatiana Ehrenfest

On considère $2n$ jetons numérotés de 1 à $2n$ ($n \geq 1$). Au début de l'expérience ils sont répartis dans deux urnes U_1 et U_2, l'urne U_1 contenant r jetons ($r \geq 0$) et l'urne U_2 contenant donc $2n - r$ jetons. L'expérience se déroule de la façon suivante:

On tire au hasard un numéro entre 1 et $2n$ et on change d'urne la boule qui porte ce numéro, ensuite, on recommence...

On note X_p la variable aléatoire «nombres de boules contenues dans l'urne U_1 après p opérations» ($p \geq 1$).

i) Quelle est la loi de X_1? Calculer $E(X_1)$, $V(X_1)$.

ii) Trouver une relation de récurrence entre la loi de X_{p+1} et la loi de X_p (les cas extrêmes sont singuliers).

iii) En déduire une relation de récurrence entre la fonction génératrice de X_{p+1} et celle de X_p.
(On rappelle que la fonction génératrice d'une variable aléatoire Z à valeurs entières est définie par $g_Z(s) = \sum_k P(Z=k) \cdot s^k$).

iv) En déduire une relation de récurrence entre $E(X_{p+1})$ et $E(X_p)$. Calculer alors $E(X_p)$ et sa limite lorsque p tend vers l'infini.

---

i) Trois cas se présentent :

a) $r = 0$. Auquel cas, on est sûr de prendre une boule dans U_2 pour la placer dans U_1, la variable X_1 est donc la variable certaine égale à 1, et on peut alors affirmer

sans trop de problèmes que
$$E(X_1) = 1 \quad , \quad V(X_1) = 0.$$

b $r = 2m$. Auquel cas, on est sûr de prendre une boule dans U_1 pour la placer dans U_2, la variable X_1 est donc la variable certaine égale à $2m-1$. D'où :
$$E(X_1) = 2m-1 \quad , \quad V(X_1) = 0.$$

c $0 < r < 2m$. Il est alors clair que $X_1(\Omega) = \{r-1, r+1\}$ et on a :
$$P(X_1 = r-1) = \frac{r}{2m}.$$

(pour que U_1 perde une boule, il faut que le numéro choisi au hasard soit justement l'un des r numéros du contenu de U_1, on a donc r cas favorables pour $2m$ cas possibles équiprobables).

$$P(X_1 = r+1) = 1 - \frac{r}{2m} = \frac{2m-r}{2m}, \quad \text{d'où la loi de } X_1 :$$

k	$r-1$	$r+1$
$P(X_1=k)$	$\dfrac{r}{2m}$	$\dfrac{2m-r}{2m}$

Un calcul facile donne alors :
$$E(X_1) = r\left(1 - \frac{1}{m}\right) + 1 \quad , \quad V(X_1) = \frac{r(2m-r)}{m^2}$$

Note : On remarque avec un vif plaisir que les formules obtenues restent valables pour les cas extrêmes $r = 0$ et $r = 2m$.

ii) a On remarque que l'événement $X_{p+1} = 0$ signifie que X_p valait 1 et que l'on a justement tiré l'unique numéro de la boule située à ce moment dans U_1. On a donc : $P(X_{p+1} = 0) = \frac{1}{2m} \cdot P(X_p = 1)$.

b De la même façon, l'événement $X_{p+1} = 2m$ signifie que X_p valait $2m-1$ et que l'on a tiré l'unique numéro de la boule située alors dans U_2. On a par conséquent : $P(X_{p+1} = 2m) = \frac{1}{2m} \cdot P(X_p = 2m-1)$.

c Si $k \in [\![1, 2m-1]\!]$, l'événement $X_{p+1} = k$ signifie que soit X_p valait $k-1$ et on a tiré alors l'un des numéros se trouvant dans l'autre urne ($2m-(k-1)$ possibilités), soit X_p valait $k+1$ et on a tiré l'un des $k+1$ numéros se trouvant dans U_1. Tout cela se traduit par :
$$P(X_{p+1} = k) = \frac{2m-k+1}{2m} P(X_p = k-1) + \frac{k+1}{2m} P(X_p = k+1)$$

iii) On a :
$$g_{X_{p+1}}(s) = \sum_{k=0}^{2m} s^k P(X_{p+1} = k) = P(X_{p+1} = 0) + \sum_{k=1}^{2m-1} s^k P(X_{p+1} = k) + s^{2m} P(X_{p+1} = 2m)$$

soit en utilisant les résultats précédents :
$$g_{X_{p+1}}(s) = \frac{1}{2m} P(X_p = 1) + \sum_{k=1}^{2m-1} s^k \left[\frac{2m-k+1}{2m} P(X_p = k-1) + \frac{k+1}{2m} P(X_p = k+1)\right] + \frac{s^{2m}}{2m} P(X_p = 2m-1)$$

soit en séparant en deux la somme centrale :
$$g_{X_{p+1}}(s) = \frac{1}{2m} P(X_p = 1) + \sum_{k=1}^{2m-1} \frac{2m-k+1}{2m} s^k P(X_p = k-1) + \sum_{k=1}^{2m-1} \frac{k+1}{2m} s^k P(X_p = k+1) + \frac{s^{2m}}{2m} P(X_p = 2m-1)$$

Dans le deuxième morceau, on effectue le changement d'indice $h = k-1$, et dans le troisième morceau le changement d'indice $h = k+1$. Il vient :

$$g_{X_{p+1}}(s) = \frac{1}{2m} P(X_p = 1) + \sum_{h=0}^{2m-2} \frac{2m-h}{2m} s^{h+1} P(X_p = h) + \sum_{h=2}^{2m} \frac{h}{2m} s^{h-1} P(X_p = h) + \frac{s^{2m}}{2m} P(X_p = 2m-1)$$

Le premier terme s'intègre à la seconde cohue ($h=1$) et le dernier terme s'intègre à la première cohue ($h = 2m-1$). Par un nouveau miracle le terme correspondant à la première cohue pour $h = 2m$ et celui de la seconde cohue pour $h = 0$ s'évanouissent, ce qui permet d'écrire :

$$g_{X_{p+1}}(s) = \sum_{h=0}^{2m} \frac{2m-h}{2m} s^{h+1} P(X_p = h) + \sum_{h=0}^{2m} \frac{h}{2m} s^{h-1} P(X_p = h)$$

ou encore :
$$g_{X_{p+1}}(s) = s \cdot \sum_{k=0}^{2m} s^k \cdot P(X_p=k) - \frac{s^2}{2m} \sum_{k=0}^{2m} k\, s^{k-1}\, P(X_p=k) + \frac{1}{2m} \sum_{k=0}^{2m} k\, s^{k-1}\, P(X_p=k)$$

et l'on reconnaît alors en $\sum_{k=0}^{2m} k\, s^{k-1}\, P(X_p=k)$ la dérivée de g_{X_p}, d'où finalement :

$$g_{X_{p+1}}(s) = s \cdot g_{X_p}(s) + \frac{1-s^2}{2m} g'_{X_p}(s).$$

iv) On rappelle que l'espérance d'une variable aléatoire Z se déduit très facilement de sa fonction génératrice par la relation $E(Z) = g'_Z(1)$. On rappelle aussi la relation universelle $g_Z(1) = 1$.

En dérivant une fois la relation obtenue dans la question précédente, on trouve :

$$g'_{X_{p+1}}(s) = g_{X_p}(s) + s\, g'_{X_p}(s) + \frac{1-s^2}{2m} g''_{X_p}(s) - \frac{s}{m} g'_{X_p}(s)$$

d'où $\quad g'_{X_{p+1}}(1) = 1 + g'_{X_p}(1) - \frac{1}{m} g'_{X_p}(1) \quad$, i.e. $\quad E(X_{p+1}) = 1 + \left(1 - \frac{1}{m}\right) E(X_p)$.

La suite $p \mapsto E(X_p)$ est donc une suite arithmético-géométrique, la fin est donc classique : le point fixe λ doit vérifier $\lambda = 1 + \left(1 - \frac{1}{m}\right)\lambda$, i.e. $\lambda = m$. On sait alors que la suite $p \mapsto E(X_p) - m$ est géométrique de raison $1 - \frac{1}{m}$, d'où :

$$E(X_p) - m = \left(1 - \frac{1}{m}\right)^{p-1} (E(X_1) - m)$$

c'est-à-dire en tenant compte du résultat obtenu en i) :

$$E(X_p) = \left(n\left(1 - \frac{1}{m}\right) + 1 - m\right)\left(1 - \frac{1}{m}\right)^{p-1} + m$$

et comme la raison $1 - \frac{1}{m}$ est strictement plus petite que 1 (et positive !), il vient clairement :

$$\lim_{p \to \infty} E(X_p) = m.$$

Note :
Le résultat obtenu montre qu'il y a une tendance à l'équilibre entre les deux urnes lorsque le nombre d'échanges est très grand, et ceci quelle que soit la situation initiale.

95

Le modèle de Maxwell-Boltzmann

On considère r boules ($r \geq 1$) numérotées de 1 à r et donc discernables. On place ces boules au hasard dans n tiroirs notés $T_1, \ldots T_n$ (donc également discernables). On suppose que toutes les dispositions possibles sont équiprobables (cf. exercice n°9).

On note X_i, pour $i \in [\![1, n]\!]$, le nombre aléatoire de boules qui ont «atterri» dans le tiroir n° i. On note enfin V_r le nombre aléatoire de tiroirs restés vides lorsque l'on a placé les r boules.

i) Quelle est la loi de X_i ? son espérance ? sa variance ?

ii) Décomposer V_r en somme de variables de Bernoulli, en déduire son espérance.

iii) A l'aide de l'exercice n° 21 déterminer la loi de V_r.

iv) On suppose que n reste fixe, et on s'intéresse aux variables V_r et V_{r+1} (on place une boule supplémentaire). Montrer que l'on a :

$$\forall k \in [\![0, n-1]\!], P(V_{r+1} = k) = \frac{n-k}{n} P(V_r = k) + \frac{k+1}{n} P(V_r = k+1)$$

En déduire une relation entre $E(V_{r+1})$ et $E(V_r)$. Retrouver ainsi le résultat de ii).

---

i) Dire que les m^n dispositions distinctes sont équiprobables revient à dire qu'une boule donnée va dans un tiroir donné avec la probabilité $\frac{1}{m}$, les destinations des différentes boules étant indépendantes les unes des autres. Si on appelle succès l'"atterrissage"

dans le tiroir T_i, X_i représente donc le nombre de succès au cours de r épreuves indé-pendantes, la probabilité d'un succès valant $\frac{1}{m}$.
Bref $X_i \hookrightarrow \mathcal{B}(r, \frac{1}{m})$ et donc $E(X_i) = \frac{r}{m}$ et $V(X_i) = \frac{r}{m}(1 - \frac{1}{m})$.

ii) Notons B_i la variable de Bernoulli qui prend la valeur 1 si le tiroir T_i est vide et 0 dans le cas contraire. Il est clair que le nombre de tiroirs vides vaut :
$$B_1 + B_2 + \ldots + B_m.$$
Donc : $V_r = \sum_{i=1}^{m} B_i.$
Mais le paramètre (donc l'espérance) de la variable B_i vaut $P(B_i = 1) = P(X_i = 0)$ (dire que le tiroir T_i est vide, revient à dire qu'il contient 0 boule !!!). Donc :
$$P(B_i = 1) = (1 - \frac{1}{m})^r = E(B_i).$$
Il vient alors : $E(V_r) = \sum_{i=1}^{m} E(B_i) = m(1 - \frac{1}{m})^r.$
Note :
Les variables B_i ne sont sûrement pas indépendantes (prenez 2 tiroirs et demandez-vous ce qui se passe si $B_1 = 1$!), cela n'est pas gênant pour le calcul de l'espérance de V_r, mais serait bien embêtant si nous avions eu l'outrecuidance de vous demander sa variance !

iii) On a $V_r(\Omega) \subset [\![0, m-1]\!]$. En effet, il m'est pas possible que tous les tiroirs soient vides puisque r est strictement positif, de même si $r < m$ il n'est pas possible d'occuper tous les tiroirs. Pour être très précis, nous pourrions écrire
$$V_r(\Omega) = [\![\max(0, m-r), m-1]\!].$$
Cela n'est pas très important car la formule que nous allons trouver a valeur universelle.
Soit donc $k \in [\![0, m-1]\!]$. L'événement $\{V_r = k\}$ représente la situation suivante :
"Il y a k tiroirs parmi les m tels que les r boules placées occupent exactement les $m-k$ tiroirs restants"
Ces k tiroirs peuvent être choisis de $\binom{m}{k}$ façons et l'on doit alors placer de façon sur-jective les r boules sur les $m-k$ tiroirs restants. (On rappelle que le placement des r boules correspond à une application de l'ensemble des boules dans l'ensemble des tiroirs, un placement qui occupe effectivement $m-k$ tiroirs donnés correspond donc à une surjection).
L'hypothèse d'équiprobabilité donne alors, $P(V_r = k) = \dfrac{\binom{m}{k} S_r^{m-k}}{m^r}$

où S_r^p représente le nombre de surjections d'un ensemble à r éléments sur un ensemble à p éléments. Par conséquent, si $p > r$, $S_r^p = 0$.
Note :
On retrouve ainsi la formule standard $\sum_{k=0}^{m-1} \binom{m}{k} S_r^{m-k} = m^r.$

iv) V_r étant une variable aléatoire, nous sommes en présence du système complet
$$\{V_r = 0\}, \{V_r = 1\}, \ldots, \{V_r = m-1\}.$$
La formule des probabilités totales donne alors :
$$\forall k \in [\![0, m-1]\!], \quad P(V_{r+1} = k) = \sum_{j=0}^{m-1} P(V_r = j) \cdot P(V_{r+1} = k / V_r = j).$$
Mais voyons un peu ce qui se passe : en plaçant une $(r+1)^{\text{ème}}$ boule le nombre de tiroirs vides est resté le même si la boule supplémentaire va dans un tiroir déjà occupé, et il baisse d'une unité si celle-ci va dans un tiroir qui jusqu'alors était resté vide.
Dans la formule précédente ne subsistent donc que deux probabilités conditionnelles :
• celle correspondant à $j = k$ (même nombre de tiroirs vides), et d'après ce que l'on vient de dire : $P(V_{r+1} = k / V_r = k) = \dfrac{m-k}{m}$ (Il y a $m-k$ tiroirs occupés, donc $m-k$ cas favorables pour m cas possibles équiprobables).
• celle correspondant à $j = k+1$ (le nombre de tiroirs vides baisse d'une unité) et $P(V_{r+1} = k / V_r = k+1) = \dfrac{k+1}{m}$ ($k+1$ tiroirs vides, donc $k+1$ cas favorables). D'où la formule annoncée dans le texte.
Pour finir, on a
$$E(V_{r+1}) = \sum_{k=0}^{m-1} k \, P(V_{r+1} = k)$$

et en utilisant la formule de récurrence obtenue, il vient :

$$E(V_{n+1}) = \sum_{k=0}^{m-1} k \cdot \frac{m-k}{m} \cdot P(V_n = k) + \sum_{k=0}^{m-1} k \cdot \frac{k+1}{m} \cdot P(V_n = k+1).$$

Dans la seconde somme, faisons le changement d'indice $k+1 = k$:

$$E(V_{n+1}) = \sum_{k=0}^{m-1} (k - \frac{k^2}{m}) P(V_n = k) + \sum_{k=1}^{m} \frac{(k-1)k}{m} P(V_n = k).$$

Or $P(V_n = m) = 0$, et le terme qui correspondrait à $k = 0$ disparaîtrait également, soit en développant :

$$E(V_{n+1}) = E(V_n) - \frac{1}{m} E(V_n^2) + \frac{1}{m} E(V_n^2) - \frac{1}{m} E(V_n)$$

i.e.
$$E(V_{n+1}) = (1 - \frac{1}{m}) E(V_n).$$

$E(V_n)$ est donc une suite géométrique de raison $1 - \frac{1}{m}$. Mais lorsque l'on place une boule, i.e. pour $n = 1$, le nombre de tiroirs vides est une variable certaine égale à $m-1$. Par conséquent :

$$E(V_n) = (1 - \frac{1}{m})^{n-1} \cdot E(V_1) = (1 - \frac{1}{m})^{n-1} (m-1)$$

soit :
$$E(V_n) = m (1 - \frac{1}{m})^n.$$

96

Le modèle de Bose-Einstein

On reprend le problème précédent en supposant les r boules indiscernables. On sait alors qu'il y a $\Gamma_n^r = \binom{n+r-1}{r}$ dispositions possibles des boules dans les tiroirs (cf. exercice n°9).

On suppose que ces Γ_n^r dispositions sont équiprobables (ceci est nettement différent du cas précédent, mais les deux cas ont des applications importantes en physique).

i) On note X_i, $i \in [\![1, n]\!]$, le nombre aléatoire de boules contenues dans le tiroir T_i, quelle est la loi de X_i ?

ii) On note V_r, le nombre aléatoire de tiroirs restés vides, quelle est la loi de V_r ?

iii) En décomposant V_r en somme de variables de Bernoulli, trouver l'espérance de V_r.

---

i) On a $X_i(\Omega) = [\![0, m]\!]$. Soit donc $k \in [\![0, m]\!]$, l'événement $\{X_i = k\}$ représente la situation suivante : "il y a k boules dans le $i^{\text{ème}}$ tiroir et il faut donc placer les $r-k$ boules restantes dans les $m-1$ tiroirs". Comme les boules sont indiscernables, cela peut se faire de Γ_{m-1}^{r-k} façons, et on a donc :

$$\forall k \in [\![0, m]\!], \quad P(X_i = k) = \frac{\Gamma_{m-1}^{r-k}}{\Gamma_m^r} = \frac{\binom{m+r-k-2}{r-k}}{\binom{m+r-1}{r}}$$

ii) On a encore $V_n(\Omega) \subset [\![0, m-1]\!]$, et pour les mêmes raisons que précédemment la détermination exacte de $V_n(\Omega)$ est sans importance, car la formule trouvée aura valeur universelle.

Soit donc $k \in [\![0, m-1]\!]$. L'événement $\{V_n = k\}$ représente la situation suivante : "Il y a k tiroirs vides et les r boules occupent exactement les $m-k$ tiroirs restants". Les k tiroirs vides peuvent se choisir de $\binom{m}{k}$ façons (les tiroirs, eux, sont discernables), et il faut alors placer les r boules dans les $(m-k)$ tiroirs restants de telle sorte qu'aucun de ces $(m-k)$ tiroirs ne soit vide.

Reprenons alors le modèle de l'exercice n° 9 du chapitre dénombrements. Un tiroir est représenté par deux barres et son contenu par les boules placées entre ces deux bar-

-res. Nous disposons de $m-k+1$ barres et n boules qu'il faut placer de façon qu'il n'y ait jamais deux barres consécutives, afin qu'il n'y ait aucun tiroir vide.

Parmi ces $m-k+1+n$ objets, le premier et le dernier placés sont des barres (il faut "ouvrir" le premier tiroir et "fermer" le $m-k$ ème). De même le second objet et l'avant dernier sont des boules (il ne faut pas de tiroirs vides) :

$$|\cdot \underbrace{\ldots\ldots}_{m-k+n-3 \text{ objets à placer, dont } m-k-1 \text{ barres.}} \cdot|$$

Il faut donc placer $m-k-1$ barres parmi $m-k+n-3$ objets, de façon qu'entre deux barres consécutives, il y ait la place d'au moins une boule. Il s'agit là d'une application de l'exercice n° 14 du chapitre dénombrements ("Les trous de Kaplansky") avec $\ell=1$, il y a donc :

$$\binom{m-k+n-3-(m-k-1-1)}{m-k-1} = \binom{n-1}{m-k-1} \text{ dispositions distinctes.}$$

Il vient alors :
$$P(V_n = k) = \frac{\binom{m}{k}\binom{n-1}{m-k-1}}{\binom{m+n-1}{n}}$$

iii) Notons encore B_i la variable de Bernoulli valant 1 si le tiroir T_i est vide et 0 sinon, ceci pour tout indice i compris entre 1 et m. Il est clair que $V_n = B_1 + \ldots + B_m$ et par conséquent : $E(V_n) = E(B_1) + \ldots + E(B_m)$

Mais : $E(B_i) = P(B_i = 1) = P(X_i = 0)$ (variable de Bernoulli !)

Donc
$$E(B_i) = \frac{\binom{m+n-2}{n}}{\binom{m+n-1}{n}} = \frac{m-1}{m+n-1}$$

D'où l'on déduit enfin : $E(V_n) = m \cdot \frac{m-1}{m+n-1}$.

97

Soit $n \in \mathbb{N}$, $n \geq 2$ et soient $(X_{ij})_{1 \leq i \leq n, 1 \leq j \leq n}$ n^2 variables aléatoires réelles mutuellement indépendantes et suivant toutes la même loi ayant une espérance notée m et une variance notée σ^2.

i) Calculer l'espérance du déterminant D_n de la matrice aléatoire (X_{ij}).

ii) Pour $n=3$, calculer la variance de ce déterminant.

iii) Préciser $E(D_3)$ et $V(D_3)$ dans le cas où les variables X_{ij} suivent la loi uniforme sur $[0, 1]$.

---

i) • Pour $m=2$, on a $D_2 = \begin{vmatrix} X_{11} & X_{12} \\ X_{21} & X_{22} \end{vmatrix} = X_{11}X_{22} - X_{12}X_{21}$

et comme les variables sont indépendantes on en déduit
$$E(D_2) = E(X_{11})E(X_{22}) - E(X_{12})E(X_{21}) = m^2 - m^2 = 0.$$

• Pour $m=3$, on sait que le calcul de D_3 par n'importe quelle méthode conduit à une somme de six termes de la forme $X_{1\sigma(1)} X_{2\sigma(2)} X_{3\sigma(3)}$ où σ est une permutation de $[\![1, 3]\!]$. Trois de ces termes sont affectés du signe +, les trois autres du signe –. Comme les variables sont indépendantes, on en déduit $E(D_3) = 0$.

Cette méthode s'applique à un ordre m quelconque, mais on peut également procéder par récurrence.

Supposons donc que l'espérance du déterminant de toute matrice (Y_{ij}) carrée d'ordre $m-1$ formée de variables indépendantes et de même loi, ayant une espérance, soit nulle. Développons alors D_m par rapport à sa première colonne :

$$D_m = \sum_{i=1}^{m} (-1)^{i+1} X_{i1} M_{i1}$$

où M_{i1} est le déterminant obtenu à partir de D_m en supprimant sa $i^{ème}$ ligne et sa première colonne. M_{i1} est donc une somme de produits de variables X_{kl} autres que X_{i1}, donc indépendantes de X_{i1}, d'où :

$$E(D_m) = \sum_{i=1}^{m} (-1)^{i+1} E(X_{i1}) E(M_{i1})$$

L'hypothèse de récurrence s'applique et donc $E(M_{i1}) = 0$, d'où $E(D_m) = 0$. Comme on a vérifié que la proposition était vraie à l'ordre 2, on en déduit :

$$\forall m \geq 2 \quad E(D_m) = 0.$$

ii) Comme $E(D_m) = 0$, on a $V(D_m) = E(D_m^2)$. Mais là, les choses se compliquent sérieusement. En effet, comme D_m est une somme de produits, D_m^2 contient des termes carrés et des "doubles produits". Les termes carrés ne sont pas très gênants puisque l'on connaît la variance des variables X_{ij}, mais les termes rectangles peuvent provenir de termes sans facteurs communs ou de termes ayant des facteurs communs. Il vaut donc mieux supposer $m = 3$ et faire les calculs de façon explicite !

$D_3 = X_{11}X_{22}X_{33} + X_{12}X_{23}X_{31} + X_{13}X_{21}X_{32} - X_{13}X_{22}X_{31} - X_{11}X_{23}X_{32} - X_{33}X_{21}X_{12}$

D_3^2 contient 21 termes ! Classons-les :

a) Il y a six termes carrés du type $X_{11}^2 X_{22}^2 X_{33}^2$
Comme les variables X_{ij} sont indépendantes et de même loi, les variables X_{ij}^2 sont aussi indépendantes. On a $E(X_{ij}^2) = V(X_{ij}) + E(X_{ij})^2 = \sigma^2 + m^2$
L'espérance de chacun de ces six termes vaut donc $(\sigma^2 + m^2)^3$.

b) Il existe des termes "rectangles" sans variable commune, du type $2X_{11}X_{22}X_{33}X_{12}X_{23}X_{31}$. Tous ces termes sont affectés du signe + et sont au nombre de 6. L'espérance de chacun de ces termes vaut $2m^6$, toujours d'après l'hypothèse d'indépendance.

c) Il existe enfin des termes "rectangles" ayant <u>une</u> variable commune, du type $-2X_{11}X_{22}X_{33}X_{11}X_{23}X_{32} = -2X_{11}^2 X_{22}X_{33}X_{23}X_{32}$. Tous ces termes sont affectés du signe − et sont au nombre de 9, l'espérance de chacun de ces termes vaut $-2(\sigma^2 + m^2)m^4$ (en effet, l'hypothèse d'indépendance s'applique encore une fois).
Il vient alors :

$$E(D_3^2) = 6(\sigma^2 + m^2)^3 + 6(2m^6) + 9(-2(\sigma^2 + m^2)m^4).$$
$$E(D_3^2) = 6\sigma^4(\sigma^2 + 3m^2).$$

iii) En particulier si les variables X_{ij} sont uniformes sur $[0,1]$, on a : $m = \frac{1}{2}$, $\sigma^2 = \frac{1}{12}$, d'où $E(D_3) = 0$, $V(D_3) = \frac{5}{144}$.

<u>Remarque</u> : Revenons au cas où m est quelconque ($m \geq 2$) et supposons $m = 0$. Il est alors possible de calculer la variance de D_m à condition de connaître la formule générale :

$$D_m = \sum_{\varphi \in S_m} \varepsilon(\varphi) X_{1\varphi(1)} X_{2\varphi(2)} \cdots X_{m\varphi(m)}$$

où $\varepsilon(\varphi)$ désigne la signature de la permutation φ ($\varepsilon(\varphi) \in \{-1, 1\}$).
En effet, on a alors :

$$V(D_m) = E(D_m^2) = E\left(\sum_{\varphi \in S_m} \varepsilon(\varphi) X_{1\varphi(1)} \cdots X_{m\varphi(m)}\right)^2$$

Développons ce carré :

$$V(D_m) = E\left(\sum_{\varphi \in S_m} X_{1\varphi(1)}^2 X_{2\varphi(2)}^2 \cdots X_{m\varphi(m)}^2 + \sum_{\varphi \neq \varphi'} \varepsilon(\varphi)\varepsilon(\varphi') X_{1\varphi(1)} \cdots X_{m\varphi(m)} \cdot X_{1\varphi'(1)} \cdots X_{m\varphi'(m)}\right)$$

La première sommation ne pose pas de problème puisque $E(X_{ij}^2) = \sigma^2$, la seconde non plus ! En effet, comme $\varphi \neq \varphi'$, pour chacun des termes il existe au moins une variable aléatoire qui n'apparaît qu'une fois. Par conséquent, comme $m = 0$, l'espérance de chacun des termes de la seconde somme est nulle (l'hypothèse d'indépendance s'appliquant toujours, que les variables soient au carré ou non). D'où :

$$V(D_m) = \sum_{\varphi \in S_m} (\sigma^2)^m = m! \, \sigma^{2m} \qquad \text{(le cardinal de } S_m \text{ vaut } m! \text{)}$$

98

Dans un salon de coiffure travaillent cinq coiffeurs. Une coupe dure 20 minutes. Un client entre et constate que tous les coiffeurs sont occupés et que trois personnes attendent. Quelle est la loi du temps d'attente de ce client? son espérance?

On admettra que les coupes sont indépendantes les unes des autres et qu'elles ont débuté depuis un temps uniformément réparti entre 0 et 20 Mn.

Analysons un peu le phénomène : pour que le client puisse s'asseoir, il doit attendre la fin d'au moins 4 coupes (les trois premières pour que les clients qui attendent déjà puissent prendre place et la quatrième pour lui-même). S'il a beaucoup de chance, il peut se faire que 4 coupes (ou même 5) se terminent pratiquement lorsqu'il arrive, et s'il est très malchanceux il peut se faire que 4 (ou même 5) coiffeurs viennent juste de commencer une coupe.

En d'autres termes, si on note X le temps d'attente du client entrant, on a :
$$X(\Omega) = [0, 20]$$ (le temps est continu ! et l'unité est la minute).

Notons alors, pour $i \in [\![1, 5]\!]$, Y_i la variable aléatoire "temps qu'il reste à passer pour que le coiffeur n° i termine la coupe entamée". D'après l'énoncé, les variables Y_i sont indépendantes et suivent toutes la loi uniforme sur $[0, 20]$.

(En fait les affirmations de l'énoncé portent sur la partie entamée de la coupe et non sur la partie restante, c'est-à-dire portent sur les variables $20 - Y_i$, c'est bien entendu la même chose !)

On a donc : $\forall i \in [\![1, 5]\!]$, $\forall t \in [0, 20]$, $P(Y_i \leq t) = \frac{t}{20}$.

L'événement $X \leq t$ signifie qu'au moins 4 des 5 événements $Y_1 \leq t, Y_2 \leq t, \ldots, Y_5 \leq t$ sont réalisés. Nous sommes donc, pour t fixé, en présence d'un phénomène binomial de paramètres 5 et $\frac{t}{20}$, et on désire obtenir au moins 4 succès. Par conséquent :

$$\forall t \in [0, 20], \quad P(X \leq t) = \binom{5}{4}\left(\frac{t}{20}\right)^4\left(1 - \frac{t}{20}\right) + \left(\frac{t}{20}\right)^5 = \frac{t^4(100 - 4t)}{20^5}$$

Nous venons donc d'obtenir la fonction de répartition de X. Comme cette fonction est dérivable sur $[0, 20]$, on en déduit que X est une variable aléatoire réelle absolument continue dont une densité f est donnée par :

$\forall t \notin [0, 20]$, $f(t) = 0$

$\forall t \in [0, 20]$, $f(t) = \dfrac{400 t^3 - 20 t^4}{20^5} = \dfrac{t^3}{20^3} - \dfrac{t^4}{20^4}$

On en déduit :
$$E(X) = \int_0^{20} t f(t) dt = \int_0^{20} \left(\frac{t^4}{20^3} - \frac{t^5}{20^4}\right) dt = \left[\frac{t^5}{5 \cdot 20^3} - \frac{t^6}{6 \cdot 20^4}\right]_0^{20} = \frac{40}{3}$$

L'espérance de X vaut donc 13 minutes 20 secondes.

99

Marche aléatoire

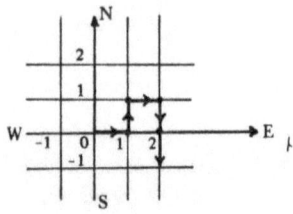

Un individu se trouve à l'origine d'un repère orthonormé du plan avec à la main une urne contenant quatre boules portant respectivement les lettres N, S, E, W. Il tire une boule au hasard et avance d'une unité dans la direction indiquée par la boule. Il replace la boule dans l'urne et comme il ne sait pas quoi faire, il recommence... Il effectue ainsi une marche aléatoire dans $\mathbb{Z}^2$.

(Vous pouvez remplacer l'urne par la boisson alcoolisée de votre choix.)

On note M_n sa position après n déplacements, en convenant que $M_0 = 0$. On note enfin X_n et Y_n les coordonnées (aléatoires) de M_n.

i) Calculer $E(X_{n+1}^2)$ en fonction de $E(X_n^2)$, de même, calculer $E(Y_{n+1}^2)$ en fonction de $E(Y_n^2)$. En déduire l'espérance du carré de la distance de M_n à 0.

ii) Les variables X_n et Y_n sont-elles indépendantes?
iii) Calculer la probabilité ω_n que l'individu se trouve à l'origine après n déplacements. (On ne dit pas que c'est la première fois qu'il retourne à l'origine.)

i) On peut écrire $X_{m+1} = X_m + U$, où U est une variable aléatoire prenant les valeurs $-1, 0, +1$. (Au $m+1^{ème}$ coup, l'abscisse augmente de 1 s'il tire la boule marquée E, diminue de 1 s'il tire W et ne change pas s'il tire N ou S).
Ainsi $U(\Omega) = \{-1, 0, +1\}$

k	-1	0	$+1$
$P(U=k)$	$\frac{1}{4}$	$\frac{1}{2}$	$\frac{1}{4}$

On a alors $X_{m+1}^2 = X_m^2 + 2X_m U + U^2$
et donc $E(X_{m+1}^2) = E(X_m^2) + 2E(X_m U) + E(U^2)$ (linéarité de l'espérance).
Mais les sauts étant indépendants les uns des autres, les deux variables aléatoires X_m et U sont indépendantes (En effet, U gère le $(m+1)^{ème}$ coup et est donc indépendante de tout ce qui s'est passé avant). On sait alors que :
$$E(X_m U) = E(X_m) E(U).$$
Mais $E(U) = 0$ et $E(U^2) = \frac{1}{2}$ (calculs triviaux), d'où
$$E(X_{m+1}^2) = E(X_m^2) + \frac{1}{2}.$$
Mutatis mutandis, on trouve :
$$E(Y_{m+1}^2) = E(Y_m^2) + \frac{1}{2}.$$
Or, d'après quelques vieux souvenirs de géométrie, on a : $D_m^2 = d(M_n, 0)^2 = X_m^2 + Y_m^2$
et par conséquent :
$$E(D_{m+1}^2) = E(X_{m+1}^2 + Y_{m+1}^2) = E(X_{m+1}^2) + E(Y_{m+1}^2)$$
$$= E(X_m^2) + E(Y_m^2) + 1$$
$$= E(D_m^2) + 1.$$
La suite $m \mapsto E(D_m^2)$ est donc arithmétique de raison 1, et comme $D_0 = 0$, on obtient : $E(D_m^2) = m$.
Note : On peut montrer aisément que $E(X_m) = E(Y_m) = 0$, ce qui est évident par des considérations de symétrie. Il est à remarquer que l'on trouve comme espérance du carré de la distance le même résultat que pour la marche sur $\mathbb{Z}$.

ii) Pour tout entier naturel m non nul, on a : $P(X_m = m) = \left(\frac{1}{4}\right)^m$ et $P(Y_m = m) = \left(\frac{1}{4}\right)^m$
(On a tiré tout le temps la boule marquée E, ou tout le temps la boule marquée N). Alors que $P(X_m = m \text{ et } Y_m = m) = 0$ (Il est impossible d'arriver au point de coordonnées (m,m) en m coups !)

iii) Il faut se rendre compte que l'on est ici en présence d'un phénomène quadrinomial (il y a à chaque étape quatre éventualités, chacune avec la probabilité $\frac{1}{4}$). Dire que l'individu se retrouve à l'origine après m coups revient à dire que le nombre de ses pas vers l'ouest est égal au nombre de ses pas vers l'est <u>et</u> que le nombre de ses pas vers le nord est égal au nombre de ses pas vers le sud. Remarquons tout de suite que cela fait un nombre total de pas qui est pair et que par conséquent il n'a aucune chance de repasser par O après un nombre impair de pas.
$$\omega_{2m+1} = 0.$$
Cherchons donc la probabilité ω_{2m} de se trouver en O après $2m$ coups. Remarquons que l'individu a pu faire :
soit : 0 pas vers W, 0 pas vers E, m pas vers N, m pas vers S
soit : 1 pas vers W, 1 pas vers E, $m-1$ pas vers N, $m-1$ pas vers S
....
soit : m pas vers W, m pas vers E, 0 pas vers N, 0 pas vers S
Or la probabilité de faire m_1 pas vers W, m_2 pas vers E, m_3 pas vers N, m_4 pas vers S, en $2n = m_1 + m_2 + m_3 + m_4$ pas, vaut (cf notre cours de probabilités p. 87) :

$$P(m_1 \cap m_2 \cap m_3 \cap m_4) = \frac{(2n)!}{m_1! \, m_2! \, m_3! \, m_4!} \left(\frac{1}{4}\right)^{m_1} \left(\frac{1}{4}\right)^{m_2} \left(\frac{1}{4}\right)^{m_3} \left(\frac{1}{4}\right)^{m_4}$$

On a donc
$$\omega_{2m} = \sum_{k=0}^{m} P(k \cap k \cap m-k \cap m-k)$$
$$= \sum_{k=0}^{m} \frac{(2m)!}{(k!)^2 ((m-k)!)^2} \cdot \left(\frac{1}{4}\right)^{2m}$$

ce que l'on peut écrire :
$$\omega_{2m} = \frac{(2m)!}{(m!)^2} \cdot \left(\frac{1}{4}\right)^{2m} \cdot \sum_{k=0}^{m} \frac{(m!)^2}{(k!)^2((m-k)!)^2} = \binom{2m}{m} \left(\frac{1}{4}\right)^{2m} \cdot \sum_{k=0}^{m} \binom{m}{k}^2$$

Or il est devenu très classique que $\sum_{k=0}^{m} \binom{m}{k}^2 = \binom{2m}{m}$ (Vandermonde)

On a donc : $\omega_{2m} = \left[\binom{2m}{m}^2 \left(\frac{1}{2}\right)^{2n} \right]^2$.

<u>Note</u> : On trouve exactement le carré du résultat correspondant à la marche sur $\mathbb{Z}$.

100

Marche aléatoire

Une puce se déplace dans le plan rapporté à un repère orthonormé $(O, \vec{i}, \vec{j})$ par sauts de longueur unité. On suppose qu'au départ elle est placée en O, et on note X_n, Y_n les coordonnées de la position de la puce à l'issue du $n^{\text{ème}}$ saut. On suppose enfin que le $i^{\text{ème}}$ saut (pour tout i de $\mathbb{N}^*$) est exécuté dans une direction aléatoire repérée par son angle θ_i par rapport à l'axe Ox, les variables θ_i étant mutuellement indépendantes et de répartition uniforme sur $[0, 2\pi[$.

i) Exprimer X_n et Y_n en fonction de $\theta_1, \theta_2, ..., \theta_n$.
ii) Montrer que les variables X_n et Y_n sont centrées et calculer leur variance.
iii) Calculer $\text{cov}(X_n, Y_n)$.
iv) Calculer $\text{cov}(X_n^2, Y_n^2)$, conclusion?
v) Calculer l'espérance du carré de la distance à l'origine de la puce à l'issue du $n^{\text{ème}}$ saut.

---

i) On a : $X_{m+1} = X_m + \cos\theta_{m+1}$
$Y_{m+1} = Y_m + \sin\theta_{m+1}$

soit par une récurrence bénigne :

$$X_m = \sum_{i=1}^{m} \cos\theta_i \quad ; \quad Y_m = \sum_{i=1}^{m} \sin\theta_i$$

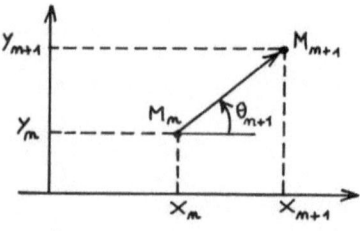

ii) Pour tout indice i, on a :

$$E(\cos\theta_i) = \int_0^{2\pi} \cos\theta \, \frac{d\theta}{2\pi} = 0 \quad , \quad E(\sin\theta_i) = \int_0^{2\pi} \sin\theta \, \frac{d\theta}{2\pi} = 0$$

$$E(\cos^2\theta_i) = \int_0^{2\pi} \cos^2\theta \, \frac{d\theta}{2\pi} = \int_0^{2\pi} \frac{1+\cos 2\theta}{4\pi} d\theta = \frac{1}{2}$$

$$E(\sin^2\theta_i) = \int_0^{2\pi} \sin^2\theta \, \frac{d\theta}{2\pi} = \int_0^{2\pi} \frac{1-\cos 2\theta}{4\pi} d\theta = \frac{1}{2}$$

Par conséquent $E(\cos\theta_i) = E(\sin\theta_i) = 0$
$V(\cos\theta_i) = V(\sin\theta_i) = \frac{1}{2}$.

Tous ces petits calculs étant faits, commençons à raisonner un petit peu! Les variables θ_i étant mutuellement indépendantes, il en est de même des variables $\cos\theta_i$, ainsi que des variables $\sin\theta_i$, d'où :

$$E(X_m) = \sum_{i=1}^{m} E(\cos\theta_i) = 0 \quad , \quad V(X_m) = \sum_{i=1}^{m} V(\cos\theta_i) = \frac{m}{2}$$

Marche aléatoire

Une puce part de l'origine et effectue sur une droite des sauts successifs soit d'une unité vers la droite avec la probabilité p, soit d'une unité vers la gauche avec la probabilité $q = 1-p$. Les différents sauts sont supposés indépendants les uns des autres. On notera:

X_n, pour $n \in \mathbb{N}^*$, la variable aléatoire égale à l'abscisse du point où se trouve la puce après n sauts.

a_n, la probabilité que la puce soit à l'origine après n sauts (on peut convenir de poser $a_0 = 1$).

T_k, pour $k \in \mathbb{N}^*$, l'évènement «la puce revient à l'origine pour la première fois à l'issue du $k^{\text{ème}}$ saut», t_k la probabilité de T_k (on peut convenir de poser $t_0 = 0$).

i) Préciser la loi de X_n, son espérance et sa variance. Calculer a_n.

ii) Dans cette question seulement on suppose que $p = \frac{1}{2}$.

a) Montrer à l'aide de l'exercice n°23 la relation:
$$\forall n \in \mathbb{N}, \sum_{k=0}^{n} a_{2k} a_{2n-2k} = 1.$$

b) À l'aide de la formule de Stirling $(n! \underset{(\infty)}{\sim} \sqrt{2\pi n} \cdot (\frac{n}{e})^n)$, donner un équivalent au voisinage de l'infini de a_{2n}.

iii) Revenant au cas général, on pose, sous réserve de convergence de la série, $A(z) = \sum_{k=0}^{\infty} a_k z^k$ ($z \in \mathbb{R}$). Montrer, en utilisant la formule du binôme généralisé (exercice n°23)
$$\forall z \in [0, 1[, A(z) = (1 - 4pqz^2)^{-\frac{1}{2}}.$$

iv) Toujours sous réserve de convergence de la série on pose $T(z) = \sum_{k=0}^{\infty} t_k z^k$ ($z \in \mathbb{R}$).

a) Montrer que l'on a: $\forall n \in \mathbb{N}^*$, $a_{2n} = \sum_{k=0}^{n} t_{2k} a_{2n-2k}$.

b) En déduire, en utilisant le produit de Cauchy de séries:
$$\forall z \in [0, 1[, A(z) - 1 = A(z) \cdot T(z)$$

c) Préciser alors la valeur de $T(z)$ pour $z \in [0, 1[$, puis celle de t_{2n} pour $n \in \mathbb{N}^*$.

d) En conclure qu'il est quasi-certain que la puce repassera un jour par l'origine si et seulement si $p = \frac{1}{2}$.

j) Notons B_i la variable aléatoire prenant la valeur 1 si le $i^{\text{ème}}$ saut s'effectue vers la droite et la valeur -1 si le $i^{\text{ème}}$ saut s'effectue vers la gauche. On a donc $P(B_i = 1) = p$, $P(B_i = -1) = q$.

Il est clair que l'abscisse du point où se trouve la puce après n sauts n'est autre que $X_n = B_1 + B_2 + \cdots + B_n$. Les variables $B_1, \ldots, B_n$ sont presque des variables de Bernoulli. Posons donc, pour tout i, $b_i = \frac{1 + B_i}{2}$. On a $b_i = 0$ lorsque $B_i = -1$, et $b_i = 1$ lorsque $B_i = 1$. Les variables $b_1, \ldots, b_n$ sont alors des variables de Bernoulli dont le paramètre vaut $P(b_i = 1) = P(B_i = 1) = p$.

v) Le carré de la distance de la puce à l'origine à l'issue du $m^{\text{ème}}$ saut m' est autre, d'après Pythagore, que $x_m^2 + y_m^2$. D'où:

$E(D^2) = E(X_m^2 + Y_m^2) = E(X_m^2) + E(Y_m^2) = m$

Curieuse, non ?

et de même

$$E(Y_m) = 0 \quad , \quad V(Y_m) = \frac{m}{2}$$

iii) On a : $\text{Cov}(X_m, Y_m) = \text{Cov}\left(\sum_{i=1}^{m} \cos\theta_i, \sum_{j=1}^{m} \sin\theta_j\right)$

soit par bilinéarité de la covariance :

$$\text{Cov}(X_m, Y_m) = \sum_{i=1}^{m}\sum_{j=1}^{m} \text{Cov}(\cos\theta_i, \sin\theta_j)$$

Remarquons alors que, si $i \neq j$, θ_i est indépendante de θ_j, et par conséquent $\cos\theta_i$ est indépendante de $\sin\theta_j$, d'où $\text{Cov}(\cos\theta_i, \sin\theta_j) = 0$. On peut donc écrire simplement :

$$\text{Cov}(X_m, Y_m) = \sum_{i=1}^{m} \text{Cov}(\cos\theta_i, \sin\theta_i)$$

(car les variables $\cos\theta_i$ et $\sin\theta_i$ sont centrées).

Mais

$$E(\cos\theta_i . \sin\theta_i) = \int_0^{2\pi} \cos\theta_i \sin\theta_i \frac{d\theta_i}{2\pi} = \int_0^{2\pi} \frac{\sin 2\theta_i}{4\pi} d\theta_i = 0.$$

d'où $\text{Cov}(X_m, Y_m) = 0$, i.e. X_m et Y_m ne sont pas corrélées.

iv) On sait déjà que $V(X_m) = V(Y_m) = \frac{m}{2}$. Comme ces variables sont centrées, on a donc : $E(X_m^2) = E(Y_m^2) = \frac{m}{2}$. Il reste à calculer $\alpha_m = E(X_m^2 Y_m^2)$.

Attention, accrochez- vous à la table :

$$X_m = X_{m-1} + \cos\theta_m \quad , \quad Y_m = Y_{m-1} + \sin\theta_m \quad , \quad d'où$$

$$X_m^2 Y_m^2 = X_{m-1}^2 Y_{m-1}^2 + X_{m-1}^2 \sin^2\theta_m + Y_{m-1}^2 \cos^2\theta_m + 2X_{m-1}^2 Y_{m-1}\sin\theta_m + 2X_{m-1}Y_{m-1}^2 \cos\theta_m + 4X_{m-1}Y_{m-1}\cos\theta_m \sin\theta_m + \cos^2\theta_m \sin^2\theta_m$$

$$+ 2X_{m-1}\cos\theta_m \sin^2\theta_m + 2Y_{m-1}\cos^2\theta_m \sin\theta_m$$

Eh oui ! c'est pas beau, mais il nous faut maintenant calculer $\left[\left(\sum_{i=1}^{m}\cos\theta_i\right)\left(\sum_{j=1}^{m}\sin\theta_j\right)\right]^2$, m'faisiez pas ii.

Il s'agit maintenant de calculer l'espérance de cette expression, en appliquant la linéarité et en remarquant que certains termes ont le bon goût de disparaître :

• $\sin\theta_m$ est indépendant de X_{m-1} et Y_{m-1}, donc de $2X_{m-1}^2 Y_{m-1}$ et comme $\sin\theta_m$ est une variable centrée, on a $E(2X_{m-1}^2 Y_{m-1}\sin\theta_m) = 0$.

• de la même façon $E(2X_{m-1}Y_{m-1}^2 \cos\theta_m) = 0$.

• X_{m-1} est indépendante de $\cos\theta_m$ et $\sin\theta_m$, donc de $2\cos\theta_m \sin^2\theta_m$, comme X_{m-1} est une variable centrée, on a $E(2X_{m-1}\cos\theta_m \sin^2\theta_m) = 0$.

• de la même façon $E(2Y_{m-1}\cos^2\theta_m \sin\theta_m) = 0$.

• X_{m-1} est indépendante de $\cos\theta_m$ et Y_{m-1} aussi, donc $4X_{m-1}Y_{m-1}$ est indépendante de $\cos\theta_m \sin\theta_m$. Comme $E(\cos\theta_m \sin\theta_m) = 0$ (calcul fait en iii), on a $E(4X_{m-1}Y_{m-1}\cos\theta_m \sin\theta_m) = 0$.

• X_{m-1} est indépendante de $\sin\theta_m$, donc X_{m-1}^2 est indépendante de $\sin^2\theta_m$, et par conséquent $E(X_{m-1}^2 \sin^2\theta_m) = E(X_{m-1}^2) E(\sin^2\theta_m) = \frac{m-1}{2}\cdot\frac{1}{2}$.

• de même, on trouve $E(Y_{m-1}^2 \cos^2\theta_m) = \frac{m-1}{2}\cdot\frac{1}{2}$.

enfin

$$E(\cos^2\theta_m \sin^2\theta_m) = \int_0^{2\pi} \cos^2\theta \sin^2\theta \frac{d\theta}{2\pi} = \int_0^{2\pi} \frac{(\sin 2\theta)^2}{4}\frac{d\theta}{2\pi} = \int_0^{2\pi}\frac{1-\cos 4\theta}{16\pi}d\theta = \frac{1}{8}.$$

Il vient donc (enfin!) :

$$E(X_m^2 Y_m^2) = E(X_{m-1}^2 Y_{m-1}^2) + \frac{m-1}{2} + \frac{1}{8} \quad , \quad i.e. \quad \alpha_m = \alpha_{m-1} + \frac{4m-3}{8}$$

d'où $\alpha_m = \sum_{k=1}^{m}\frac{4k-3}{8} = \frac{1}{2}\sum_{k=1}^{m}k - \frac{3m}{8} = \frac{m(m+1)}{4} - \frac{3m}{8} = \frac{m^2}{4} - \frac{m}{8}$

i.e. $\text{Cov}(X_m^2, Y_m^2) = \frac{1}{4}m(m+1) - \frac{3m}{8} - \frac{m^2}{4} = -\frac{m}{8}$

On remarque alors, à tout le cas fluvial $m = 0$, $\text{Cov}(X_m^2, Y_m^2) \neq 0$. Par conséquent les variables X_m et Y_m, bien que non corrélées, ne sont pas indépendantes. (En effet, si X_m et Y_m étaient indépendantes, X_m^2 et Y_m^2 le seraient également et leur covariance serait nulle.)

On peut alors écrire
$$X_m = \sum_{i=1}^{m} (2b_i - 1) = 2\sum_{i=1}^{m} b_i - m$$

Les variables $B_1, \ldots, B_m$ et du même coup les variables $b_1, \ldots, b_m$ sont indépendantes. On sait alors que $Y_m = \sum_{i=1}^{m} b_i$ est une variable binomiale de paramètres m et p (revoir l'éclatement d'une variable binomiale en variables de Bernoulli).

On a donc : $X_m = 2Y_m - m$, avec $Y_m \hookrightarrow \mathcal{B}(m,p)$. D'où :
$$E(X_m) = 2np - m = 2n(p - \tfrac{1}{2}) \quad ; \quad V(X_m) = 4V(Y_m) = 4mpq.$$

Enfin $X_m(\Omega) = \{2i - m \,/\, i \in [\![0,m]\!]\}$ et pour $k \in X_m(\Omega)$
$$P(X_m = k) = P(Y_m = \tfrac{m+k}{2}) = \binom{m}{\frac{m+k}{2}} p^{\frac{m+k}{2}} q^{\frac{m-k}{2}}$$

(si $k \in X_m(\Omega)$, on a $m+k$ qui est un nombre pair !)

En particulier $a_m = P(X_m = 0) = P(Y_m = \tfrac{m}{2})$, d'où :
- si m est impair $a_m = 0$ (évident a priori !!!)
- si m est pair $a_m = \binom{m}{m/2} p^{m/2} q^{m/2}$

ii) a) On a : $a_{2k} = \dfrac{1}{2^{2k}} \binom{2k}{k}$ (car $p = q = \tfrac{1}{2}$ dans cette question).

Or d'après l'exercice n° 23, on a : $\displaystyle\sum_{k=0}^{m} \binom{2k}{k}\binom{2m-2k}{m-k} = 2^{2m}$ et par conséquent :
$$\sum_{k=0}^{m} a_{2k}\, a_{2m-2k} = \frac{1}{2^{2m}} \sum_{k=0}^{m} \binom{2k}{k}\binom{2m-2k}{m-k} = 1.$$

b) On a : $a_{2n} = \dfrac{1}{2^{2n}} \dfrac{(2n)!}{(n!)^2}$, soit à l'aide de la formule de Stirling :
$$a_{2n} \sim \frac{1}{2^{2n}} \cdot \frac{\sqrt{4\pi n}\left(\frac{2n}{e}\right)^{2n}}{\left[\sqrt{2\pi n}\left(\frac{n}{e}\right)^n\right]^2} = \frac{1}{2^{2n}} \sqrt{4\pi n}\; 2^{2n} \left(\frac{n}{e}\right)^{2n} \times \frac{1}{2\pi n \left(\frac{n}{e}\right)^{2n}}$$

i.e. $a_{2n} \sim \dfrac{1}{\sqrt{\pi n}}$

Note : on obtient en particulier le résultat suivant : $\lim_{n \to \infty} a_{2n} = 0$. Ce résultat qui pouvait paraître évident pour $p \neq q$, ne l'était pas pour $p = q = \tfrac{1}{2}$.

iii) Remarquons tout d'abord que subsistent uniquement les termes d'indice pair. La série de terme général $u_k = a_{2k}\, z^{2k}$ converge pour $z \in [0, 1[$. En effet, on peut écrire pour z strictement positif :
$$\frac{u_{k+1}}{u_k} = \frac{a_{2k+2}}{a_{2k}} z^2 = z^2 pq \frac{\binom{2k+2}{k+1}}{\binom{2k}{k}} = z^2 pq \frac{(2k+2)(2k+1)}{(k+1)^2}$$

donc $\displaystyle\lim_{k \to +\infty} \frac{u_{k+1}}{u_k} = 4pq\, z^2$.

Or pour $p \in [0,1]$, on a $4pq \leq 1$ (il suffit d'étudier la fonction $x \mapsto 4x(1-x)$ qui passe par un maximum qui vaut 1 pour $x = \tfrac{1}{2}$).

Si $z \in\,]0,1[$, on a donc $\displaystyle\lim_{k \to +\infty} \frac{u_{k+1}}{u_k} < 1$, ce qui assure la convergence de la série à l'aide de la règle de d'Alembert.

Soit donc $z \in [0,1[$, on a :
$$A(z) = \sum_{k=0}^{\infty} a_{2k}\, z^{2k} = \sum_{k=0}^{\infty} \binom{2k}{k} p^k q^k z^{2k}$$

La formule du binôme généralisé permet d'écrire $\binom{2k}{k} = 2^{2k}(-1)^k \binom{-\frac{1}{2}}{k}$, et par conséquent :
$$A(z) = \sum_{k=0}^{\infty} \binom{-\frac{1}{2}}{k} (-4pqz^2)^k = (1 - 4pqz^2)^{-\frac{1}{2}}$$

iv) a) Soit m strictement positif. On a $(X_{2m} = 0) = \displaystyle\bigcup_{k=1}^{m} \left[(X_{2m} = 0) \cap T_{2k}\right]$. En effet, dire que la puce est à l'origine à l'instant $2m$ entraîne qu'elle est nécessairement repassée par l'origine pour la première fois à l'un des instants $2, 4, \ldots, 2m$.

D'où :
$$a_{2m} = P(X_{2m} = 0) = \sum_{k=1}^{m} P(T_{2k}) \cdot P(X_{2m} = 0 / T_{2k})$$

car la réunion précédente est une réunion disjointe. Mais on a également
$$P(X_{2m}=0\,/\,T_{2k}) = P(X_{2m-2k}=0),$$
car la puce n'ayant pas de mémoire, on peut placer l'origine des temps à l'instant $2k$, la puce étant à cet instant à l'origine. On en déduit bien :
$$a_{2m} = \sum_{k=1}^{m} t_{2k}\, a_{2m-2k} = \sum_{k=0}^{m} t_{2k}\, a_{2m-2k}\,.$$

b) Soit $z \in [0,1]$, la série de terme général $t_k z^k$ (où ne subsistent d'ailleurs que les termes d'indices pairs) est sûrement convergente puisqu'elle est à termes positifs et majorée par la série de terme général t_k qui est convergente et de somme inférieure ou égale à 1. En effet $\sum_{k=0}^{\infty} t_k$ est la probabilité que la puce repasse à l'origine.
Pour $z \in [0,1[$, on peut donc écrire :
$$A(z) = \sum_{k=0}^{\infty} a_{2k}\, z^{2k}\quad ;\quad T(z) = \sum_{k=0}^{\infty} t_{2k}\, z^{2k}\,.$$
On sait alors qu'il est licite d'effectuer le produit de Cauchy de ces deux séries, ce qui donne :
$$\forall z \in [0,1[\,,\ A(z).T(z) = \Big(\sum_{k=0}^{\infty} a_{2k} z^{2k}\Big)\Big(\sum_{j=0}^{\infty} t_{2j} z^{2j}\Big) = \sum_{k=0}^{\infty}\sum_{j=0}^{\infty} a_{2k} t_{2j}\, z^{2k+2j}$$
Posons alors $2k+2j = 2m$ et ordonnons différemment :
$$A(z).T(z) = \sum_{m=0}^{\infty} \Big(\sum_{k=0}^{\infty} a_{2k}\, t_{2m-2k}\Big) z^{2m}$$
Éliminons le cas $m=0$, puisque $t_0 = 0$, et appliquons le résultat a) :
$$A(z).T(z) = \sum_{m=1}^{\infty} a_{2m} z^{2m} = A(z) - 1.$$

c) On peut donc écrire, pour $z \in [0,1[$, $T(z) = \dfrac{A(z)-1}{A(z)} = 1 - \sqrt{1-4pqz^2}$.
Cette formule est encore valable pour $z=1$, puisque la série définissant $T(z)$ étant convergente pour $z=1$, la fonction $T(z)$ est continue en 1.
Il suffit alors de développer $T(z)$ en utilisant encore la formule du binôme généralisé, ce qui donne :
$$T(z) = -\sum_{k=1}^{\infty} \binom{\frac{1}{2}}{k}(-4pqz^2)^k = \sum_{k=1}^{\infty} \frac{1}{(2k-1)}\binom{2k}{k} p^k q^k z^{2k}$$
En admettant l'unicité d'un tel développement en série, on en déduit :
$$\forall k \in \mathbb{N}^*\quad t_{2k} = \frac{p^k q^k}{2k-1}\binom{2k}{k}\,.$$

d) On a, en notant T l'événement "la puce <u>repasse</u> par l'origine" :
$$P(T) = \sum_{k=1}^{\infty} t_{2k} = T(1) = 1 - \sqrt{1-4pq} = 1 - \sqrt{(p+q)^2 - 4pq} = 1 - \sqrt{(p-q)^2}$$
i.e. $P(T) = 1 - |p-q|$.
Cette probabilité vaut 1 si et seulement si $p = q = \frac{1}{2}$.

Marche aléatoire

Notre puce se déplace toujours sur un axe orienté, mais elle commence à se lasser un peu de ce petit jeu. Aussi on suppose que chaque seconde la puce peut effectuer un saut positif de longueur 1 avec la probabilité p, un saut négatif de longueur 1 avec la probabilité q, ou décider de se reposer sur place avec la possibilité r. Avec, bien entendu, p + q + r = 1.

Les décisions sont toujours indépendantes les unes des autres et la puce part encore de l'origine. Notons X_n l'abscisse du point où se trouve la puce au bout de n secondes. Préciser l'espérance et la variance de X_n.

Notons Z_m, V_m, W_m les variables aléatoires égales respectivement aux nombres de sauts positifs, négatifs et "sur place".

Il paraît clair que l'on a : $Z_m + V_m + W_m = m$ et $X_m = Z_m - V_m$. Il est tout aussi clair que ces trois variables ne sont pas indépendantes, mais les sauts étant indépendants les uns des autres, on sait que :

$$Z_m \hookrightarrow \mathcal{B}(m, p) \quad ; \quad V_m \hookrightarrow \mathcal{B}(m, q) \quad ; \quad W_m \hookrightarrow \mathcal{B}(m, r)$$

• Tentons d'expliciter la loi de X_m :
$$X_m(\Omega) = \{i-j \, / \, i,j \in [\![0,m]\!], \, i+j \leq m\} = [\![-m, +m]\!]$$

On sait que, pour tous i, j de $[\![0,m]\!]$ tels que $i+j \leq m$, on a :
$$P(Z_m = i \cap V_m = j) = \binom{m}{i}\binom{m-i}{j} p^i q^j r^{m-i-j}$$

(loi trinomiale : on choisit les positions des i sauts positifs, puis des j sauts négatifs parmi les places restantes, les autres étant nécessairement des temps de repos pour cette pauvre bonne vieille puce sentant venir avec angoisse les prémisses de l'accident cardiaque).

Ainsi :
$$\forall k \in [\![-m, +m]\!], \quad P(X_m = k) = \sum_{i=0}^{m} P(X_m = k \cap Z_m = i)$$
$$= \sum_{i=0}^{m} P(Z_m - V_m = k \cap Z_m = i) = \sum_{i=0}^{m} P(Z_m = i \cap V_m = i-k)$$

soit $\quad P(X_m = k) = \sum_{i=0}^{m} \binom{m}{i}\binom{m-i}{i-k} p^i q^{i-k} r^{m-2i-k}$

(ne pas oublier les conventions concernant les coefficients binomiaux qui permettent de ne pas s'occuper des valeurs de i convenables).

Malheureusement, il ne semble pas que cette expression puisse se simplifier notablement (si vous trouvez une forme condensée permettant le calcul des moments de X, n'hésitez pas à nous écrire, nous vous enverrons par retour du courrier une puce en parfaite condition physique).

Rassurez-vous, on peut calculer $E(X_m)$ et $V(X_m)$ sans cela. En effet :

• $X_m = Z_m - V_m$. Donc $E(X_m) = E(Z_m) - E(V_m) = mp - mq$
i.e. $\quad E(X_m) = m(p-q)$.

• On a de même $V(X_m) = V(Z_m) + V(V_m) - 2\,\text{Cov}(Z_m, V_m)$

Il reste donc à calculer la covariance de Z_m et V_m, pour cela on remarque que $Z_m + V_m = m - W_m$, ce qui permet d'écrire :
$$V(Z_m + V_m) = V(m - W_m) = V(W_m) = mr(1-r)$$

d'où $\quad 2\,\text{Cov}(Z_m, V_m) = V(Z_m + V_m) - V(Z_m) - V(V_m)$
$$= mr(1-r) - mp(1-p) - mq(1-q)$$

d'où l'on déduit enfin :
$$V(X_m) = mp(1-p) + mq(1-q) - mr(1-r) + mp(1-p) + mq(1-q)$$

i.e. $\quad V(X_m) = m(2p(q+r) + 2q(p+r) - r(p+q))$
$$V(X_m) = 4mpq + mr(p+q).$$

Dans le plan usuel rapporté à un repère orthonormé $(O, \vec{i}, \vec{j})$ on considère le cercle de centre O et de rayon R ($R > 0$) et le point A de coordonnées $(R, 0)$. On choisit au hasard un point M sur ce cercle. Notons L la longueur de l'arc $\widehat{AM}$, C la longueur aléatoire de la corde AM, X et Y les coordonnées aléatoires de M.

i) Quelle est la loi de L? celle de C? préciser l'espérance et la variance de C.
ii) Donner les lois de X et Y, leur espérance et leur variance.

iii) Montrer que X et Y sont non corrélées.
Comparer $P(0 \leq X \leq \frac{R\sqrt{2}}{2} \cap 0 \leq Y \leq \frac{R\sqrt{2}}{2})$ et
$P(0 \leq X \leq \frac{R\sqrt{2}}{2}) \cdot P(0 \leq Y \leq \frac{R\sqrt{2}}{2})$, conclusion?

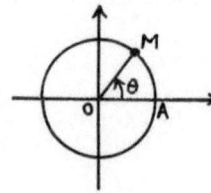

i) Soit θ la variable aléatoire égale à la mesure de l'angle $(\vec{OA}, \vec{OM})$ prise dans $[0, 2\pi[$. Dire que le point M est pris "au hasard" signifie que θ suit une loi uniforme sur $[0, 2\pi[$ on a donc en notant F_T la fonction de répartition d'une variable aléatoire T :
$$\forall u \in [0, 2\pi[\quad , \quad F_\theta(u) = \frac{u}{2\pi}$$

a) On a : $L = R\theta$ et par conséquent L suit la loi uniforme sur $[0, 2\pi R[$, on en déduit $E(L) = \pi R$, $V(L) = \frac{1}{12}(2\pi R)^2 = \frac{\pi^2 R^2}{3}$.

b) Commençons par exprimer C en fonction de θ et pour cela notons H le milieu du segment AM. On a :

si $\theta \in [0, \pi]$ 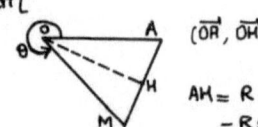 si $\theta \in]\pi, 2\pi[$

$(\vec{OA}, \vec{OH}) = \frac{\theta}{2}$ $\qquad$ $(\vec{OA}, \vec{OH}) = \frac{2\pi - \theta}{2}$

$AH = R \sin \frac{\theta}{2}$ $\qquad$ $AH = R \sin \frac{2\pi - \theta}{2} = R \sin \frac{\theta}{2}$

Ainsi, dans tous les cas, on a $C = 2R \sin \frac{\theta}{2}$.
On a donc $C(\Omega) = [0, 2R[$; déterminons la fonction de répartition de C :
$$\forall x \in [0, 2R[\quad , \quad F_C(x) = P(2R \sin \frac{\theta}{2} \leq x) = P(\sin \frac{\theta}{2} \leq \frac{x}{2R})$$
Comme $\frac{\theta}{2} \in [0, \pi[$, une petite étude trigonométrique donne :
$$\sin \frac{\theta}{2} \leq \frac{x}{2R} \iff 0 \leq \frac{\theta}{2} \leq \text{Arcsin} \frac{x}{2R} \text{ ou } \pi - \text{Arcsin} \frac{x}{2R} \leq \frac{\theta}{2} < \pi$$

d'où : $F_C(x) = F_\theta(2 \text{Arcsin} \frac{x}{2R}) + F_\theta(2\pi) - F_\theta(2\pi - 2\text{Arcsin} \frac{x}{2R}) = \frac{2}{\pi} \text{Arcsin} \frac{x}{2R}$,
et bien entendu $F_C(x) = 0$ pour $x < 0$, $F_C(x) = 1$ pour $x \geq 2R$.

F_C est une fonction dérivable sur $\mathbb{R}$ sauf en 0 et en 2R. La dérivée à droite en 0 vaut $\frac{1}{\pi R}$ (équivalence classique), la dérivée à gauche en 2R valant $+\infty$. La dérivée à gauche en 0 vaut 0, la dérivée à droite en 2R valant 0. Par conséquent, C est une variable aléatoire continue (mais pas absolument continue) dont une densité (généralisée) f est définie par :
$$\forall x \leq 0, f(x) = 0 \quad ; \quad \forall x \geq 2R, f(x) = 0.$$
$$\forall x \in]0, 2R[\quad , \quad f(x) = F'(x) = \frac{2}{\pi \sqrt{4R^2 - x^2}}$$

Ceci permettrait de calculer l'espérance et la variance de C. Mais il est plus simple de remarquer qu'une densité de θ est $\frac{1}{2\pi}$ sur $[0, 2\pi[$ et par conséquent :
$$E(C) = \int_0^{2\pi} 2R \sin \frac{\theta}{2} \cdot \frac{1}{2\pi} d\theta = \frac{4R}{\pi}$$
$$E(C^2) = \int_0^{2\pi} 4R^2 \sin^2 \frac{\theta}{2} \cdot \frac{1}{2\pi} d\theta = \int_0^{2\pi} \frac{R^2}{\pi}(1 - \cos\theta) d\theta = 2R^2$$
d'où $E(C) = \frac{4R}{\pi}$, $V(C) = \frac{2R^2}{\pi^2}(\pi^2 - 8)$.

ii) On a bien sûr $X = R\cos\theta$, $Y = R\sin\theta$ et $X(\Omega) = Y(\Omega) = [-R, R]$.
Pour $x \in [-R, R]$, on a $F_X(x) = P(R\cos\theta \leq x) = P(\cos\theta \leq \frac{x}{R})$, soit après une étude trigonométrique similaire à celle effectuée en i) :
$$F_X(x) = P(\text{Arccos} \frac{x}{R} \leq \theta \leq 2\pi - \text{Arccos} \frac{x}{R}) = F_\theta(2\pi - \text{Arccos} \frac{x}{R}) - F_\theta(\text{Arccos} \frac{x}{R})$$
$$= 1 - \frac{1}{\pi} \text{Arccos} \frac{x}{R}$$

Comme en i), on en déduit que X est une variable aléatoire continue (mais non absolument continue car la fonction Arccos n'est pas dérivable en 1 et -1), dont une densité g est définie sur $]-R, R[$ par
$$g(x) = \frac{1}{\pi} \frac{1}{\sqrt{R^2 - x^2}} \qquad \text{(et bien sûr } g \text{ nulle hors de }]-R, R[\text{)}$$

On a enfin :
$$E(X) = E(R\cos\theta) = \int_0^{2\pi} R \cos\theta \frac{1}{2\pi} d\theta = 0$$
$$V(X) = E(X^2) = \int_0^{2\pi} R^2 \cos^2\theta \cdot \frac{1}{2\pi} d\theta = \frac{R^2}{2\pi} \int_0^{2\pi} \frac{1 + \cos 2\theta}{2} d\theta = \frac{R^2}{2}$$

Il est inutile de recommencer pour Y, puisque des arguments de symétrie évidents montrent que X et Y ont la même loi.

iii) • On a : $E(XY) = E(R^2 \cos\theta \sin\theta) = \int_0^{2\pi} R^2 \cos\theta \sin\theta \cdot \frac{1}{2\pi} d\theta = \frac{R^2}{4\pi} \int_0^{2\pi} \sin 2\theta \, d\theta = 0$

et donc : $\text{Cov}(X,Y) = E(XY) - E(X)E(Y) = 0$, X et Y sont donc des variables non corrélées.

• On a : $P(0 \leq X \leq \frac{R}{\sqrt{2}}) = F_X(\frac{R}{\sqrt{2}}) - F_X(0) = \frac{1}{\pi}(\text{Arccos } 0 - \text{Arccos } \frac{1}{\sqrt{2}}) = \frac{1}{\pi}(\frac{\pi}{2} - \frac{\pi}{4})$
$$= \frac{1}{4}$$

de même $P(0 \leq Y \leq \frac{R}{\sqrt{2}}) = \frac{1}{4}$ (X et Y ont même loi).

Mais : $P[(0 \leq X \leq \frac{R}{\sqrt{2}}) \cap (0 \leq Y \leq \frac{R}{\sqrt{2}})] = P[(\cos\theta \in [0, \frac{1}{\sqrt{2}}]) \cap (\sin\theta \in [0, \frac{1}{\sqrt{2}}])]$
$$= P(\theta = \frac{\pi}{4}) = 0$$

puisque θ est une variable aléatoire continue.
On a donc :
$$P(X \in [0, \frac{R}{\sqrt{2}}] \cap Y \in [0, \frac{R}{\sqrt{2}}]) \neq P(X \in [0, \frac{R}{\sqrt{2}}]) \cdot P(Y \in [0, \frac{R}{\sqrt{2}}])$$

Les variables X et Y, bien que non corrélées, ne sont donc pas indépendantes.

104

Soient X, Y, Z trois variables aléatoires mutuellement indépendantes et suivant la même loi géométrique de paramètre p. $p \in \,]0, 1[$.
  i) Déterminer les lois et les fonctions de répartitions de $X + Y$ et $X + Y + Z$.
 ii) Calculer $P(X = Y)$ et $P(X \leq Y)$.
iii) Calculer $P(X + Y = 2Z)$.
 iv) Calculer $P(Z \leq X + Y)$.

Si U suit une loi géométrique de paramètre p, on a :
$$U(\Omega) = [\![1, +\infty[\![\quad, \text{ et } \forall k \in \mathbb{N}^* \quad P(U = k) = p \cdot q^{k-1}$$

i). Par conséquent $(X+Y)(\Omega) = [\![2, +\infty[\![$ et
$$\forall m \geq 2, \quad P(X+Y = m) = \sum_{k=1}^{m-1} P(X=k) P(Y = m-k)$$
$$= \sum_{k=1}^{m-1} p \cdot q^{k-1} p \cdot q^{m-k-1}$$

i.e. $P(X+Y = m) = (m-1) p^2 q^{m-2}$.

On a alors, pour $m \geq 2$, $F_{X+Y}(m) = P(X+Y \leq m) = \sum_{k=2}^{m} P(X+Y = k)$
$$= p^2 (1 + 2q + 3q^2 + \ldots + (m-1) q^{m-2})$$

En remarquant que $x \mapsto 1 + 2x + 3x^2 + \ldots + (m-1) x^{m-2}$ est la dérivée sur $]-1, 1[$ de
$x \mapsto 1 + x + x^2 + \ldots + x^{m-1} = \frac{1 - x^m}{1 - x}$, on obtient en dérivant au point q :

$$1 + 2q + \ldots + (m-1)q^{m-2} = \frac{(1-q^m) - mq^{m-1}(1-q)}{(1-q)^2}$$

et comme $1-q = p$, il vient :
$$F_{X+Y}(m) = 1 - q^m - mpq^{m-1}$$

• De même $(X+Y+Z)(\Omega) = [\![3, +\infty[\![$ et
$$\forall n \geq 3, \quad P(X+Y+Z = m) = \sum_{k=2}^{m-1} P(X+Y=k) \cdot P(Z = m-k)$$
$$= \sum_{k=2}^{m-1} (k-1) p^2 q^{k-2} p q^{m-k-1} = p^3 q^{m-3} \sum_{k=2}^{m-1} (k-1)$$

i.e. $\quad P(X+Y+Z = m) = \frac{(m-1)(m-2)}{2} p^3 q^{m-3}$.

On a alors, pour $m \geq 3$, $F_{X+Y+Z}(m) = \sum_{k=3}^{m} P(X+Y+Z = k)$
$$= \frac{p^3}{2} \left(2 + 6q + \ldots + (m-1)(m-2) q^{m-3} \right)$$

En remarquant que $x \mapsto 2 + 6x + \ldots + (m-1)(m-2) x^{m-3}$ est la dérivée seconde sur $]-1,1[$ de $x \mapsto \frac{1-x^m}{1-x}$, on obtient en calculant la dérivée seconde au point q :

$$2 + 6q + \ldots + (m-1)(m-2) q^{m-3} = \frac{(1-q) [m(m-1) q^{m-1} - m(m-1) q^{m-2}] + 2[1 + (m-1)q^m - mq^{m-1}]}{(1-q)^3}$$

d'où : $F_{X+Y+Z}(m) = 1 - \frac{m(m-1)}{2} p^2 q^{m-2} - mpq^{m-1} - q^m$.

Note : Les calculs faits plus haut ne nécessitent aucune connaissance sur les lois de Pascal. Sinon, on sait que $X+Y \hookrightarrow P(2,p)$, $X+Y+Z \hookrightarrow P(3,p)$. On a alors : $P(X+Y \leq m) = 1 - P(X+Y > m)$ et $X+Y > m$ signifie que, dans une succession de m épreuves indépendantes de même probabilité de succès p, l'on a obtenu au plus un succès. La probabilité de n'obtenir aucun succès est q^m et celle d'obtenir un succès est mpq^{m-1}.

De même, $P(X+Y+Z \leq m) = 1 - P(X+Y+Z > m)$ et, avec le même modèle, cela signifie que l'on a obtenu au plus deux succès en m essais. La probabilité d'obtenir deux succès valant $\binom{m}{2} p^2 q^{m-2}$, les résultats s'en déduisent.

ii). On a : $P(X=Y) = \sum_{m=1}^{\infty} P((X=m) \cap (Y=m))$
$$= \sum_{m=1}^{\infty} pq^{m-1} \cdot pq^{m-1} \quad \text{(événements indépendants)}$$
$$= p^2 \sum_{m=1}^{\infty} q^{2m-2} = p^2 \cdot \frac{1}{1-q^2} \quad \text{(série géométrique de raison } q^2\text{)}$$

i.e. $\quad P(X=Y) = \frac{p}{1+q}$.

• Pour calculer $P(X \leq Y)$, on pourrait bien sûr calculer $P((X=m) \cap (Y \geq m))$, puis sommer pour toutes les valeurs de m, il est plus simple de remarquer que l'on a :
$P(X<Y) + P(X>Y) + P(X=Y) = 1$ (système complet), ou encore
$P(X \leq Y) + P(X \geq Y) - P(X=Y) = 1$.

Comme il est évident, par symétrie, que l'on a $P(X \leq Y) = P(Y \leq X)$, il vient
$$P(X \leq Y) = \frac{1}{2} (1 + P(X=Y)) = \frac{1}{1+q}.$$

iii) On a $\quad P(X+Y = 2Z) = \sum_{m=1}^{\infty} P((X+Y = 2m) \cap (Z=m))$
$$= \sum_{m=1}^{\infty} (2m-1) p^2 q^{2m-2} \cdot pq^{m-1} \quad \text{(événements indépendants)}$$
$$= p^3 \left[2 \sum_{m=1}^{\infty} m q^{3m-3} - \sum_{m=1}^{\infty} q^{3m-3} \right].$$

En posant $x = q^3$, la seconde somme s'écrit $\sum_{m=1}^{\infty} x^{m-1}$ et vaut donc $\frac{1}{1-x}$. La première somme s'écrit $\sum_{m=1}^{\infty} m\, x^{m-1}$ et vaut donc $\frac{1}{(1-x)^2}$ (ce que l'on obtient par dérivation terme à terme de la somme précédente ou directement par passage à la limite dans l'expression obtenue en i)). D'où :

$$P(X+Y = 2Z) = p^3 \left[\frac{2}{(1-q^3)^2} - \frac{1}{1-q^3} \right]$$

i.e. $\quad P(X+Y = 2Z) = \dfrac{p^3(1+q^3)}{(1-q^3)^2}$.

iv) Au lieu de calculer $P(Z \leq X+Y)$, il est plus agréable d'évaluer $P(Z > X+Y)$, car :

$$P(Z > X+Y) = \sum_{m=2}^{\infty} P\big((X+Y=m) \cap (Z>m)\big) = \sum_{m=2}^{\infty} P(X+Y=m) \cdot P(Z>m)$$

(en effet, $X+Y$ et Z sont indépendantes), d'où :

$$P(Z > X+Y) = \sum_{m=2}^{\infty} (m-1) p^2 q^{m-2} \cdot q^m \qquad (\text{car } P(Z>m) = q^m \ !)$$

$$= p^2 q^2 \cdot \sum_{m=2}^{\infty} (m-1) q^{2m-4}$$

En posant $x = q^2$, on est donc amené à calculer $\sum_{m=2}^{\infty} (m-1) x^{m-2}$ qui vaut $\dfrac{1}{(1-x)^2}$ (toujours la même chose ! l'indice étant simplement décalé), d'où :

$$P(Z > X+Y) = p^2 q^2 \cdot \frac{1}{(1-q^2)^2} = \frac{q^2}{(1+q)^2}$$

et $\quad P(Z \leq X+Y) = 1 - \left(\dfrac{q}{1+q}\right)^2$.

Note : on remarque que la dernière probabilité est toujours supérieure à $\frac{3}{4}$, ce qui ne contredit pas l'intuition...

105

Soit N une variable aléatoire telle que $N(\Omega) = \mathbb{N}$. Si N prend la valeur n, alors on procède à une succession de n épreuves de Bernoulli indépendantes, la probabilité de succès à chaque épreuve valant p ($p \in\ ]0, 1[$). On note S et E les variables aléatoires représentant respectivement les nombres de succès et d'échecs dans la succession d'épreuves de Bernoulli.

(Attention, le nombre d'épreuves est lui aussi aléatoire!)

i) Montrer que si N suit la loi de Poisson de paramètre λ ($\lambda > 0$), alors E et S suivent des lois de Poisson dont on déterminera les paramètres. Montrer qu'alors E et S sont indépendantes.

ii) Réciproquement, montrer que si E et S sont indépendantes, alors il existe deux suites $(u_n)_{n \in \mathbb{N}}$, $(v_n)_{n \in \mathbb{N}}$ telles que :

$$\forall k, k' \in \mathbb{N}, \ (k+k')! \, P(N = k+k') = u_k v_{k'}$$

En déduire que ces suites sont géométriques et que N suit une loi de Poisson.

---

i). Pour $k \in \mathbb{N}$, on a $P(S=k) = \sum_{m=0}^{\infty} P(S=k) = \sum_{m=0}^{\infty} P\big((S=k) \cap (N=m)\big)$

(En effet, $(N=m)_{m \in \mathbb{N}}$ est clairement LE système complet d'événements adapté au problème. C'est à lui qu'il faut se référer !)

D'où

$$P(S=k) = \sum_{m=0}^{\infty} P(N=m) \cdot P(S=k / N=m)$$

Mais, d'après l'énoncé, la variable conditionnée $S/N=m$ suit la loi binomiale de paramètres m et p, i.e.
$$P(S=k/N=m) = \binom{m}{k} p^k q^{m-k}$$
(Avec la convention habituelle, à savoir : $\binom{m}{k} = 0$ si $m < k$).

Comme $P(N=m) = e^{-\lambda} \dfrac{\lambda^m}{m!}$, il vient :
$$P(S=k) = \sum_{m=k}^{\infty} e^{-\lambda} \frac{\lambda^m}{m!} \binom{m}{k} p^k q^{m-k}$$

Effectuons le changement d'indice $m = k+i$ et développons le terme binomial, on obtient :
$$P(S=k) = \sum_{i=0}^{\infty} e^{-\lambda} \frac{\lambda^{k+i}}{k!\, i!} p^k q^i = \frac{(\lambda p)^k}{k!} e^{-\lambda} \sum_{i=0}^{\infty} \frac{(\lambda q)^i}{i!}$$

Mais $\sum_{i=0}^{\infty} \dfrac{(\lambda q)^i}{i!} = e^{\lambda q} = e^{\lambda(1-p)}$, ce qui donne enfin :
$$\forall k \in \mathbb{N}, \quad P(S=k) = \frac{(\lambda p)^k}{k!} e^{-\lambda p}$$

Ceci montre bien que S suit la loi de Poisson de paramètre λp.

• Le même calcul (il suffit de permuter les rôles de p et q) montre que :
$$\forall k' \in \mathbb{N}, \quad P(E=k') = \frac{(\lambda q)^{k'}}{k'!} e^{-\lambda q}$$

E suit donc la loi de Poisson de paramètre λq.

• Enfin, pour tous k, k' de $\mathbb{N}$, l'événement $(S=k) \cap (E=k')$ n'est autre que l'événement $(S=k) \cap (N=k+k')$, d'où :
$$P((S=i) \cap (E=j)) = P((S=i) \cap (N=i+j)) = P(N=i+j) \cdot P(S=i/N=i+j)$$
$$= e^{-\lambda} \frac{\lambda^{i+j}}{(i+j)!} \binom{i+j}{i} p^i q^j$$
$$= e^{-\lambda(p+q)} \cdot \frac{\lambda^i \lambda^j}{i!\, j!} p^i q^j = e^{-\lambda p} \frac{(\lambda p)^i}{i!} \cdot e^{-\lambda q} \frac{(\lambda q)^j}{j!}$$

(ne pas oublier que $p+q=1$!) ce qui montre bien que
$$\forall i, j \in \mathbb{N}, \quad P((S=i) \cap (E=j)) = P(S=i) \cdot P(E=j)$$
et prouve que E et S sont des variables indépendantes.

ii) Revenons maintenant au cas général, c'est-à-dire supposons la loi de N a priori quelconque. Nous avons vu que l'on pouvait écrire :
$$\forall k \in \mathbb{N}, \quad P(S=k) = \sum_{m=k}^{\infty} P(N=m) \cdot \frac{m!}{k!(m-k)!} p^k q^{m-k}$$
$$\forall k' \in \mathbb{N}, \quad P(E=k') = \sum_{m'=k'}^{\infty} P(N=m') \cdot \frac{m'!}{k'!(m'-k')!} q^{k'} p^{m'-k'}$$
$$\forall k, k' \in \mathbb{N}, \quad P((S=k) \cap (E=k')) = P((S=k) \cap (N=k+k')) = P(N=k+k') \cdot P(S=k/N=k+k')$$
$$= P(N=k+k') \cdot \frac{(k+k')!}{k!\, k'!} p^k q^{k'}$$

Supposons alors E et S indépendantes, on peut donc écrire :
$$\forall k, k' \in \mathbb{N} \quad P((S=k) \cap (E=k')) = P(S=k) \cdot P(E=k')$$
ce qui, après simplifications des facteurs communs, s'écrit :
$$(k+k')!\, P(N=k+k') = \underbrace{\left[\sum_{m=k}^{\infty} P(N=m) \cdot \frac{m!}{(m-k)!} q^{m-k}\right]}_{u_k} \underbrace{\left[\sum_{m'=k'}^{\infty} P(N=m') \cdot \frac{m'!}{(m'-k')!} p^{m'-k'}\right]}_{v_{k'}}$$

c'est-à-dire, avec les notations indiquées,
$$\forall k, k' \in \mathbb{N}, \quad (k+k')! \, P(N=k+k') = u_k v_{k'}.$$
ce qui montre que le produit $u_k v_{k'}$ ne dépend que de la somme $k+k'$.
En particulier, on a : $\forall k \in \mathbb{N}, \quad u_k v_1 = u_{k+1} v_0$.
Or $v_0 \neq 0$ (dans la série définissant v_0, il y a sûrement des termes strictement positifs, qui correspondent aux valeurs atteintes par N avec une probabilité non nulle). Donc :
$$\forall k \in \mathbb{N}, \quad u_{k+1} = \frac{v_1}{v_0} u_k$$
ce qui montre que la suite $(u_m)_{m \in \mathbb{N}}$ est une suite géométrique de raison $\frac{v_1}{v_0}$.
On montre de même que la suite $(v_m)_{m \in \mathbb{N}}$ est également géométrique. On en déduit alors, en faisant $k'=0$:
$$\forall k \in \mathbb{N}, \quad k! \, P(N=k) = u_k v_0 = u_0 v_0 \left(\frac{v_1}{v_0}\right)^k$$
i.e. $\forall k \in \mathbb{N}, \quad P(N=k) = \frac{u_0 v_0}{k!} \left(\frac{v_1}{v_0}\right)^k$.

Comme $\sum_{k=0}^{\infty} P(N=k) = 1$, on en déduit enfin $u_0 v_0 = e^{-\frac{v_1}{v_0}}$, ce qui achève de prouver que la variable N suit la loi de Poisson de paramètre $\frac{v_1}{v_0}$.

Note : Si $v_1 = 0$, alors N est la variable constante nulle, que l'on peut considérer comme une variable de Poisson dégénérée. Dans ce cas, E et S sont également des variables nulles qui sont bien indépendantes !

106

La poignée aléatoire

On considère une urne $\mathcal{U}$ contenant n jetons ($n \geq 2$) numérotés de 1 à n et on y prend une poignée aléatoire de jetons. On note N (qui est aléatoire!) le nombre de jetons de la poignée et S la somme (aussi aléatoire!!) des points des jetons de la poignée obtenue. (Si la poignée est vide, i.e. si N = 0, on convient que S prend la valeur 0).

i) On suppose dans cette question que toutes les poignées possibles sont équiprobables.

   a) Trouver la loi de N et son espérance.

   b) Pour $i \in [\![1, n]\!]$, on note X_i la variable de Bernoulli qui vaut 1 si le jeton numéro i appartient à la poignée obtenue et 0 sinon. Quel est le paramètre de X_i?

   c) Montrer que $S = \sum_{i=1}^{n} i \cdot X_i$, en déduire E(S).

   d) Montrer que les variables X_i sont deux à deux indépendantes et en déduire la variance de S.

ii) On suppose dans cette question que N suit la loi uniforme sur $[\![0, n]\!]$ (c'est-à-dire que, dans cette question, ce sont les «tailles» des poignées qui sont équiprobables).

   a) Quelle est l'espérance de N?

   b) Avec les notations de i), calculer pour $k \in [\![0, n]\!]$ la probabilité conditionnelle $P(X_i = 1/N = k)$ et en déduire le paramètre de la variable X_i.

   c) Calculer l'espérance de S.

   d) Les variables X_i sont-elles encore indépendantes? que vaut $\text{cov}(X_i, X_j)$?

iii) On suppose n = 3, déterminer la loi de S dans le premier et dans le second cas.

L'espace fondamental Ω est l'ensemble de toutes les parties de l'ensemble des n jetons. On peut donc écrire $\Omega = \mathcal{P}([\![1, n]\!])$. Par conséquent, $\text{Card}(\Omega) = 2^n$.

i)a) On a bien sûr $N(\Omega) = [\![0, n]\!]$. Pour $k \in [\![0, n]\!]$, l'événement $\{N=k\}$ signifie que la poignée tirée possède k jetons ; il y a donc $\binom{n}{k}$ événements élé-

-mentaires favorables. Comme on est dans l'hypothèse d'équiprobabilité, on en déduit : $P(N=k) = \frac{1}{2^m} \cdot \binom{m}{k}$.

On reconnaît alors en N une variable binomiale de paramètres m et $\frac{1}{2}$, d'où
$$E(N) = \frac{m}{2}.$$
Note : Ce résultat était, a priori, évident pour des raisons de symétrie de la loi de N, en effet ne pas oublier que l'on a : $\binom{m}{k} = \binom{m}{m-k}$!

i) b Le paramètre d'une variable de Bernoulli est la probabilité qu'elle prenne la valeur 1. Il convient donc de chercher le nombre de poignées contenant le jeton n° i. Ce nombre est bien entendu 2^{m-1} (une telle poignée est constituée du jeton n° i et d'une partie de l'ensemble des $m-1$ autres jetons).
D'où $P(X_i=1) = \frac{1}{2^m} \cdot 2^{m-1} = \frac{1}{2}$, i.e. $X_i \hookrightarrow \mathcal{B}(1, \frac{1}{2})$.

i) c iX_i vaut i si $X_i=1$, et 0 sinon. La somme $X_1 + 2X_2 + \dots + mX_m$ est donc la somme des nombres entiers compris entre 1 et m, correspondant aux numéros des jetons effectivement tirés, c'est bien la définition de S.
D'après la linéarité de l'opérateur espérance, on en déduit
$$E(S) = \sum_{i=1}^{m} i\, E(X_i) = \sum_{i=1}^{m} \frac{i}{2} = \frac{1}{2} \sum_{i=1}^{m} i = \frac{1}{2} \cdot \frac{m(m+1)}{2} = \frac{m(m+1)}{4}$$

i) d Pour $i \neq j$, calculons $P(X_i=1 \text{ et } X_j=1)$. L'événement considéré signifie que les jetons n° i et j sont effectivement tirés ; il y a par conséquent 2^{m-2} cas favorables (une telle poignée est constituée des jetons n° i et j, et d'une partie de l'ensemble des $m-2$ autres jetons). D'où :
$$P(X_i=1 \text{ et } X_j=1) = \frac{1}{2^m} \cdot 2^{m-2} = \frac{1}{4} = P(X_i=1) \cdot P(X_j=1)$$

Cela suffit pour démontrer que les variables X_i et X_j sont indépendantes, puisque les trois autres relations d'indépendance d'événements s'en déduisent par utilisation de complémentaires.
On en déduit alors :
$$V(S) = \sum_{i=1}^{m} i^2 V(X_i) = \frac{1}{4} \sum_{i=1}^{m} i^2 = \frac{1}{4} \cdot \frac{m(m+1)(2m+1)}{6} = \frac{m(m+1)(2m+1)}{24}$$

ii) a C'est un résultat du cours, on a encore $E(N) = \frac{m}{2}$.

ii) b On est donc dans la situation suivante : on prélève k jetons simultanément de l'urne et on désire que la poignée contienne le jeton n° i. Il s'agit d'une situation hypergéométrique, et par conséquent :
$$P(X_i=1 / N=k) = \frac{\binom{1}{1}\binom{m-1}{k-1}}{\binom{m}{k}} = \frac{k}{m}$$

D'après la formule des probabilités totales, il en découle :
$$P(X_i=1) = \sum_{k=0}^{m} P(N=k) \cdot P(X_i=1/N=k) = \sum_{k=0}^{m} \frac{1}{m+1} \cdot \frac{k}{m} = \frac{1}{m(m+1)} \cdot \frac{m(m+1)}{2} = \frac{1}{2}.$$

Le paramètre de la variable X_i vaut donc encore $\frac{1}{2}$.
Note : Là encore, le résultat était évident, a priori, pour des raisons de symétrie.

ii) c Le même calcul qu'en i) donne le résultat suivant : $E(S) = \frac{m(m+1)}{4}$, c'est-à-dire le même résultat !

ii) d On a : $P(X_i=1 \cap X_j=1 / N=k) = \frac{\binom{2}{2}\binom{m-2}{k-2}}{\binom{m}{k}}$ (toujours une situation hypergéométrique avec 2 jetons donnés qu'il faut tirer effectivement).

D'où :
$$P(X_i=1 \cap X_j=1 / N=k) = \frac{k(k-1)}{m(m-1)}$$

La formule des probabilités totales donne alors :
$$P(X_i=1 \cap X_j=1) = \sum_{k=0}^{m} P(N=k) \cdot P(X_i=1 \cap X_j=1 / N=k)$$
$$= \sum_{k=0}^{m} \frac{1}{m+1} \cdot \frac{k(k-1)}{m(m-1)} = \frac{1}{m(m^2-1)} \left(\sum_{k=0}^{m} k^2 - \sum_{k=0}^{m} k \right)$$
$$= \frac{1}{m(m^2-1)} \left[\frac{m(m+1)(2m+1)}{6} - \frac{m(m+1)}{2} \right]$$

d'où en simplifiant :
$$P(X_i=1 \cap X_j=1) = \frac{1}{3} \neq P(X_i=1) \cdot P(X_j=1)$$

Les variables $X_1, \ldots, X_m$ ne sont donc plus indépendantes dans ce cas, et pour finir :
$$\forall i \neq j, \quad \text{Cov}(X_i, X_j) = E(X_i X_j) - E(X_i) E(X_j)$$
$$= P(X_i=1 \cap X_j=1) - P(X_i=1) \cdot P(X_j=1) = \frac{1}{3} - \frac{1}{4}$$

soit $\text{Cov}(X_i, X_j) = \frac{1}{12}$.

En effet, on rappelle que l'espérance d'une variable de Bernoulli est la probabilité avec laquelle elle prend la valeur 1, et que $X_i X_j$ vaut 1 si et seulement si X_i vaut 1 et X_j vaut également 1.

iii) On a donc $\Omega = \{\emptyset, \{1\}, \{2\}, \{3\}, \{1,2\}, \{1,3\}, \{2,3\}, \{1,2,3\}\}$, et $S(\Omega) = [\![0,6]\!]$.

Dans le premier cas, chacune des parties a la même probabilité $\frac{1}{8}$ et la variable S est définie par :

$$S\begin{pmatrix} \emptyset, & \{1\}, & \{2\}, & \{3\}, & \{1,2\}, & \{1,3\}, & \{2,3\}, & \{1,2,3\} \\ \downarrow & & & & & & & \\ 0 & 1 & 2 & 3 & 3 & 4 & 5 & 6 \end{pmatrix}$$

d'où

k	0	1	2	3	4	5	6
$P(S=k)$	$\frac{1}{8}$	$\frac{1}{8}$	$\frac{1}{8}$	$\frac{2}{8}$	$\frac{1}{8}$	$\frac{1}{8}$	$\frac{1}{8}$

Dans le deuxième cas, on a $P(\emptyset) = \frac{1}{4}$, $P(\{1\} \cup \{2\} \cup \{3\}) = \frac{1}{4}$, $P(\{1,2\}, \{1,3\}, \{2,3\}) = \frac{1}{4}$, $P(\{1,2,3\}) = \frac{1}{4}$.

Par conséquent, la probabilité que la poignée soit vide (resp. pleine) vaut $\frac{1}{4}$, et la probabilité de chacune des autres poignées vaut $\frac{1}{3} \cdot \frac{1}{4} = \frac{1}{12}$; on en déduit :

k	0	1	2	3	4	5	6
$P(S=k)$	$\frac{1}{4}$	$\frac{1}{12}$	$\frac{1}{12}$	$\frac{2}{12}$	$\frac{1}{12}$	$\frac{1}{12}$	$\frac{1}{4}$

107

Soit X une variable aléatoire absolument continue, à valeurs dans $\mathbb{R}_+$, de densité f. Soit $Y = [X]$ la partie entière de X.

i) Préciser la loi de Y et la fonction de répartition de $Z = X - Y$.

ii) Montrer que Y admet une espérance si et seulement si il en est de même pour X.

> iii) On suppose que X suit une loi exponentielle, de paramètre λ. Calculer dans ce cas l'espérance de Z.

i) Y est une variable aléatoire discrète, à valeurs dans $\mathbb{N}$, et pour $k \in \mathbb{N}$ on a :
$$P(Y=k) = P(k \leq X < k+1) = \int_k^{k+1} f(t)\,dt.$$
Pour tout réel a, on a : $a - [a] \in [0,1[$. Par conséquent la variable Z est à valeurs dans $[0,1[$. Soit donc $x \in [0,1[$ et calculons $F_Z(x) = P(Z \leq x)$.

Le système $(Y=k)_{k \in \mathbb{N}}$ est un système complet d'événements, par conséquent :
$$P(Z \leq x) = \sum_{k=0}^{\infty} P((Z \leq x) \cap (Y=k)).$$

Mais $(Z \leq x) \cap (Y=k) = (k \leq X \leq k+x)$, d'où :
$$P(Z \leq x) = \sum_{k=0}^{\infty} P(k \leq X \leq k+x) = \sum_{k=0}^{\infty} \int_k^{k+x} f(t)\,dt.$$

On a donc obtenu :
$$\begin{cases} \forall x \leq 0, & F_Z(x) = 0 \\ \forall x \in [0,1], & F_Z(x) = \sum_{k=0}^{\infty} \int_k^{k+x} f(t)\,dt \\ \forall x \geq 1, & F_Z(x) = 1 \end{cases}$$

ii) Comme Y est la partie entière de X, on a $Y \leq X < Y+1$. Cette double inégalité doit assurer par sommation de l'existence simultanée de $E(X)$ et $E(Y)$. Mais détaillons un peu car l'une des variables est discrète et l'autre absolument continue.

$\underline{\alpha}$ Si $E(X)$ existe, l'intégrale $\int_0^{+\infty} t f(t)\,dt$ converge. On a :
$$\sum_{k=0}^{m} k\, P(Y=k) = \sum_{k=0}^{m} \int_k^{k+1} k\, f(t)\,dt \leq \sum_{k=0}^{m} \int_k^{k+1} t\, f(t)\,dt = \int_0^{m+1} t\, f(t)\,dt.$$

En effet, pour $t \in [k, k+1]$, on a $k \leq t$ et f est positive. L'intégrale de droite (intégrale d'une fonction positive) est majorée par $E(X) = \int_0^{\infty} t f(t)\,dt$. Ainsi les sommes partielles de la série de terme général positif $k \cdot P(Y=k)$ sont majorées par $E(X)$. Cette série est bien convergente et on en déduit :
$$E(Y) = \sum_{k=0}^{\infty} k\, P(Y=k) \leq E(X).$$

$\underline{\beta}$ Si $E(Y)$ existe, la série $\sum_{k=0}^{\infty} k\, P(Y=k)$ est donc une série positive convergente de somme $E(Y)$. On a donc :
$$\int_0^x t\, f(t)\,dt \leq \int_0^{[x]+1} t\, f(t)\,dt = \sum_{k=0}^{[x]} \int_k^{k+1} k\, f(t)\,dt \leq \sum_{k=0}^{[x]} \int_k^{k+1} (k+1)\, f(t)\,dt$$

puisque pour $t \in [k, k+1]$ on a $t \leq k+1$. Soit :
$$\int_0^x t\, f(t)\,dt \leq \sum_{k=0}^{[x]} (k+1)\, P(Y=k) = \sum_{k=0}^{[x]} k\, P(Y=k) + \sum_{k=0}^{[x]} P(Y=k) \leq E(Y) + 1.$$

$\int_0^x t f(t)\,dt$ est une fonction croissante de x (toujours parce que $f \geq 0$) majorée par $E(Y) + 1$, elle admet donc une limite en $+\infty$ et
$$\int_0^{+\infty} t f(t)\,dt \leq E(Y) + 1, \quad \text{i.e.} \quad E(X) \leq E(Y) + 1.$$

iii) Supposons que X suive une loi exponentielle de paramètre λ. On a alors :
$$\forall t \in \mathbb{R}_+ \quad f(t) = \lambda e^{-\lambda t}.$$
En appliquant ce qui a été fait précédemment, on obtient pour $x \in [0, 1[$:
$$F_Z(x) = \sum_{k=0}^{\infty} \int_k^{k+x} \lambda e^{-\lambda t}\,dt = \sum_{k=0}^{\infty} \left[-e^{-\lambda t}\right]_k^{k+x}$$
$$= \sum_{k=0}^{\infty} \left(e^{-\lambda k} - e^{-\lambda(k+x)}\right) = \sum_{k=0}^{\infty} (1 - e^{-\lambda x}) e^{-\lambda k}$$
$$= (1 - e^{-\lambda x}) \cdot \sum_{k=0}^{\infty} (e^{-\lambda})^k$$

On reconnaît alors une série géométrique convergente ($\lambda > 0$), d'où : $F_Z(x) = \dfrac{1-e^{-\lambda x}}{1-e^{-\lambda}}$

d'où une densité de Z sur $[0, 1[$:

$$g(x) = F'_Z(x) = \dfrac{\lambda e^{-\lambda x}}{1-e^{-\lambda}} \quad \text{et}$$

$$E(Z) = \int_0^1 x\, g(x)\, dx = \int_0^1 x\, \dfrac{\lambda e^{-\lambda x}}{1-e^{-\lambda}}\, dx. \quad \text{Intégrons par parties :}$$

$$E(Z) = \dfrac{1}{1-e^{-\lambda}} \left(\left[-x e^{-\lambda x} \right]_0^1 + \int_0^1 e^{-\lambda x}\, dx \right)$$

$$= \dfrac{1}{1-e^{-\lambda}} \left(-e^{-\lambda} + \dfrac{1-e^{-\lambda}}{\lambda} \right)$$

Soit enfin : $E(Z) = \dfrac{1}{\lambda} - \dfrac{e^{-\lambda}}{1-e^{-\lambda}}$.

Note : Calculons également l'espérance de Y, lorsque X suit une loi exponentielle de paramètre λ. On a :

$$\forall k \in \mathbb{N} \quad P(Y=k) = e^{-\lambda k} - e^{-\lambda(k+1)}, \quad \text{d'où}$$

$$E(Y) = \sum_{k=0}^{\infty} k \left(e^{-\lambda k} - e^{-\lambda(k+1)} \right) = \sum_{k=0}^{\infty} k e^{-\lambda k} - \sum_{k=0}^{\infty} k e^{-\lambda(k+1)}$$

(on n'a pas de problème de convergence, d'après les résultats obtenus pour les séries géométriques). Dans la seconde série, faisons le changement d'indice $k+1 = h$, d'où :

$$E(Y) = \sum_{k=0}^{\infty} k e^{-\lambda k} - \sum_{h=1}^{\infty} (h-1) e^{-\lambda h}$$

$$= \sum_{k=0}^{\infty} k e^{-\lambda k} - \sum_{h=1}^{\infty} h e^{-\lambda h} + \sum_{h=1}^{\infty} e^{-\lambda h} = \sum_{h=1}^{\infty} e^{-\lambda h}$$

Soit enfin : $E(Y) = \dfrac{e^{-\lambda}}{1-e^{-\lambda}}$.

On remarque alors que l'on a encore $E(Z) = E(X) - E(Y)$ (puisque $E(X) = \dfrac{1}{\lambda}$) ; c'est-à-dire que la linéarité de l'espérance s'applique encore, bien qu'une des variables soit discrète et l'autre continue. Le résultat est général.

108

Les rencontres ou les coïncidences

Il est un certain nombre de problèmes classiques dits problèmes de coïncidences, dont voici quelques exemples:

. **Le problème des danseurs de Chicago**: Sur une piste de danse se trouvent N couples. Au départ de la danse, les N hommes et les N femmes forment des couples au hasard (homophiles de tous bords s'abstenir!). Quelle est la probabilité qu'au moins un couple légitime soit reconstitué?

. **Le problème des chapeaux**: N personnes se présentent à un vestiaire et y déposent leur chapeau. Les chapeaux sont malheureusement mélangés par la «dame du vestiaire». Quelle est la probabilité qu'au moins une personne reparte avec son propre chapeau?

. **Les jeux de cartes**: Deux jeux de cartes sont mélangés séparément puis posés sur la table. Quelle est la probabilité qu'au moins une carte se trouve au même endroit dans les deux jeux?

Tous ces problèmes peuvent se ramener au modèle suivant:

On considère le n-uplet $(1, 2, \ldots, n)$ (avec $n \geqslant 2$). On permute au hasard les n éléments de ce n-uplet.

i) Quelle est la probabilité qu'au moins un nombre occupe sa place naturelle?
(On utilisera l'exercice n° 46).

ii) On note X_n la variable aléatoire «nombre de nombres ayant après la permutation leur place naturelle». Quelle est la loi de X_n ?

iii) On note B_i, $i \in [\![1, n]\!]$, la variable de Bernoulli définie comme suit:
$B_i = 1$ si le nombre i est à sa place, $B_i = 0$ sinon.
Calculer $E(B_i)$, $V(B_i)$, cov (B_i, B_j) pour $i \neq j$.
Montrer que $X_n = B_1 + B_2 + ... + B_n$ et en déduire l'espérance et la variance de X_n.

i) Appelons A_m l'événement "au moins un nombre est à sa place". $\overline{A_n}$ est donc l'événement "aucun nombre n'est à sa place". Autant dire que les permutations correspondantes sont les dérangements. On a donc avec les notations de l'exercice rappelé :

$$P(\overline{A_n}) = \frac{N_m^0}{m!} = 1 - \frac{1}{1!} + \frac{1}{2!} - \frac{1}{3!} + ... + (-1)^m \frac{1}{m!}$$

et donc $\quad P(A_n) = \frac{1}{1!} - \frac{1}{2!} + \frac{1}{3!} - ... + (-1)^{m-1} \frac{1}{m!}$.

Note : on remarque que $\lim_{n \to +\infty} P(\overline{A_m}) = \sum_{p=0}^{+\infty} \frac{(-1)^p}{p!} = e^{-1}$ et donc $\lim_{m \to +\infty} P(A_m) = 1 - \frac{1}{e} \approx \frac{2}{3}$

ii) On a $X_m(\Omega) \subset [\![0, m]\!]$, cette inclusion est stricte puisque l'événement $\{X_m = m-1\}$ est impossible (s'il y avait exactement m-1 rencontres, où irait celui qui ne se rencontre pas ?!!)

Soit donc $k \in [\![0, m]\!]$, l'événement $\{X_m = k\}$ représente la situation suivante : "la permutation possède exactement k points fixes". D'où :

$$P(X_m = k) = \frac{N_m^k}{m!} = \frac{\binom{m}{k} N_{m-k}^0}{m!}$$

c'est-à-dire $\quad P(X_m = k) = \frac{1}{k!} \sum_{p=0}^{m-k} \frac{(-1)^p}{p!}$.

Note : On remarque que $P(X_m = m-1) = \frac{1}{(m-1)!} \sum_{p=0}^{1} \frac{(-1)^p}{p!} = 0$, ce que nous avions déjà prédit plus haut.

Nous montrerons plus tard que X_m converge en loi vers la loi de Poisson de paramètre 1.

iii) L'événement $B_i = 1$ représente la situation "le nombre i est à sa place", les autres nombres faisant ce qu'ils veulent. Ainsi :
$$P(B_i = 1) = \frac{(m-1)!}{m!} = \frac{1}{m}$$
Par conséquent $\quad E(B_i) = \frac{1}{m}$, $V(B_i) = \frac{1}{m}(1 - \frac{1}{m})$.

On a par définition $Cov(B_i, B_j) = E(B_i B_j) - E(B_i) E(B_j)$.
Or $B_i B_j$ est encore une variable aléatoire de Bernoulli qui vaut 1 si et seulement si B_i et B_j valent toutes deux 1. Si $i \neq j$ (c'est le seul cas qui nous intéresse), l'événement "$B_i = 1$ et $B_j = 1$" signifie que les deux entiers i et j sont restés fixes, la permutation n'ayant pu agir que sur les m-2 nombres qui restent. Donc :
$$E(B_i B_j) = P(B_i = 1 \text{ et } B_j = 1) = \frac{(m-2)!}{m!} = \frac{1}{m(m-1)}$$
et par conséquent :
$$Cov(B_i, B_j) = \frac{1}{m(m-1)} - \frac{1}{m^2} = \frac{1}{m^2(m-1)} .$$

Maintenant, la somme $\sum_{i=1}^{m} B_i$ s'éclaire d'autant de fois 1 qu'il y a de nombres à leur place, les autres termes de la somme étant des zéros. On a donc bien :
$$X_m = \sum_{i=1}^{m} B_i$$
On en déduit enfin :
$$E(X_m) = \sum_{i=1}^{m} E(B_i) = m \cdot \frac{1}{m} = 1$$

$$V(X_m) = V(B_1 + B_2 + ... + B_m) = V(B_1) + ... + V(B_n) + 2 \sum_{i<j} Cov(B_i, B_j)$$

On rappelle alors qu'il y a $\binom{m}{2} = \frac{m(m-1)}{2}$ couples (i,j) avec $i<j$. D'où

$$V(X_m) = m \cdot \frac{1}{m}\left(1 - \frac{1}{m}\right) + 2\frac{m(m-1)}{2} \cdot \frac{1}{m^2(m-1)} = 1.$$

Soit $E(X_m) = V(X_m) = 1$.

109

Soient X et Y deux variables indépendantes suivant la même loi géométrique de paramètre p, $p \in {]}0, 1{[}$.

i) Déterminer la loi de $Z = \dfrac{X}{Y}$.

ii) Déterminer l'espérance de Z et vérifier que celle-ci est toujours supérieure à 1.

---

i) Précisons tout d'abord $Z(\Omega)$: on a $X(\Omega) = Y(\Omega) = \mathbb{N}^*$ et comme X et Y sont indépendantes, Z peut prendre toutes les valeurs de la forme $\frac{m}{n}$ avec $m \in \mathbb{N}^*$ et $n \in \mathbb{N}^*$. Ainsi $Z(\Omega) = \mathbb{Q}_+^*$.

Soit alors z un élément de $\mathbb{Q}_+^*$ et $\frac{a}{b}$ son représentant irréductible. L'événement $Z = z$ est la réunion des événements $(X = ka) \cap (Y = kb)$ lorsque k parcourt $\mathbb{N}^*$ (ne pas oublier qu'un nombre rationnel peut se présenter d'une infinité de façons sous la forme d'une fraction !). Cette réunion étant disjointe, on a :

$$P(Z = z) = \sum_{k=1}^{\infty} P((X = ka) \cap (Y = kb))$$

et comme X et Y sont indépendantes et géométriques de paramètre p, il vient :

$$P(Z = z) = \sum_{k=1}^{\infty} P(X = ka) \cdot P(Y = kb) = \sum_{k=1}^{\infty} pq^{ka-1} pq^{kb-1} = \frac{p^2}{q^2} \sum_{k=1}^{\infty} q^{k(a+b)}$$

On reconnaît la somme des termes d'une série géométrique (convergente puisque $q \in {]}0, 1{[}$ $\Rightarrow q^{a+b} \in {]}0, 1{[}$!) débutant au rang 1. D'où :

$$P(Z = z) = \frac{p^2}{q^2} \cdot \frac{q^{a+b}}{1 - q^{a+b}}.$$

ii) Puisque X et Y sont indépendantes, X et $\frac{1}{Y}$ sont également indépendantes et par conséquent :
$$E(Z) = E\left(X \cdot \frac{1}{Y}\right) = E(X) \cdot E\left(\frac{1}{Y}\right).$$

$$E(X) = \sum_{k=1}^{\infty} k pq^{k-1} = p \sum_{k=1}^{\infty} k q^{k-1} = p \cdot \frac{1}{(1-q)^2} = \frac{1}{p} \quad \text{(résultat du cours}$$

obtenu par dérivation au point q de la relation $\sum_{k=0}^{\infty} x^k = \frac{1}{1-x}$, valable pour $|x| < 1$).

$$E\left(\frac{1}{Y}\right) = \sum_{k=1}^{\infty} \frac{1}{k} pq^{k-1} = \frac{p}{q} \sum_{k=1}^{\infty} \frac{q^k}{k} = \frac{p}{q} \cdot (-\ln(1-q)) \quad \text{(Résultat presque}$$

aussi classique, obtenu par intégration entre 0 et q de la même série, pour $|q| < 1$).
On en déduit enfin :
$$E(Z) = \frac{1}{p} \cdot \frac{p}{q}(-\ln(1-q)) = \frac{\ln p}{p-1}.$$

On sait que, pour $x \in \mathbb{R}_+^*$, on a $\ln x \leq x - 1$, l'égalité ne pouvant s'obtenir que pour $x = 1$. On a donc, puisque $p \in {]}0, 1{[}$,
$$\ln p < p - 1, \quad \text{d'où} \quad \frac{\ln p}{p-1} > 1 \quad \text{(attention, } p-1 \text{ est négatif !)}$$

L'espérance de Z est donc bien toujours strictement supérieure à 1.

Note

Sous prétexte que Z est le quotient de deux variables X et Y de même loi, il eut été bien imprudent de vouloir en conclure que l'espérance de Z valait 1. En effet, l'espérance d'un quotient n'a rien à voir avec le quotient des espérances, même pour des variables indépendantes. En revanche, il était intuitivement évident que, dans le cas présent, on avait $E(Z) > 1$. En effet, les événements $(X=k \cap Y=h)$ et $(X=h \cap Y=k)$ sont de même probabilité. Il était donc possible dans le calcul de $E(Z)$ de regrouper les couples symétriques (k,h) et (h,k) pour $h \neq k$. Mais la moyenne arithmétique de $\frac{k}{h}$ et $\frac{h}{k}$ vaut $\frac{k^2+h^2}{2hk}$, quantité qui est plus grande que 1 puisque $k^2+h^2-2hk = (k-h)^2 > 0$. Il s'ensuivait bien que $E(Z) > 1$.

110

Les runs

On considère une succession d'épreuves de Bernoulli indépendantes de même paramètre. A chaque épreuve la probabilité de succès est notée p(p ∈]0, 1[ ). On note X la longueur aléatoire du «run» démarrant au premier coup, où l'on appelle «run» une succession soit de succès soit d'échecs interrompue par l'événement contraire. Par exemple pour une séquence débutant par SSSE... le premier run est de longueur 3 et est un run de succès.

i) Trouver la loi de X, son espérance et sa variance.
ii) On note Y la longueur aléatoire du deuxième run (celui qui commence après la fin du premier!). Trouver la loi de Y, son espérance et sa variance.
iii) Trouver la loi conjointe du couple (X, Y) et calculer la covariance de X et Y.

---

i) Comme d'habitude, dans ce genre de situation, commençons par remarquer que X n'est pas tout à fait une variable aléatoire. En effet, pour une suite d'épreuves où l'on obtiendrait indéfiniment des succès (resp. des échecs), X n'est pas définie. Mais nous allons voir que ces deux cas sont négligeables du point de vue des probabilités (i.e. sont de probabilité nulle).

Si $k \in \mathbb{N}^*$, l'événement $X=k$ peut se schématiser ainsi : $\underbrace{SS...S}_{k}E...$ ou $\underbrace{EE...E}_{k}S...$ et donc
$$P(X=k) = p^k q + q^k p \quad \text{(avec bien sûr } q = 1-p\text{)}.$$

Comme
$$\sum_{k=1}^{\infty} P(X=k) = q\sum_{k=1}^{\infty} p^k + p\sum_{k=1}^{\infty} q^k = q\frac{p}{1-p} + p\frac{q}{1-q} = 1,$$
nos prévisions sont confirmées, la probabilité que X ne soit pas définie est nulle.

On a :
$$E(X) = \sum_{k=1}^{\infty} k P(X=k) = \sum_{k=1}^{\infty} k p^k q + \sum_{k=1}^{\infty} k q^k p$$
soit,
$$E(X) = p \sum_{k=1}^{\infty} k q p^{k-1} + q \sum_{k=1}^{\infty} k p q^{k-1}.$$

La première somme est exactement l'espérance d'une variable géométrique de paramètre q et la seconde celle d'une variable géométrique de paramètre p. D'après le cours (cf. notre cours de probabilités, page 155), il vient
$$E(X) = p \cdot \frac{1}{q} + q \cdot \frac{1}{p} = \frac{p^2+q^2}{pq}$$

On a d'autre part : $E(X^2) = p \sum_{k=1}^{\infty} k^2 q p^{k-1} + q \sum_{k=1}^{\infty} k^2 p q^{k-1}.$

On reconnaît alors les moments d'ordre deux des variables géométriques de paramètres respectifs q et p. On doit savoir qu'une variable géométrique de paramètre p a pour variance q/p^2, et la formule de Koenig-Huyghens donne alors:

$$E(X^2) = p\left(\frac{p}{q^2} + \frac{1}{q^2}\right) + q\left(\frac{q}{p^2} + \frac{1}{p^2}\right) = \frac{p^2}{q^2} + \frac{q^2}{p^2} + \frac{p}{q^2} + \frac{q}{p^2}$$

d'où $\quad V(X) = \dfrac{p^2}{q^2} + \dfrac{q^2}{p^2} + \dfrac{p}{q^2} + \dfrac{q}{p^2} - \left(\dfrac{p}{q} + \dfrac{q}{p}\right)^2$

i.e. $\quad V(X) = \dfrac{p}{q^2} + \dfrac{q}{p^2} - 2$.

ii) Les remarques préliminaires concernant X valent tout aussi bien pour Y. Soit donc $k \in \mathbb{N}^*$, pour tout entier strictement positif h, notons :

A_h l'événement $\underbrace{SS...SE}_{h}\underbrace{...ES}_{k}$; B_h l'événement $\underbrace{EE...ES}_{h}\underbrace{....SE}_{k}$.

Il est clair que $(Y = k) = \left(\bigcup_{h=1}^{\infty} A_h\right) \cup \left(\bigcup_{h=1}^{\infty} B_h\right)$ (union disjointe)

En effet, toutes ces choses signifient simplement que si le deuxième run est de longueur k, il a été précédé par un run contraire qui a pu être de longueur $1, 2, \ldots$.
On a donc :
$$P(Y=k) = \sum_{h=1}^{\infty} P(A_h) + \sum_{h=1}^{\infty} P(B_h) = \sum_{h=1}^{\infty} p^h q^k p + \sum_{h=1}^{\infty} q^h p^k q$$

soit
$$P(Y=k) = pq^k \sum_{h=1}^{\infty} p^h + qp^k \sum_{h=1}^{\infty} q^h = pq^k \frac{p}{1-p} + qp^k \frac{q}{1-q}$$

i.e. $\quad \forall k \in \mathbb{N}^*, \quad P(Y=k) = p^2 q^{k-1} + q^2 p^{k-1}$.

Note
On constate alors que $\sum_{k=1}^{\infty} P(Y=k) = 1$, ce qui nous rassure quant à l'existence de la variable aléatoire Y. On constate également que la loi de Y est différente de la loi de X, sauf pour $p = \frac{1}{2}$.
On en déduit :
$$E(Y) = p \sum_{k=1}^{\infty} k p q^{k-1} + q \sum_{k=1}^{\infty} k q p^{k-1}$$

et on reconnaît encore les espérances des lois géométriques, d'où
$$E(Y) = p \cdot \frac{1}{p} + q \cdot \frac{1}{q} = 2 \quad (\text{surprenant, non ?})$$

De même,
$$E(Y^2) = p \sum_{k=1}^{\infty} k^2 p q^{k-1} + q \sum_{k=1}^{\infty} k^2 q p^{k-1} = p \cdot \frac{q+1}{p^2} + q \cdot \frac{p+1}{q^2}$$

et par conséquent, $\quad V(Y) = \dfrac{q+1}{p} + \dfrac{p+1}{q} - 4$.

iii) Soit $(h,k) \in \mathbb{N}^{*2}$. L'événement $\{X=h, Y=k\}$ peut se schématiser ainsi
$\underbrace{SS....SE}_{h}\underbrace{...ES}_{k}$ ou $\underbrace{EE...ES}_{h}\underbrace{...SE}_{k}$

On a donc
$$P(X=h \text{ et } Y=k) = p^{h+1} q^k + q^{h+1} p^k.$$

Notons au passage que ce résultat est en général différent de $P(X=h) \cdot P(Y=k)$, ce qui prouve qu'en général X et Y ne sont pas indépendantes. Toutefois, si $p = \frac{1}{2}$, X et Y sont indépendantes (le vérifier).

Pour finir, $\text{Cov}(X,Y) = E(XY) - E(X)E(Y)$. Il reste à calculer $E(XY)$.

$$E(XY) = \sum_{h=1}^{\infty} \sum_{k=1}^{\infty} hk \, P(X=h, Y=k) = \sum_{h=1}^{\infty} \sum_{k=1}^{\infty} hk \, q^k p^{h+1} + \sum_{h=1}^{\infty} \sum_{k=1}^{\infty} hk \, p^k q^{h+1}$$

Calculons la première de ces deux doubles sommes, la seconde s'en déduisant en échangeant les rôles de p et q.

$$\sum_{h=1}^{\infty} \sum_{k=1}^{\infty} hk \, q^k p^{h+1} = \left(\sum_{h=1}^{\infty} h p^{h+1}\right)\left(\sum_{k=0}^{\infty} k q^k\right) = \frac{q}{p} \sum_{k=1}^{\infty} k p q^{k-1} \cdot \frac{p^2}{q} \sum_{h=1}^{\infty} h q p^{h-1}$$

Cette écriture permet de reconnaître encore une fois des espérances de lois géométriques, d'où

$$\sum_{h=1}^{\infty} \sum_{k=1}^{\infty} hk \, q^k p^{h+1} = p \cdot \frac{1}{p} \cdot \frac{1}{q} = \frac{1}{q}$$

d'où l'on tire $E(XY) = \frac{1}{q} + \frac{1}{p}$, et enfin :

$$\text{Cov}(X,Y) = \frac{1}{q} + \frac{1}{p} - (2)\left(\frac{p}{q} + \frac{q}{p}\right) = \frac{1 - 2(p^2 + q^2)}{pq}$$

et en remarquant que $1 = (p+q)^2$, ceci s'écrit encore $\text{Cov}(X,Y) = -\frac{(p-q)^2}{pq}$.

Note 1
On constate que pour $p = \frac{1}{2}$, la covariance est nulle, ce que l'on savait déjà, puisque dans ce cas X et Y sont indépendantes. Dans tous les autres cas, la covariance est strictement négative, ce qui n'est pas étonnant (dites pourquoi !).

Note 2
Nous suggérons au lecteur de s'intéresser aux longueurs des $3^{\text{ème}}$ et $4^{\text{ème}}$ runs, pour constater que leurs lois sont respectivement celles du 1er et du $2^{\text{ème}}$ runs. Justification ? Généralisation ?

111

Chaîne de Markov

Soit k un entier naturel non nul donné. On considère une suite $(T_n)_{n \in \mathbb{N}}$ de variables aléatoires à valeurs dans $[\![0, 2k]\!]$ définie par récurrence de la façon suivante:

. La loi de T_0 est donnée.

. Pour tout entier naturel non nul, la loi conditionnelle de T_n sachant que T_{n-1} vaut j est la loi binômiale $\mathcal{B}(2k, \frac{j}{2k})$.

(Ainsi les variables T_n ne sont sûrement pas indépendantes en général, mais on remarque que la loi de T_n est entièrement déterminée par celle de T_{n-1}, on dit dans ce cas que la suite $(T_n)_{n \in \mathbb{N}}$ est une **chaîne de Markov**.)

Nous noterons D_n la matrice à $2k + 1$ lignes et 1 colonne dont les termes sont les $P(T_n = i)$ pour $i \in [\![0, 2k]\!]$, c'est-à-dire:

$$D_n = \begin{pmatrix} P(T_n = 0) \\ \vdots \\ P(T_n = 2k) \end{pmatrix} \quad D_n \text{ est appelé la matrice de la distribution de } T_n.$$

i) Montrer qu'il existe une matrice carrée d'ordre $2k + 1$ à coefficients réels, indépendante de n et notée M telle que:

$$\forall n \in \mathbb{N}^*, D_n = M \cdot D_{n-1}$$

Que représentent les colonnes de M ? Quelle est la somme des éléments de chaque colonne de M ?

ii) On note $L = (1 \ldots 1)$ (matrice à 1 ligne et $2k + 1$ colonnes) et $V = (0 \ 1 \ldots 2k)$ (idem).

Montrer que $LM = L$ et $VM = V$.

iii) Montrer que, pour tout entier naturel n non nul, $VD_n = VD_{n-1}$.

Montrer que, pour tout entier naturel n, $VD_n = E(T_n)$. En déduire que toutes les variables T_n ont la même espérance que nous noterons μ.

iv) On note $W = (0 \ 1 \ 4 \ldots (2k)^2)$. Exprimer WM en fonction de W, V, k. Montrer que pour tout entier naturel n, $WD_n = E(T_n^2)$. En déduire une relation entre $E(T_n^2)$ et $E(T_{n-1}^2)$. Calculer $E(T_n^2)$ en fonction de $E(T_0^2)$ et de μ, en déduire $\lim_{n \to \infty} E(T_n^2)$.

(Pour la suite (sic) attendre le chapitre «convergences».)

---

i) Comme T_{m-1} est une variable aléatoire, nous sommes en présence du système complet standard : $\{T_{m-1} = 0, T_{m-1} = 1, \ldots, T_{m-1} = 2k\}$, et d'après la formule des probabilités

totales, on peut écrire :
$$\forall i \in [\![0, 2k]\!], \quad P(T_m = i) = \sum_{j=0}^{2k} P(T_{m-1} = j) \cdot P(T_m = i \mid T_{m-1} = j)$$

Or on sait que $T_m / T_{m-1} = j$ suit la loi binomiale $B(2k, \frac{j}{2k})$. On a donc :
$$P(T_m = i \mid T_{m-1} = j) = \binom{2k}{i} \left(\frac{j}{2k}\right)^i \left(1 - \frac{j}{2k}\right)^{2k-i}, \quad \text{d'où :}$$

$$P(T_m = i) = \sum_{j=0}^{2k} \binom{2k}{i} \left(\frac{j}{2k}\right)^i \left(1 - \frac{j}{2k}\right)^{2k-i} P(T_{m-1} = j)$$

Posons alors $m_{ij} = \binom{2k}{i} \left(\frac{j}{2k}\right)^i \left(1 - \frac{j}{2k}\right)^{2k-i}$, la relation précédente s'écrit
$$P(T_m = i) = \sum_{j=0}^{2k} m_{ij} P(T_{m-1} = j) .$$

Elle ne fait donc que traduire la relation matricielle $D_m = M D_{m-1}$ où la matrice M a pour élément générique m_{ij} (attention on commence à la ligne et à la colonne 0 pour finir à la ligne et à la colonne $2k$, il s'agit donc bien d'une matrice carrée d'ordre $2k+1$).
La colonne numéro j de M n'est autre que $C_j = \begin{pmatrix} m_{0j} \\ m_{1j} \\ \vdots \\ m_{2k\,j} \end{pmatrix}$; on reconnaît alors la matrice colonne de la distribution binomiale $B(2k, \frac{j}{2k})$. La somme des termes de chacune des colonnes correspond donc à la somme des termes d'une distribution de probabilités et vaut par conséquent 1.
(On dit que M est une matrice stochastique).

ii) On peut décomposer M en blocs colonnes : $M = (C_0 \mid C_1 \mid \ldots \mid C_{2k})$ et en effectuant un produit par blocs, on trouve :
$$LM = (LC_0 \mid LC_1 \mid \ldots \mid LC_{2k})$$
Mais, $\forall j \in [\![0, 2k]\!]$, $LC_j = (1 \ldots 1) \begin{pmatrix} m_{0j} \\ \vdots \\ m_{2k\,j} \end{pmatrix} = \sum_{i=0}^{2k} m_{ij} = 1$. Donc on a bien : $LM = L$.
De la même façon, on a $VM = (VC_0 \mid VC_1 \mid \ldots \mid VC_{2k})$.
Mais, $\forall j \in [\![0, 2k]\!]$, $VC_j = (0 \; 1 \ldots 2k) \begin{pmatrix} m_{0j} \\ \vdots \\ m_{2k\,j} \end{pmatrix} = \sum_{i=0}^{2k} i \, m_{ij}$. On reconnaît alors l'espérance de la distribution binomiale $B(2k, \frac{j}{2k})$, à savoir $2k \cdot \frac{j}{2k} = j$. Par conséquent on a $VC_j = j$, d'où il vient bien $VM = V$.
(La matrice M est donc telle que l'espérance de la distribution située en colonne j vaut exactement j, on dit que l'on a affaire à une martingale).

iii) Pour tout entier non nul m, on a $VD_m = V(MD_{m-1}) = (VM)D_{m-1} = VD_{m-1}$.
D'autre part
$$VD_m = (0 \; 1 \ldots 2k) \begin{pmatrix} P(T_m = 0) \\ \vdots \\ P(T_m = 2k) \end{pmatrix} = \sum_{i=0}^{2k} i \, P(T_m = i) = E(T_m) .$$
On a donc démontré que, $\forall m \in \mathbb{N}^*$, $E(T_m) = E(T_{m-1})$ et par une induction descendante bénigne : $\forall m \in \mathbb{N} \quad E(T_m) = E(T_0) = p$.

iv) On a de même : $WM = (WC_0 \mid WC_1 \mid \ldots \mid WC_{2k})$. Mais pour tout indice j,
$$WC_j = (0^2 \; 1^2 \ldots (2k)^2) \begin{pmatrix} m_{0j} \\ \vdots \\ m_{2k\,j} \end{pmatrix} = \sum_{i=0}^{2k} i^2 m_{ij} .$$ On reconnaît alors le moment d'ordre 2 de la loi binomiale $B(2k, \frac{j}{2k})$. Or la variance de cette loi vaut :
$$2k \cdot \frac{j}{2k} \cdot \left(1 - \frac{j}{2k}\right) = j \left(1 - \frac{j}{2k}\right) ,$$

par conséquent à l'aide d'un inhabituel Koenig-Huyghens ($E(Z^2) = V(Z) + E^2(Z)$), le moment d'ordre 2 de cette loi vaut $j(1 - \frac{j}{2k}) + j^2$. C'est-à-dire :
$$\forall j \in [\![0, 2k]\!], \quad WC_j = j^2(1 - \frac{1}{2k}) + j$$
et donc
$$WM = (1 - \frac{1}{2k})(0^2 \ 1^2 \ ... \ (2k)^2) + (0 \ 1 \ ... \ 2k) \quad , \text{ i.e.}$$
$$WM = (1 - \frac{1}{2k})W + V.$$

On a alors : $WD_m = \sum_{i=0}^{2k} i^2 P(T_m = i) = E(T_m^2)$ et donc, pour tout m strictement positif,
$$E(T_m^2) = WD_m = WMD_{m-1} = ((1-\frac{1}{2k})W + V)D_{m-1} = (1 - \frac{1}{2k})WD_{m-1} + VD_{m-1}$$
et d'après les résultats antérieurs, ceci s'écrit :
$$\forall m \in \mathbb{N}^*, \quad E(T_m^2) = (1 - \frac{1}{2k})E(T_{m-1}^2) + \mu$$

On retombe donc sur une bonne vieille suite arithmético-géométrique. Le point fixe λ est défini par $\lambda = (1 - \frac{1}{2k})\lambda + \mu$, d'où $\lambda = 2k\mu$. On en déduit :
$$\forall m \in \mathbb{N}, \quad E(T_m^2) - 2k\mu = (1 - \frac{1}{2k})^m (E(T_0^2) - 2k\mu)$$
i.e.
$$E(T_m^2) = (1 - \frac{1}{2k})^m (E(T_0^2) - 2k\mu) + 2k\mu$$

et comme la raison est strictement comprise entre 0 et 1, il en résulte finalement :
$$\lim_{n \to +\infty} E(T_m^2) = 2k\mu.$$

112

La collectionneuse

Chaque paquet de lessive Béta contient un cadeau, la collection complète comprenant n cadeaux. On fait les hypothèses d'indépendances et d'équiprobabilités qui s'imposent et on appelle S_r, pour $r \in [\![1, n]\!]$, la variable aléatoire égale au nombre de paquets nécessaires pour obtenir r cadeaux différents. On note enfin :
$$X_1 = S_1 \quad \text{et} \quad \forall k \in [\![2, n]\!], X_k = S_k - S_{k-1}$$

i) Montrer que les variables $X_1, ..., X_n$ sont mutuellement indépendantes, X_k suivant la loi géométrique de paramètre $p_k = 1 - \frac{k-1}{n}$ ($k \in [\![1, n]\!]$). En déduire l'espérance et la variance de S_n.

ii) Sachant que $\sum_{k=1}^{n} \frac{1}{k} \underset{(\infty)}{\sim} \text{Log } n$ et $\sum_{k=1}^{\infty} \frac{1}{k^2} = \frac{\pi^2}{6}$, montrer que

$$E(S_n) \underset{(\infty)}{\sim} n \text{ Log } n \quad \text{et} \quad V(S_n) \underset{(\infty)}{\sim} \frac{\pi^2}{6} n^2$$

Montrer que l'on a même $V(S_n) = \frac{n^2 \pi^2}{6} - n \text{ Log } n + o(n \text{ Log } n)$.

(Pour en savoir plus, cf. ESSEC 82 dans la collection d'annales chez le même éditeur.)

---

i) • On a $X_1 = S_1 = 1$. On peut donc considérer X_1 comme une variable géométrique dégénérée de paramètre 1 (et $1 = 1 - \frac{1-1}{n}$!)

• Soit $j \in \mathbb{N}^*$, l'événement $X_2 = j$ est réalisé si et seulement si le 2ème paquet, le 3ème paquet, ..., le $j^{ème}$ paquet contiennent le même cadeau que le premier paquet, le $(j+1)^{ème}$ paquet amenant un cadeau différent. Selon les hypothèses faites (i.e. d'indépendance et d'équiprobabilité du contenu des différents paquets). On a donc :
$$P(X_2 = j) = \left(\frac{1}{n}\right)^{j-1}(1 - \frac{1}{n})$$

Ainsi X_2 suit la loi géométrique de paramètre $p_2 = 1 - \frac{1}{m} = 1 - \frac{2-1}{m}$.

• Soient j_2 et $j_3 \in \mathbb{N}^*$, l'événement $X_2 = j_2 \cap X_3 = j_3$ est réalisé si et seulement si le 2ème paquet, ..., le $j_2^{ème}$ paquet contiennent le même cadeau que le premier paquet, le $(j_2+1)^{ème}$ paquet amenant un second cadeau, le $(j_2+2)^{ème}$, ..., le $(j_2+j_3)^{ème}$ contenant un des deux cadeaux déjà obtenus, le $(j_2+j_3+1)^{ème}$ amenant un troisième cadeau. D'où :

$$P(X_2 = j_2 \cap X_3 = j_3) = \left(\frac{1}{m}\right)^{j_2-1} \cdot \left(1 - \frac{1}{m}\right) \cdot \left(\frac{2}{m}\right)^{j_3-1} \cdot \left(1 - \frac{2}{m}\right)$$

Il vient alors :
$$P(X_3 = j_3) = \sum_{j_2=1}^{\infty} P(X_2 = j_2 \cap X_3 = j_3) = \left(\frac{2}{m}\right)^{j_3-1} \left(1 - \frac{2}{m}\right) \cdot \sum_{j_2=1}^{\infty} \left(\frac{1}{m}\right)^{j_2-1} \left(1 - \frac{1}{m}\right)$$

$$= \left(\frac{2}{m}\right)^{j_3-1} \left(1 - \frac{2}{m}\right)$$

(car la sommation représente $\sum_{1}^{\infty} P(X_2 = j_2)$ qui vaut 1)

On voit ainsi que X_3 suit la loi géométrique de paramètre $p_3 = 1 - \frac{2}{m}$, et que les variables X_2 et X_3 sont indépendantes.

• On pourrait continuer ainsi et calculer $P(X_2 = j_2 \cap X_3 = j_3 \cap ... \cap X_n = j_n)$ pour déterminer la loi de X_n. Mais il serait temps de remarquer que X_n représente le temps d'attente d'un nouveau cadeau différent des $(n-1)$ cadeaux déjà obtenus. Le processus étant "sans mémoire", ce temps d'attente n'est pas influencé par la façon dont ces $(n-1)$ cadeaux ont été obtenus, ce qui montre que X_n est indépendante de $X_1, X_2, ..., X_{n-1}$. Enfin pour chaque essai d'obtention d'un $n^{ème}$ cadeau la probabilité de succès vaut $1 - \frac{n-1}{m}$ et celle d'échec vaut $\frac{n-1}{m}$. En résumé :

$$X_n \hookrightarrow \mathcal{G}(1 - \frac{n-1}{m}) \text{ et } X_1, ..., X_m \text{ indépendantes.}$$

• On a : $S_m = \sum_{k=1}^{m} E(X_k)$ (principe des dominos). Par conséquent :

$$E(S_m) = \sum_{k=1}^{m} E(X_k) = \sum_{k=1}^{m} \frac{1}{1 - \frac{k-1}{m}} = \sum_{k=1}^{m} \frac{m}{m-k+1}$$

$$\text{i.e. } E(S_m) = m\left(1 + \frac{1}{2} + ... + \frac{1}{m}\right)$$

$$V(S_m) = \sum_{k=1}^{m} V(X_k) = \sum_{k=1}^{m} \frac{\frac{k-1}{m}}{\left(1 - \frac{k-1}{m}\right)^2} = m \sum_{k=1}^{m} \frac{k-1}{(m-k+1)^2}$$

$$\text{i.e. } V(S_m) = m \cdot \sum_{j=1}^{m-1} \frac{m-j}{j^2} = m^2 \sum_{j=1}^{m-1} \frac{1}{j^2} - m \sum_{j=1}^{m-1} \frac{1}{j}$$

ii) L'Analyse nous apprend que : $\sum_{j=1}^{\infty} \frac{1}{j^2} = \frac{\pi^2}{6}$ et $\sum_{j=1}^{m} \frac{1}{j} - \log m \in]0,1[$.

Par conséquent :
$$E(S_m) \sim m \log(m-1) \sim m \log m$$
$$V(S_m) \sim m^2 \frac{\pi^2}{6} \quad (m \log(m-1) \text{ est négligeable devant } m^2)$$

Mais il est possible d'améliorer un peu ce dernier résultat. En effet :
Soit $m > 1$, la fonction $x \mapsto \frac{1}{x^2}$ est strictement décroissante sur $[m-1, +\infty[$. On peut donc écrire pour $j \geq m$:

$$\int_{j}^{j+1} \frac{dx}{x^2} < \frac{1}{j^2} < \int_{j-1}^{j} \frac{dx}{x^2}$$

Soit en sommant et intégrant : $\frac{1}{m} < \sum_{j=m}^{\infty} \frac{1}{j^2} < \frac{1}{m-1}$

c'est-à-dire :
$$\frac{\pi^2}{6} - \frac{1}{m-1} < \sum_{j=1}^{m-1} \frac{1}{j^2} < \frac{\pi^2}{6} - \frac{1}{m}$$

Comme $\sum_{j=1}^{m-1} \frac{1}{j} - \log(m-1) \in]0,1[$, on en déduit :

$$m^2 \frac{\pi^2}{6} - \frac{m}{m-1} - m(\log(m-1) + 1) < V(S_m) < m^2 \frac{\pi^2}{6} - m - m \log(m-1)$$

d'où il vient finalement : $\lim_{m \to \infty} \frac{V(S_m) - \frac{m^2 \pi^2}{6} + m \log m}{m \log m} = 0$

i.e. $V(S_m) = \frac{m^2 \pi^2}{6} - m \log m + o(m \log m)$.

113

On considère un espace probabilisé (Ω, $\mathcal{B}$, P) sur lequel seront définies toutes les variables aléatoires rencontrées. On note $\mathcal{V}_d^2$ l'espace vectoriel des variables aléatoires discrètes définies sur Ω et possédant une variance.

o) Montrer que si V, W $\in \mathcal{V}_d^2$, alors VW possède une espérance.

i) Démontrer que (V, W) $\mapsto$ E(VW) définit une forme bilinéaire symétrique positive sur $\mathcal{V}_d^2$, ainsi que (V, W) $\mapsto$ cov (V, W).

ii) Soient V_1, V_2, $V_3 \in \mathcal{V}_d^2$, on note $\vec{V}$ l'application de Ω dans $\mathbb{R}^3$ qui à tout événement élémentaire ω associe le triplet $(V_1(\omega), V_2(\omega), V_3(\omega))$. On définit la matrice K_V carrée d'ordre 3 dont le coefficient placé à l'intersection de la i^{ème} ligne et de la j^{ème} colonne est cov (V_i, V_j).

  a) Montrer que K_V est une matrice symétrique.

  b) Montrer que si λ_1, λ_2, λ_3 sont trois réels quelconques,
  on a $\sum_{1 \leq i,j \leq 3} \lambda_i \lambda_j \text{cov}(V_i, V_j) \geq 0$. C'est-à-dire montrer que K_V est une matrice positive.

iii) A partir de maintenant on suppose que les variables V_1, V_2, V_3 sont à valeurs dans $\{0, 1\}$ et que leurs lois sont définies par les conditions:
  Soient $p_1, p_2, p_3 \in\,]0, 1[$, $p_1 + p_2 + p_3 = 1$, on a:

  $$P(V_1 = i \cap V_2 = j \cap V_3 = k) = \begin{cases} p_1 \text{ si } j = k = 1, i = 0 \\ p_2 \text{ si } i = k = 1, j = 0 \\ p_3 \text{ si } i = j = 1, k = 0 \\ 0 \text{ sinon} \end{cases}$$

  a) Déterminer les lois des variables V_1, V_2, V_3 et calculer explicitement la matrice K_V.

  b) Soit $\vec{x}$ un vecteur de $\mathbb{R}^3$ de coordonnées x_1, x_2, x_3 relativement à la base canonique, de matrice X dans cette base. Définissons alors la variable aléatoire Z par:

  $$\forall \omega \in \Omega, Z(\omega) = <\vec{x}, \vec{V}(\omega)>$$

  où $<,>$ désigne le produit scalaire canonique de $\mathbb{R}^3$.
  Déterminer la variance de Z.

  c) Calculer $P(V_1 + V_2 + V_3 = 2)$, en déduire que 0 est valeur propre de K_V et déterminer un vecteur propre associé.

  d) Posons $U_1 = 1 - V_1$, $U_2 = 1 - V_2$, $U_3 = 1 - V_3$. Comparer les matrices K_U et K_V.

  e) Montrer que le sous-espace propre de K_V associé à la valeur propre 0 est de dimension 1. Précisez les valeurs propres de K_V si $p_2 = p_3$.

iv) Les variables V_1, V_2, V_3 étant comme en iii) on pose $T_1 = \dfrac{V_1}{\sqrt{p_1}}$, $T_2 = \dfrac{V_2}{\sqrt{p_2}}$,

  $T_3 = \dfrac{V_3}{\sqrt{p_3}}$, $P = \begin{pmatrix} \sqrt{p_1} \\ \sqrt{p_2} \\ \sqrt{p_3} \end{pmatrix}$, $\vec{p} = (\sqrt{p_1}, \sqrt{p_2}, \sqrt{p_3})$.

  a) Montrer que $K_T = I - P\,^tP$ où I désigne la matrice unité d'ordre 3.

  b) Montrer que $\vec{p}$ est vecteur propre de K_T.

  c) Soit L le plan de $\mathbb{R}^3$ orthogonal au vecteur $\vec{p}$, montrer que L est plan propre de K_T associé à la valeur propre 1.

  d) Soit $(\vec{f_1}, \vec{f_2})$ une base orthonormée de L et Q la matrice de passage de la base canonique de $\mathbb{R}^3$ à la base $(\vec{f_1}, \vec{f_2}, \vec{P})$. Calculer ^tQK_TQ.

COUPLES DE VARIABLES ALÉATOIRES

> e) Soit $\overrightarrow{Y} = (Y_1, Y_2, Y_3)$ défini par $\begin{pmatrix} Y_1 \\ Y_2 \\ Y_3 \end{pmatrix} = {}^tQ \begin{pmatrix} T_1 \\ T_2 \\ T_3 \end{pmatrix}$. Calculer K_Y et en déduire que Y_3 est une variable certaine.

i) et ii) c'est du cours ! cf. par exemple notre cours de probabilités page 226. N'oubliez pas que c'est parce que la covariance est une forme bilinéaire symétrique positive dont la forme quadratique associée est la variance que, grâce à l'inégalité de Cauchy-Schwarz, on démontre qu'un coefficient de corrélation est toujours compris entre -1 et 1.

iii) a) V_1, V_2, V_3 sont des variables de Bernoulli, et on a par exemple :
$$P(V_1=1) = \sum_{j=0}^{1} \sum_{k=0}^{1} P(V_1=1 \cap V_2=j \cap V_3=k) = p_3 + p_2 = 1 - p_1.$$

On trouve de même $P(V_2=1) = 1 - p_2$, $P(V_3=1) = 1 - p_3$,
c'est-à-dire : $V_1 \hookrightarrow \mathcal{B}(1, 1-p_1)$, $V_2 \hookrightarrow \mathcal{B}(1, 1-p_2)$, $V_3 \hookrightarrow \mathcal{B}(1, 1-p_3)$.
On a donc : $E(V_1) = 1-p_1$, $E(V_2) = 1-p_2$, $E(V_3) = 1-p_3$
$V(V_1) = p_1(1-p_1)$, $V(V_2) = p_2(1-p_2)$, $V(V_3) = p_3(1-p_3)$.

De même : $E(V_1 V_2) = P(V_1=1 \cap V_2=1) = \sum_{k=0}^{1} P(V_1=1 \cap V_2=1 \cap V_3=k) = p_3$

d'où $\text{Cov}(V_1, V_2) = E(V_1 V_2) - E(V_1)E(V_2) = -p_1 p_2$.
Des calculs similaires donnent : $\forall i \neq j$, $\text{Cov}(V_i, V_j) = -p_i p_j$. D'où :
$$K_V = \begin{pmatrix} p_1(1-p_1) & -p_1 p_2 & -p_1 p_3 \\ -p_1 p_2 & p_2(1-p_2) & -p_2 p_3 \\ -p_1 p_3 & -p_2 p_3 & p_3(1-p_3) \end{pmatrix}$$

b) On a donc : $Z = x_1 V_1 + x_2 V_2 + x_3 V_3$. D'où :
$$V(Z) = \sum_{i=1}^{3} x_i^2 V(V_i) + 2 \sum_{1 \leq i < j \leq 3} x_i x_j \text{Cov}(V_i, V_j)$$

ce qui peut s'écrire matriciellement : $V(Z) = {}^t X K_V X$.

c) On a : $P(V_1 + V_2 + V_3 = 2) = \sum_{j=0}^{1} \sum_{k=0}^{1} P((V_1 + V_2 + V_3 = 2) \cap V_2=j \cap V_3=k)$
$= \sum_{j=0}^{1} \sum_{k=0}^{1} P(V_1 = 2-j-k, V_2=j, V_3=k)$

Il en résulte que $V_1 + V_2 + V_3$ est une variable certaine, par conséquent sa variance est nulle, c'est-à-dire en utilisant b :
$$(1\ 1\ 1) K_V \begin{pmatrix} 1 \\ 1 \\ 1 \end{pmatrix} = 0.$$

Ainsi le vecteur $\vec{x} = (1,1,1)$ est vecteur isotrope de la forme quadratique associée à K_V, relativement à la base canonique de $\mathbb{R}^3$. Cette forme quadratique étant positive, elle n'est pas définie et donc $\det(K_V) = 0$. 0 est valeur propre de la matrice K_V. On voit d'ailleurs facilement que le vecteur $\vec{x} = (1,1,1)$ est un vecteur propre associé (la somme des éléments de chaque ligne de K_V est nulle).

d) Il est clair que si U est une variable de Bernoulli de paramètre p, alors $1-U$ est encore de Bernoulli et de paramètre $1-p$. Donc :
$U_1 \hookrightarrow \mathcal{B}(1, p_1)$, $U_2 \hookrightarrow \mathcal{B}(1, p_2)$, $U_3 \hookrightarrow \mathcal{B}(1, p_3)$
Enfin,
$\forall i,j \in [\![1,3]\!]$, $\text{Cov}(U_i, U_j) = \text{Cov}(1-V_i, 1-V_j) = \text{Cov}(V_i, V_j)$
(en effet, $\forall \alpha, \beta, \lambda, \mu \in \mathbb{R}$, $\text{Cov}(\alpha X + \beta, \lambda Y + \mu) = \alpha \lambda \text{Cov}(X,Y)$).
Par conséquent, $K_U = K_V$.

e) Extrayons de la matrice K_V le déterminant obtenu en supprimant la troisième ligne et la troisième colonne :

$$\begin{vmatrix} p_1(1-p_1) & -p_1 p_2 \\ -p_1 p_2 & p_2(1-p_2) \end{vmatrix} = p_1 p_2 (1-p_1)(1-p_2) - p_1^2 p_2^2 = p_1 p_2 (1 - p_1 - p_2)$$
$$= p_1 p_2 p_3 \neq 0$$

Par conséquent, la matrice K_V est au moins de rang 2. D'après le résultat **c)**, elle n'est pas de rang 3. Donc K_V est exactement de rang 2, d'après le théorème du rang, on en déduit que son noyau est de dimension 1.

Si $p_3 = p_2$, le calcul du polynôme caractéristique de K_V est simple :

$$\det(K_V - \lambda I) = \begin{vmatrix} p_1(1-p_1)-\lambda & -p_1 p_2 & -p_1 p_2 \\ -p_1 p_2 & p_2(1-p_2)-\lambda & -p_2^2 \\ -p_1 p_2 & -p_2^2 & p_2(1-p_2)-\lambda \end{vmatrix}$$

$$= -\lambda \begin{vmatrix} 1 & -p_1 p_2 & -p_1 p_2 \\ 1 & p_2(1-p_2)-\lambda & -p_2^2 \\ 1 & -p_2^2 & p_2(1-p_2)-\lambda \end{vmatrix} \quad \text{(à la première colonne, on ajoute la seconde et la troisième)}$$

$$= -\lambda \begin{vmatrix} 1 & -p_1 p_2 & -p_1 p_2 \\ 0 & p_2(1-p_2)+p_1 p_2-\lambda & p_1 p_2 - p_2^2 \\ 0 & p_1 p_2 - p_2^2 & p_2(1-p_2)+p_1 p_2-\lambda \end{vmatrix} \quad \text{(à la seconde et à la troisième ligne, on retranche la première)}$$

$$= -\lambda (\lambda - p_2)(\lambda + 2p_2^2 - 2p_1 p_2 - p_2)$$

Remarque : Ce calcul est d'ailleurs inutile ! En effet on sait que 0 est valeur propre, l'examen des deux dernières lignes de $\det(K_V - \lambda I)$ montre que p_2 est valeur propre quasi évidente. La troisième valeur propre se calcule alors à l'aide de la trace de K_V.

iv) a) $\forall i,j \in [\![1,3]\!]$, $\text{Cov}(T_i, T_j) = \dfrac{\text{Cov}(V_i, V_j)}{\sqrt{p_i p_j}}$ (bilinéarité de la covariance)

On en déduit :

$$K_T = \begin{pmatrix} 1-p_1 & -\sqrt{p_1 p_2} & -\sqrt{p_1 p_3} \\ -\sqrt{p_1 p_2} & 1-p_2 & -\sqrt{p_2 p_3} \\ -\sqrt{p_1 p_3} & -\sqrt{p_2 p_3} & 1-p_3 \end{pmatrix}$$

soit :

$$K_T = I - \begin{pmatrix} \sqrt{p_1 p_1} & \sqrt{p_1 p_2} & \sqrt{p_1 p_3} \\ \sqrt{p_1 p_2} & \sqrt{p_2 p_2} & \sqrt{p_2 p_3} \\ \sqrt{p_1 p_3} & \sqrt{p_2 p_3} & \sqrt{p_3 p_3} \end{pmatrix} = I - P \cdot {}^t P$$

b) On a : $K_T \cdot P = I \cdot P - P \cdot {}^t P \cdot P = P - P \cdot ({}^t P \cdot P)$

Or ${}^t P P = p_1 + p_2 + p_3 = 1$ (ne pas oublier que le produit d'une matrice ligne par une matrice colonne est un nombre !)

Donc $K_T \cdot P = 0$. Ainsi $\vec{P}$ est vecteur propre associé à la valeur propre 0.

c) Soit $\vec{x}$ un vecteur de L, de matrice X. $\vec{x}$ est donc orthogonal à $\vec{P}$, c'est-à-dire ${}^t P X = 0$. On a alors :

$$K_T X = (I - P \, {}^t P) X = X - P({}^t P X) = X.$$

L est donc un plan propre de K_T associé à la valeur propre 1. Comme on connaît déjà un vecteur propre ($\vec{P}$) n'appartenant pas à L, on en déduit que les valeurs propres de K_T sont :
   0 simple de droite propre engendrée par $\vec{P}$
   1 double de plan propre L.

Remarque : Comme K_T était symétrique réelle, on savait a priori que K_T était diagonalisable, les sous-espaces propres étant deux à deux perpendiculaires.

d) Comme $\vec{F} = (\sqrt{p_1}, \sqrt{p_2}, \sqrt{p_3})$ est orthogonal au plan L, on sait que l'équation du plan L est $\sqrt{p_1}\, x_1 + \sqrt{p_2}\, x_2 + \sqrt{p_3}\, x_3 = 0$.

Prenons par exemple $\vec{f_1} = \left(\dfrac{\sqrt{p_3}}{\sqrt{p_1+p_3}}, 0, \dfrac{-\sqrt{p_1}}{\sqrt{p_1+p_3}}\right)$, $\vec{f_1}$ est bien un vecteur unitaire du plan L.

On cherche alors $\vec{f_2} = (x_1, x_2, x_3)$ tel que :

$$\begin{cases} \sqrt{p_1}\, x_1 + \sqrt{p_2}\, x_2 + \sqrt{p_3}\, x_3 = 0 & (\vec{f_2} \in L) \\ \sqrt{p_3}\, x_1 - \sqrt{p_1}\, x_3 = 0 & (\vec{f_2} \text{ orthogonal à } \vec{f_1}) \\ x_1^2 + x_2^2 + x_3^2 = 1 & (\vec{f_2} \text{ unitaire}) \end{cases}$$

d'où $\vec{f_2} = \left(\sqrt{\dfrac{p_1 p_2}{p_1+p_3}}, -\sqrt{p_1+p_3}, \sqrt{\dfrac{p_2 p_3}{p_1+p_3}}\right)$ (ou son opposé)

On a donc :

$$Q = \begin{pmatrix} +\sqrt{\dfrac{p_3}{p_1+p_3}} & \sqrt{\dfrac{p_1 p_2}{p_1+p_3}} & \sqrt{p_1} \\ 0 & -\sqrt{p_1+p_3} & \sqrt{p_2} \\ -\sqrt{\dfrac{p_1}{p_1+p_3}} & \sqrt{\dfrac{p_2 p_3}{p_1+p_3}} & \sqrt{p_3} \end{pmatrix}$$

Comme la matrice Q est orthogonale, on a : ${}^tQ = Q^{-1}$ et par conséquent

$${}^t Q\, K_T\, Q = \begin{pmatrix} 1 & 0 & 0 \\ 0 & 1 & 0 \\ 0 & 0 & 0 \end{pmatrix}$$
(diagonalisation de K_T dans le groupe orthogonal !)

e) Désignons par q_{ij} les coefficients de la matrice Q. On a donc
$$\forall i \in [\![1,3]\!],\quad Y_i = \sum_{h=1}^{3} q_{hi}\, T_h$$

d'où : $\forall i,j \in [\![1,3]\!]$, $\mathrm{Cov}(Y_i, Y_j) = \mathrm{Cov}\left(\sum_{h=1}^{3} q_{hi}\, T_h, \sum_{k=1}^{3} q_{kj}\, T_k\right)$

i.e. par bilinéarité de la covariance
$$\mathrm{Cov}(Y_i, Y_j) = \sum_{k=1}^{3}\sum_{h=1}^{3} q_{hi}\, \mathrm{Cov}(T_h, T_k)\, q_{kj}$$

Or cette expression n'est autre que celle qui donne le terme situé sur la $i^{\text{ème}}$ ligne et la $j^{\text{ème}}$ colonne de ${}^t Q K_T Q$. Par conséquent :

$$K_Y = {}^t Q\, K_T\, Q = \begin{pmatrix} 1 & 0 & 0 \\ 0 & 1 & 0 \\ 0 & 0 & 0 \end{pmatrix}.$$

En particulier, on en déduit que l'on a : $V(Y_3) = 0$ (3ème ligne, 3ème colonne). Ce qui prouve que Y_3 est une variable certaine (ou quasi certaine si l'on veut affiner un peu le raisonnement !). On le savait !

En effet, $Y_3 = (\sqrt{p_1}\ \sqrt{p_2}\ \sqrt{p_3}) \begin{pmatrix} T_1 \\ T_2 \\ T_3 \end{pmatrix} = V_1 + V_2 + V_3$

et on a vu en iii) c) que $V_1 + V_2 + V_3$ était la variable constante égale à 2.

114

Fonctions génératrices

Nous allons donner quelques propriétés d'un outil relativement puissant, découvert par le mathématicien Van Dantzig, permettant d'étudier les variables à valeurs dans $\mathbb{N}$.

Soit X une variable à valeurs dans $\mathbb{N}$, on lui associe la fonction g_X définie par $g_X(t) = \sum_{n=0}^{\infty} P(X = n) t^n$. Le domaine de définition de g_X étant l'ensemble des $t \in \mathbb{R}$ tels que la série précédente soit convergente. g_X s'appelle la **fonction génératrice** de X.

i) Montrer que l'on a $g_X(t) = E(t^X)$.

ii) Montrer que si $t \in [0, 1]$, alors $g_X(t)$ existe. Calculer $g_X(1)$.

iii) En supposant que la série donnant $g_X(t)$ puisse être dérivée terme à terme, donner, lorsque ces nombres existent, l'expression de $E(X)$ et $E(X(X-1))$ en fonction de g_X. En déduire l'expression de $V(X)$.

iv) Déterminer les fonctions génératrices des variables binômiales, géométriques, de Poisson. Retrouver ainsi leurs paramètres fondamentaux.

v) Soient X, Y deux variables entières indépendantes. Montrer que la fonction génératrice de $X + Y$ est le produit des fonctions génératrices de X et Y. Généraliser au cas d'un nombre quelconque de variables entières indépendantes et retrouver ainsi la fonction génératrice d'une variable binômiale.

i) Sous réserve d'existence, on a :
$$E(t^X) = \sum_{m=0}^{\infty} t^m \cdot P(t^X = t^m) = \sum_{m=0}^{\infty} t^m \cdot P(X=m) = g_X(t)$$

ii) Si $t \in [0,1]$, on a alors : $0 \leq P(X=m) \cdot t^m \leq P(X=m)$. Or la série de terme général $P(X=m)$ est trivialement convergente et de somme 1. Le théorème de comparaison des séries à termes positifs assure donc de l'existence de $g_X(t)$, pour $t \in [0,1]$, et :
$$\forall t \in [0,1] \, , \, g_X(t) \leq g_X(1) = 1.$$

iii) Sous réserve de convergence, on a :
$$g'_X(t) = \sum_{m=0}^{\infty} m \, t^{m-1} \cdot P(X=m)$$

ainsi si $E(X)$ existe, on a :
$$E(X) = \sum_{m=0}^{\infty} m \, P(X=m) = g'_X(1) \, .$$

De même, sous réserve de convergence, on a :
$$g''_X(t) = \sum_{m=0}^{\infty} m(m-1) \, t^{m-2} \cdot P(X=m) = \sum_{m=2}^{\infty} m(m-1) \, t^{m-2} \cdot P(X=m) \, .$$

Ainsi, si $E(X(X-1))$ existe, on a : $E(X(X-1)) = \sum_{m=2}^{\infty} m(m-1) \cdot P(X=m) = g''_X(1)$.

Comme $E(X(X-1)) = E(X^2) - E(X)$, la formule de Koenig-Huyghens donne :
$$V(X) = E(X^2) - [E(X)]^2 = E(X(X-1)) + E(X) - [E(X)]^2$$
i.e. $V(X) = g''_X(1) + g'_X(1) - [g'_X(1)]^2$

iv) a) Soit $X \hookrightarrow \mathcal{B}(m,p)$. On a : $X(\Omega) = [\![0,m]\!]$ et
$$g_X(t) = \sum_{k=0}^{m} P(X=k) \cdot t^k = \sum_{k=0}^{m} \binom{m}{k} p^k q^{m-k} \cdot t^k$$

Soit $g_X(t) = \sum_{k=0}^{m} \binom{m}{k} (pt)^k q^{m-k} = (pt+q)^m$ (Newton !)

d'où $E(X) = g'_X(1) = m \cdot p \cdot (p+q)^{m-1} = m \cdot p$.
$V(X) = g''_X(1) + g'_X(1) - [g'_X(1)]^2 = m(m-1)p^2(p+q)^{m-2} + np - m^2p^2$
i.e. $V(X) = npq$.

b) Soit $Y \hookrightarrow \mathcal{G}(p)$. On a : $Y(\Omega) = \mathbb{N}^*$ et
$$g_Y(t) = \sum_{k=1}^{\infty} P(Y=k) \cdot t^k = \sum_{k=1}^{\infty} p \cdot q^{k-1} \cdot t^k = p \cdot t \cdot \sum_{k=1}^{\infty} (tq)^{k-1} \, .$$

Si $|tq| < 1$, ce qui est assuré dès que $t \in [0,1]$, on reconnaît une série géométrique convergente, d'où : $g_Y(t) = \dfrac{pt}{1-qt}$

On a alors : $g'_Y(t) = \dfrac{(1-qt)p + pt \cdot q}{(1-qt)^2} = \dfrac{p}{(1-qt)^2}$

et par conséquent, $E(Y) = g'_Y(1) = \frac{p}{(1-q)^2} = \frac{1}{p}$. Un calcul similaire donne $V(X) = \frac{q}{p^2}$.

c) Soit $Z \hookrightarrow P(\lambda)$. On a : $Z(\Omega) = \mathbb{N}$ et
$$g_Z(t) = \sum_{k=0}^{\infty} P(Z=k) \cdot t^k = \sum_{k=0}^{\infty} e^{-\lambda} \frac{\lambda^k}{k!} t^k = + e^{-\lambda} \sum_{k=0}^{\infty} \frac{(\lambda t)^k}{k!}$$

i.e. $g_Z(t) = e^{-\lambda} \cdot e^{\lambda t} = e^{\lambda(t-1)}$.

Un calcul sans difficulté redonne alors $E(Z) = V(Z) = \lambda$.

v) Soit $t \in [0,1]$. Comme X et Y sont indépendants, t^X et t^Y le sont aussi. On sait a-lors que l'espérance du produit de deux variables indépendantes est le produit des es-pérances de ces deux variables. Ainsi :
$$\forall t \in [0,1], \quad E(t^X \cdot t^Y) = E(t^X) \cdot E(t^Y) \quad \text{ou encore}$$
$$E(t^{X+Y}) = E(t^X) \cdot E(t^Y)$$

ce qui s'écrit $\quad g_{X+Y}(t) = g_X(t) \cdot g_Y(t)$.

Une récurrence bénigne montre alors que, si $X_1, X_2, \ldots, X_n$ sont des variables en-tières mutuellement indépendantes, on a :
$$g_{X_1+X_2+\ldots+X_n}(t) = g_{X_1}(t) \cdot g_{X_2}(t) \cdot \ldots \cdot g_{X_n}(t).$$

On sait qu'une variable binomiale X qui suit la loi $\mathcal{B}(m,p)$ est la somme de m variables de Bernoulli $b_1, \ldots, b_m$ indépendantes de même paramètre p. Or :
$$g_{b_i}(t) = \sum_{k=0}^{1} P(b_i=k) \cdot t^k = P(b_i=0) + t \, P(b_i=1) = q + pt$$

Le résultat précédent permet alors d'écrire :
$$g_X(t) = g_{b_1+b_2+\ldots+b_m}(t) = g_{b_1}(t) \cdot g_{b_2}(t) \cdot \ldots \cdot g_{b_m}(t) = (pt+q)^m$$

Les épreuves corrigées des grandes écoles commerciales

problèmes corrigés de
MATHEMATIQUES

posés aux concours d´ H.E.C.
ESSEC
E.S.C.P.
E.S.C.L.
ESCAE
EDHEC
I.C.N.
I.S.G.
ESLSCA
I.S.C.
E.S.G.

Solutions proposées par

Jean GUEGAND   Christian LEBŒUF   Jean-Louis ROQUE

H.E.C. 82 1ère épreuve	Loterie. Tentative de martingale.
H.E.C. 82 2ème épreuve	Étude de fonctions dépendant de paramètres. Encadrement d'intégrales.
H.E.C. 82 Option Économique	Réduction dans le groupe orthogonal. Calcul intégral. Jeu avec deux pièces. Loi de Pareto.
ESSEC 82 1ère épreuve	Étude de séries.
ESSEC 82 2ème épreuve	Polynômes de Lagrange. Formule de Grégory. Application à un temps d'attente dans un problème de collections.
ESSEC 82 Option Économique	Étude de $x \mapsto \dfrac{ax}{x-a+\sqrt{x^2-a^2}}$. Formule d'interpolation. Calcul intégral. $\prod_{k=1}^{\infty}\left(1+\dfrac{k}{n^2}\right)$.
E.S.C.P. 82 1ère épreuve	Calcul matriciel. Produits par blocs.
E.S.C.P. 82 2ème épreuve	Déterminants de Vandermonde; application à un problème d'indépendance. Théorème de Kantorovitch. Calcul intégral et développements limités.
E.S.C.P. 82 Option Économique	Calcul de $\int_0^1 t^p(1-t)^q\,dt$. Résolution d'une équation matricielle. Lois géométriques. Calcul intégral.
E.S.C. Lyon 82 1ère épreuve	Étude de $x \mapsto \dfrac{1}{2}\int_0^{\pi/2} e^{-x\sin t}\,dt$. Diagonalisation d'une matrice 3×3.
E.S.C. Lyon 82 2ème épreuve	Probabilités; temps d'attente du 2ème succès. Fonctions génératrices.
E.S.C. Lyon 82 Option Économique	Calcul matriciel. Théorème du point fixe. Propagation d'une information. Séries.
ESCAE 82 1ère épreuve	Calcul de la puissance $n^{ième}$ d'une matrice triangulaire. Étude de la fonction $x \mapsto \sum_{k=1}^{n} k^x$.
ESCAE 82 2ème épreuve	Statistique salariale. Lois classiques et approximation.
ESCAE 82 Option Économique	Étude de fonctions, «amortissement» d'un capital!
EDHEC 82	$\int_0^{\pi/2} \text{Log}(\sin x)\,dx$. Polynômes factoriels et de Bernoulli. Étude probabiliste des mouvements d'un ascenseur.
I.C.N. 82	Étude de la fonction $x \mapsto \int_0^{\pi} \dfrac{\cos nt}{1-x\cos t}\,dt$. Étude d'un couple de v.a.r. discrètes.
I.S.G. 82 1ère épreuve	Étude complète d'une matrice tridiagonale.
ESLSCA 82 2ème épreuve	Étude de $\mathbb{Z}[\sqrt{3}]$. Éléments inversibles. Équation de Pell-Fermat. Mathématiques financières.
ESLSCA 82 Option Économique	Puissance $n^{ième}$ d'une matrice. $\log_a(x+1) \geq \log_{a+1}(x)$. Lois conditionnelles. Courbe de concentration.
I.S.C. 82	Calcul de la puissance $n^{ième}$ d'une matrice. Tirage avec (et ou) sans remise dans une énorme urne. Autour de Wallis.
E.S.G. 82 1ère épreuve	Algèbre linéaire? Calcul intégral.
E.S.G. 82 2ème épreuve	Inégalité de Cauchy-Schwarz. Opérateurs sur un espace de fonctions C^{∞}.
H.E.C. 81 1ère épreuve	Étude de fonctions définies par des intégrales. Problème de dérivation sous le signe $\int$.
H.E.C. 81 2ème épreuve	Étude de: $x \mapsto \dfrac{x^2}{\sqrt{|x-a|}}$. Equivalences de séries divergentes.
ESSEC 81 1ère épreuve	Étude d'opérateurs sur un espace de polynômes. Polynômes de Lagrange.
ESSEC 81 2ème épreuve	Tirages «monotones» dans une urne. Problèmes de convergence en loi.
E.S.C.P. 81 1ère épreuve	Application du calcul de probabilités au calcul numérique d'intégrales: méthode de Monte-Carlo.
E.S.C.P. 81 2ème épreuve	Réduction d'une matrice. Matrice de Gram. Calcul d'intégrales. Développements limités.
E.S.C. Lyon 81 1ère épreuve	$\lim_{n\to\infty}\left(\dfrac{e^{-n}\cdot n^n}{n!}\right)$. Calcul de $\sum_{n=1}^{\infty}\dfrac{1}{n^2}$. Étude de $x \mapsto \int_0^x \dfrac{t^n}{(1+t)^{n+1}}\,dt$.
E.S.C. Lyon 81 2ème épreuve	Marche aléatoire d'un point lumineux sur $[\![-2,2]\!]$. Migrations estivales de populations. (Chaînes de Markov).
ESCAE 81 1ère épreuve	Inversions de fonctions. Moments d'une loi de Gauss.
ESCAE 81 2ème épreuve	Anamorphose. Statistique à deux paramètres. Lois classiques et approximations usuelles.
EDHEC 81	Étude de $z \mapsto \dfrac{z^2-5z+7}{z-1}$ sur $\mathbb{R}$ et sur $\mathbb{C}$. Approximation par une loi normale. Corrélation. Étude d'une suite de fonctions.
I.C.N. 81	Applications et endomorphismes antisymétriques dans $\mathbb{R}^3$.
I.S.G. 81 2ème épreuve	Polynômes orthogonaux, séparation des racines. Formule d'interpolation en calcul intégral.
ESLSCA 81 1ère épreuve	Projection orthogonale dans un espace de fonctions. Analyse linéaire.
ESLSCA 81 2ème épreuve	Diagonalisation et suites récurrentes. Dérivation dans une algèbre. Loi géométrique.
I.S.C. 81	Problème d'urne. Calcul matriciel. Relation entre l'intégration de f et de f^{-1}.
E.S.G. 81 1ère épreuve	Calcul intégral. Séries de Bertrand. Sous-espaces stables par un endomorphisme.
E.S.G. 81 2ème épreuve	Fonctions génératrices. Application à un problème de loterie.

quatrième partie

convergences

115

Soit $x \in \mathbb{R}_+^*$. Montrer que l'on a:
$$\int_0^x e^{-\frac{t^2}{2}} dt \geq \sqrt{\frac{\pi}{2}}\left(1-\frac{1}{x^2}\right)$$

Soit X une variable aléatoire dont la loi est la loi normale centrée réduite. Notons ϕ sa fonction de répartition.

À ma gauche : $\int_0^x e^{-\frac{t^2}{2}} dt = \sqrt{2\pi}\,(\phi(x)-\phi(0)) = \sqrt{2\pi}\,(\phi(x)-\frac{1}{2})$

À ma droite : $\sqrt{2\pi}\,(1-\frac{1}{x^2}) = \sqrt{2\pi}\,(1-\frac{V(X)}{x^2})$

Au centre du ring, les arbitres bien connus Bienaymé et Tchebychev :
$$\forall x \in \mathbb{R}_+^*, \quad P(|X| \leq x) \geq 1 - \frac{V(X)}{x^2}$$

Premier round :
on peut écrire $P(|X| \leq x) = \phi(x) - \phi(-x) = 2\phi(x) - 1$, c'est-à-dire

$$\int_0^x e^{-\frac{t^2}{2}} dt = \frac{\sqrt{2\pi}}{2}(2\phi(x)-1) = \frac{\sqrt{2\pi}}{2} P(|X| \leq x) \geq \sqrt{\frac{\pi}{2}}\left(1-\frac{1}{x^2}\right)$$
abandon.

116

Une urne contient 4 boules noires et 6 boules blanches. On effectue alors 25 tirages avec remise d'une boule de cette urne. Soit X le nombre de boules noires obtenues et F la fonction de répartition de X.

i) On pose, pour $i \in [\![1, 6]\!]$, $a_i = 1 + 3i$, dresser un tableau des valeurs de $F(a_i)$ à $5 \cdot 10^{-5}$ près.

ii) Soit Y une variable de Poisson de paramètre 10 et G sa fonction de répartition, comparer les valeurs de $F(a_i)$ et de $G(a_i)$ et interpréter.

i) X suit la loi binomiale de paramètres 25 et $\frac{4}{10}$. On a donc $E(X) = 10$, $V(X) = 6$ et
$$\forall k \in [\![0,25]\!], \quad P(X=k) = \binom{25}{k} \cdot \left(\frac{2}{5}\right)^k \cdot \left(\frac{3}{5}\right)^{25-k}$$

Un calcul machine, ou la consultation des tables, donne alors :

a_i	4	7	10	13	16	19
$F(a_i)$	0,0095	0,1536	0,5858	0,9222	0,9957	0,9999

ii) La consultation des tables des lois de Poisson donne de même :

a_i	4	7	10	13	16	19
$G(a_i)$	0,029	0,220	0,583	0,864	0,973	0,997

On remarque alors que les valeurs de $F(a_i)$ et $G(a_i)$ sont sensiblement différentes, surtout pour les petites valeurs de a_i, cela provient du fait que l'approximation de la loi $B(m,p)$ par la loi $P(mp)$ est satisfaisante pour $m \geq 30$ et $mp \leq 10$. La première condition n'est pas, ici, réalisée.

117

Un fabricant produit des transistors dont 1 % sont défectueux. Il les ensache par paquets de 100 et les garantit à 98 %. Quelle est la probabilité que cette garantie tombe en défaut?

La garantie tombe en défaut si 3 ou plus de 3 transistors sont défectueux dans un paquet. En admettant que les défectuosités sont indépendantes les unes des autres, la loi du nombre X de transistors défectueux par paquet est la loi $\mathcal{B}(100, \frac{1}{100})$.

Etant données les valeurs des paramètres, on peut approcher la loi de X par la loi de Poisson de paramètre 1. La probabilité cherchée vaut donc approximativement :
$$p = P(X \geq 3) = 1 - P(X \leq 2) \simeq 1 - 0,92$$
Soit $p \simeq 8\%$.

118

Un étudiant fait en moyenne une faute d'orthographe tous les 500 mots (il s'agit d'un sujet particulièrement brillant!). Quelle est la probabilité qu'il ne fasse pas plus de 5 fautes dans un devoir comptant 2 000 mots?

L'énoncé signifie que la probabilité qu'un mot soit mal orthographié est $\frac{1}{500}$, et que les fautes peuvent être considérées comme des événements indépendants. Le nombre X aléatoire de fautes du devoir suit alors la loi binomiale de paramètres 2000 et $\frac{1}{500}$, i.e.
$$X \hookrightarrow \mathcal{B}(2000, \frac{1}{500})$$

Etant donnés les paramètres de X, on peut approcher la loi de X par la loi de Poisson de paramètre 4 (lorsque n est grand et np de l'ordre de quelques unités, on peut approcher la loi $\mathcal{B}(n,p)$ par la loi $\mathcal{P}(np)$).

Dans la table de la fonction de répartition de la loi $\mathcal{P}(4)$, on trouve alors :
$$p = P(X \leq 5) \simeq 0,785.$$

119

Le nombre de clients pénétrant dans un magasin un jour j est une variable aléatoire qui suit une loi de Poisson de paramètre 12. On admet que les variables correspondant à des jours différents sont indépendantes. Quelle est la probabilité d'avoir au moins 250 clients durant un mois de 22 jours ouvrables?

Notons $X_1, \ldots, X_{22}$ les variables aléatoires "nombre de clients" pour chacun des 22 jours ouvrables et $X = X_1 + \ldots + X_{22}$. Nous cherchons $P(X \geq 250)$.

Les variables X_i suivent la loi $\mathcal{P}(12)$ et sont indépendantes (mutuellement). Ainsi, d'après la stabilité de la loi de Poisson, X suit la loi de Poisson de paramètre 12×22, i.e. de paramètre 264.

Il est possible d'approcher la loi $\mathcal{P}(264)$ par la loi normale de même espérance et de même écart-type, i.e. la loi $\mathcal{N}(264, \sqrt{264})$.

On peut donc approcher la loi de $X^* = \frac{X - 264}{\sqrt{264}}$ par la loi normale centrée réduite. Or :
$$(X \geq 250) = (X^* \geq \frac{250 - 264}{\sqrt{264}}) \quad \text{et} \quad \frac{250 - 264}{\sqrt{264}} \simeq -0,862$$

La table de la fonction de répartition de la loi normale centrée réduite, nous apprend que
$$P(T \geq -0,862) = P(T \leq 0,862) \simeq 0,805$$
(en notant T une variable aléatoire normale centrée réduite).

Par conséquent : $P(X \geq 250) \simeq 0,8$.

Le directeur du magasin peut donc tabler sur 250 clients au sens de la loi des 80/20.

120

Soit $(X_n)_{n \in \mathbb{N}}$ une suite de variables aléatoires à valeurs dans $\mathbb{N}$ mutuellement indépendantes et de même loi.

Pour $n \in \mathbb{N}$, on pose $S_n = \max(X_0, \ldots, X_n)$, $T_n = \begin{cases} \dfrac{1}{S_n} & \text{si } S_n \neq 0 \\ 0 & \text{si } S_n = 0 \end{cases}$

Étudier les convergences (i.e. en loi et en probabilité) des deux suites $(S_n)_{n \in \mathbb{N}^*}$ $(T_n)_{n \in \mathbb{N}^*}$

Soit X une variable aléatoire ayant même loi que les variables X_m. Il paraît intuitif que $(S_m)_{m \in \mathbb{N}}$ converge en loi vers la plus grande valeur de $X(\Omega)$, si celle-ci existe, et diverge sinon ; et que $(T_m)_{m \in \mathbb{N}}$ converge en fonction de la convergence de $(S_m)_{m \in \mathbb{N}}$. Nous sommes donc amenés à distinguer deux cas :

1er cas : $X(\Omega)$ est une partie bornée de $\mathbb{N}$.

• Notons b la borne supérieure de $X(\Omega)$ (i.e. notons b le plus grand entier n tel que $P(X=n) \neq 0$).
On a donc : $P(S_m \neq b) = P((X_0 < b) \cap (X_1 < b) \cap \ldots \cap (X_m < b)) = [1 - P(X=b)]^{m+1}$, donc $\lim_{n \to \infty} P(S_m \neq b) = 0$, ce qui montre que $(S_m)_{m \in \mathbb{N}}$ converge en probabilité vers la variable constante égale à b. La convergence a donc également lieu en loi.

• Si $b = 0$, alors S_m est constante égale à 0, et par conséquent T_m est également une variable constante nulle, la convergence est alors triviale.

Si $b > 0$, nous savons que $\lim_{n \to \infty} P(S_m \neq b) = 0$, donc $\lim_{n \to \infty} P(T_m \neq \frac{1}{b}) = 0$, et par conséquent la suite $(T_m)_{m \in \mathbb{N}}$ converge en probabilité, et a fortiori en loi, vers la variable constante égale à $\frac{1}{b}$.

2ème cas : $X(\Omega)$ est une partie non bornée de $\mathbb{N}$, i.e. $\forall k \in \mathbb{N}$, $P(X \geq k) \neq 0$.

• Soit alors k un entier quelconque, on a :
$$P(S_m \leq k) = P((X_0 \leq k) \cap \ldots \cap (X_m \leq k)) = [P(X \leq k)]^m$$
Par conséquent, $\lim_{m \to \infty} P(S_m \leq k) = 0$.
Si la suite $(S_m)_{m \in \mathbb{N}}$ convergeait en loi vers une variable aléatoire S, alors on devrait avoir $S(\Omega) \subset \mathbb{N}$ et $\forall k \in \mathbb{N}$, $P(S_m = k) = 0$, ce qui paraît un petit peu difficile ! Par conséquent, la suite $(S_m)_{m \in \mathbb{N}}$ diverge en loi et donc a fortiori en probabilité.

• Soit $\varepsilon > 0$ fixé. On a : $P(T_m < \varepsilon) = P(T_m = 0) + P(S_m > \frac{1}{\varepsilon})$
mais $\lim_{n \to \infty} P(T_m = 0) = \lim_{m \to \infty} P(S_m = 0) = 0$

et $\lim_{n \to \infty} P(S_m > \frac{1}{\varepsilon}) = \lim_{m \to \infty} (1 - P(S_m \leq \frac{1}{\varepsilon})) = \lim_{m \to \infty} (1 - P(S_m \leq E(\frac{1}{\varepsilon})))$

où $E(\frac{1}{\varepsilon})$ désigne la partie entière de $\frac{1}{\varepsilon}$.
Par conséquent, $\lim_{m \to \infty} P(S_m > \frac{1}{\varepsilon}) = 1$. Donc $\lim_{m \to \infty} P(T_m < \varepsilon) = 1$, ce qui

prouve que $(T_m)_{m \in \mathbb{N}}$ converge en probabilité, et a fortiori en loi, vers la variable constante nulle.

121

Soit $(X_n)_{n \in \mathbb{N}^*}$ une suite de variables aléatoires deux à deux indépendantes telles que :

a) Pour tout n, X_n a une espérance notée μ_n, telle que $\dfrac{1}{n} \cdot \sum_{k=1}^{n} \mu_k$ a une limite notée μ lorsque n tend vers l'infini.

b) Pour tout n, X_n a une variance notée σ_n^2, telle que $\lim_{n \to \infty} \dfrac{1}{n^2} \cdot \sum_{k=1}^{n} \sigma_k^2 = 0$.

Montrer que $\dfrac{X_1 + X_2 + \ldots + X_n}{n}$ converge en probabilité vers la variable certaine égale à μ, lorsque n tend vers l'infini.

Il s'agit d'une généralisation immédiate de la loi faible des grands nombres qui s'appuie également sur la condition suffisante de convergence en probabilités.

Posons $S_m = X_1 + X_2 + \ldots + X_m$. On peut écrire :

1°) $E\left(\dfrac{S_m}{m}\right) = \dfrac{1}{m}\sum_{k=1}^{m} E(X_k) = \dfrac{1}{m}\sum_{k=1}^{m} \mu_k$, donc $\lim_{m\to\infty} E\left(\dfrac{S_m}{m}\right) = \mu$.

2°) $V\left(\dfrac{S_m}{m}\right) = \dfrac{1}{m^2} V\left(\sum_{k=1}^{m} X_k\right) = \dfrac{1}{m^2}\sum_{k=1}^{m} V(X_k) = \dfrac{1}{m^2}\sum_{k=1}^{m} \sigma_k^2$ (ne pas oublier que ceci vaut parce que les variables X_k sont 2 à 2 indépendantes, les covariances sont donc toutes nulles), par conséquent $\lim_{m\to\infty} V\left(\dfrac{S_m}{m}\right) = 0$.

On a donc obtenu $\lim_{m\to\infty} E\left(\dfrac{S_m}{m} - \mu\right) = 0$ et $\lim_{m\to\infty} V\left(\dfrac{S_m}{m} - \mu\right) = 0$, d'où l'on déduit le résultat demandé.

Remarque : On peut noter que le résultat est acquis dès que l'on a $\lim_{m\to\infty} E(X_m) = \mu$. Car d'après la propriété de Cesàro :

$$\lim_{n\to\infty} \mu_m = \mu \;\Rightarrow\; \lim_{m\to\infty} \dfrac{1}{m}\sum_{k=1}^{m} \mu_k = \mu$$

Le résultat démontré est un peu plus général puisque l'on peut avoir $\lim_{m\to\infty} \dfrac{1}{m}\sum_{k=1}^{m} \mu_k = \mu$ sans que la suite (μ_m) soit convergente. (prendre par exemple : $\mu_m = (-1)^m$).

122

Loi de Cauchy

Soit $(X_n)_{n\in\mathbb{N}^*}$ une suite de variables aléatoires absolument continues, telle que, pour tout n, une densité f_n de X_n soit définie par :

$$\forall x \in \mathbb{R},\; f_n(x) = \dfrac{n}{\pi(1 + n^2 x^2)}$$

i) Vérifier qu'il s'agit bien là d'une densité de probabilité.

ii) Montrer que la suite $(X_n)_{n\in\mathbb{N}^*}$ converge en probabilité vers 0.

i) Il s'agit simplement de vérifier que $\int_{-\infty}^{+\infty} f_m(x)\,dx = 1$, ce qui est immédiat.

ii) On ne peut invoquer ici la condition suffisante de convergence en probabilité, puisque malgré la symétrie de f_m, X_m n'a pas d'espérance et a fortiori pas de variance ! Il faut donc revenir à la définition.

Soit ε strictement positif quelconque ; on a :

$$P(|X_m| < \varepsilon) = \dfrac{m}{\pi}\int_{-\varepsilon}^{+\varepsilon} \dfrac{dx}{1 + m^2 x^2} = \dfrac{1}{\pi}\Big[\operatorname{Arctg} mx\Big]_{-\varepsilon}^{+\varepsilon} = \dfrac{2}{\pi}\operatorname{Arctg} m\varepsilon$$

Par conséquent, $\lim_{m\to\infty} P(|X_m| < \varepsilon) = 1$, ce qui signifie très exactement que $(X_n)_{n\in\mathbb{N}^*}$ converge en probabilité vers la variable certaine égale à 0.

123

Les hôpitaux

Une région comporte dix hôpitaux, chacun ayant une capacité opératoire journalière de 10 patients. Le nombre de personnes se présentant chaque jour pour être opérées dans chacun de ces hôpitaux suit une loi de Poisson de paramètre 8, ces nombres étant indépendants d'un hôpital à l'autre.

On considère un jour donné.

i) Quelle est la probabilité qu'un hôpital donné soit obligé de refuser un patient?

ii) Quelle est la probabilité q que l'un au moins des hôpitaux soit obligé de refuser un patient?

iii) On suppose maintenant qu'un hôpital saturé a la possibilité de se «délester» sur un autre qui ne l'est pas. Quelle est la probabilité r pour qu'un patient ne puisse se faire opérer ce jour?

i) Pour un hôpital quelconque, la loi du nombre X de patients est la loi $\mathcal{P}(8)$. On cherche, bien entendu, $P(X \geq 11)$. On trouve dans la table de la loi $\mathcal{P}(8)$:
$$P(X \leq 10) \simeq 0,816.$$
D'où $P(X \geq 11) = 1 - P(X \leq 10) \simeq 0,184$.

ii) Notons X_i le nombre aléatoire de patients qui se présentent à l'hôpital n° i. La probabilité qu'aucun hôpital ne soit contraint de refuser un patient est :
$$p = P(X_1 \leq 10, X_2 \leq 10, \ldots, X_{10} \leq 10)$$
Mais les variables X_i sont indépendantes et de même loi $\mathcal{P}(8)$, d'où :
$$p = [P(X_i \leq 10)]^{10} \simeq (0,816)^{10} \simeq 0,13.$$
(Une troisième décimale serait une "précision" illusoire.)
La probabilité cherchée, qui est celle de l'événement contraire, vaut donc
$$q = 1 - p \simeq 0,87.$$

iii) Si les délestages sont possibles, il y a donc une capacité d'accueil totale de 100 patients, le nombre aléatoire de patients valant : $Y = X_1 + X_2 + \ldots + X_{10}$.
Or on sait (cf. notre cours de probabilités page 220) qu'une somme de variables indépendantes suivant des lois de Poisson, suit encore une loi de Poisson dont le paramètre est la somme des paramètres. Par conséquent :
$$Y \hookrightarrow \mathcal{P}(80).$$
Le paramètre étant grand, on peut approcher la loi $\mathcal{P}(80)$ par la loi $\mathcal{N}(80, \sqrt{80})$. Soit $Y^* = \dfrac{Y - 80}{\sqrt{80}}$ la variable centrée réduite associée à Y. On a donc :
$$Y \geq 101 \Leftrightarrow Y^* \geq \frac{101 - 80}{\sqrt{80}} \simeq 3,47.$$
La table de la loi normale centrée réduite donne la probabilité d'un tel événement :
$$P(Y^* \geq 3,47) = 1 - P(Y^* < 3,47) \simeq 1 - 0,99974$$
et par conséquent, la probabilité qu'un patient soit refusé vaut :
$$r \simeq 0,00026.$$
On comparera cette valeur avec celle trouvée en ii) et on en conclura aisément qu'en chirurgie comme ailleurs, l'union fait la force.

124

L'échange des jetons

Une boîte A contient initialement deux jetons portant chacun le numéro 0, une boîte B contient initialement deux jetons portant chacun le numéro 1. On procède alors à l'expérience aléatoire suivante :

On choisit au hasard et simultanément un jeton de A et un jeton de B. On place alors dans B le jeton de A choisi et dans A le jeton choisi dans B, puis on recommence...

On note X_n la somme des points des jetons contenus dans la boîte A après n échanges (on convient de poser $X_0 = 0$ et il est clair que $X_1 = 1$).

i) Trouver, pour $n \in \mathbb{N}^*$, une relation entre la loi de X_n et celle de X_{n-1}.

ii) En déduire la loi de X_n et son espérance.

iii) Quelle est la loi limite de X_n ?

---

i) On remarque tout d'abord que, $\forall m \in \mathbb{N}$, $X_m(\Omega) = \{0, 1, 2\}$. Soit donc $m \in \mathbb{N}^*$, comme X_{m-1} est une variable aléatoire, $\{X_{m-1} = 0, X_{m-1} = 1, X_{m-1} = 2\}$ est un système complet. D'après la formule des probabilités totales, on peut écrire :

- $P(X_m = 0) = P(X_{m-1} = 0) \cdot P(X_m = 0 / X_{m-1} = 0) + P(X_{m-1} = 1) \cdot P(X_m = 0 / X_{m-1} = 1) + P(X_{m-1} = 2) \cdot P(X_m = 0 / X_{m-1} = 2)$

Nous poserons pour simplifier
$$p_m = P(X_m = 0), \quad q_m = P(X_m = 1), \quad r_m = P(X_m = 2).$$

Or $P(X_m = 0 / X_{m-1} = 0) = 0$, car si $X_{m-1} = 0$, cela signifie qu'à l'issue du $m-1^{\text{ème}}$ échange, les deux jetons n° 0 sont dans A et il sera impossible d'avoir à nouveau une somme nulle après un échange supplémentaire. Pour des raisons analogues, on a aussi $P(X_m = 0 / X_{m-1} = 2) = 0$. Pour finir ce premier calcul, remarquons que si $X_{m-1} = 1$, cela signifie que la boîte A contient un jeton marqué 0 et un jeton marqué 1, idem pour B. Pour que l'on ait une somme nulle après le $m^{\text{ème}}$ échange, il faut donc choisir le jeton marqué 1 de A et le jeton marqué 0 de B. Ainsi $P(X_m = 0 / X_{m-1} = 1) = \frac{1}{2} \cdot \frac{1}{2} = \frac{1}{4}$.

Soit : $\forall m \in \mathbb{N}^*$, $p_m = \frac{1}{4} q_{m-1}$.

Toujours à l'aide de la formule des probabilités totales, on a :

- $P(X_m = 1) = p_{m-1} \cdot P(X_m = 1 / X_{m-1} = 0) + q_{m-1} \cdot P(X_m = 1 / X_{m-1} = 1) + r_{m-1} \cdot P(X_m = 1 / X_{m-1} = 2)$

Par le même genre de raisonnements, que nous laissons à la charge du lecteur assidu, on voit que $P(X_m = 1 / X_{m-1} = 0) = P(X_m = 1 / X_{m-1} = 2) = 1$. D'autre part, si $X_{m-1} = 1$, pour que la somme fasse encore 1 après un échange supplémentaire, il faut soit échanger le 0 de A avec le 0 de B (probabilité $\frac{1}{4}$), soit échanger le 1 de A avec le 1 de B (probabilité $\frac{1}{4}$), i.e.
$$P(X_m = 1 / X_{m-1} = 1) = \frac{1}{2}.$$

Soit : $\forall m \in \mathbb{N}^*$, $q_m = p_{m-1} + \frac{1}{2} q_{m-1} + r_{m-1}$.

- Enfin, un calcul identique au premier montre que :
$$\forall m \in \mathbb{N}^*, \quad r_m = \frac{1}{4} q_{m-1}.$$

On peut synthétiser ces résultats matriciellement de la façon suivante :
$$\forall m \in \mathbb{N}^*, \quad \begin{pmatrix} p_m \\ q_m \\ r_m \end{pmatrix} = \begin{pmatrix} 0 & 1/4 & 0 \\ 1 & 1/2 & 1 \\ 0 & 1/4 & 0 \end{pmatrix} \begin{pmatrix} p_{m-1} \\ q_{m-1} \\ r_{m-1} \end{pmatrix}$$

et on remarque que la matrice carrée d'ordre 3 ci-dessus est stochastique (la somme des éléments de chaque colonne vaut 1).

ii) Par une induction matricielle bénigne, on a :
$$\forall m \in \mathbb{N}, \quad \begin{pmatrix} p_m \\ q_m \\ r_m \end{pmatrix} = \begin{pmatrix} 0 & 1/4 & 0 \\ 1 & 1/2 & 1 \\ 0 & 1/4 & 0 \end{pmatrix}^m \begin{pmatrix} p_0 \\ q_0 \\ r_0 \end{pmatrix}$$

Mais on a : $p_0 = 1$, $q_0 = 0$, $r_0 = 0$. Il s'agit donc de calculer la puissance $m$ème de la matrice
$$M = \begin{pmatrix} 0 & 1/4 & 0 \\ 1 & 1/2 & 1 \\ 0 & 1/4 & 0 \end{pmatrix}.$$

On trouve $\det(M - \lambda I) = -\lambda(\lambda - 1)(\lambda + \frac{1}{2})$, et par conséquent le spectre de M vaut $\{-\frac{1}{2}, 0, 1\}$. On peut déjà affirmer que M est diagonalisable puisqu'elle admet trois valeurs propres distinctes.

- Vecteur propre associé à $(-\frac{1}{2})$. On résoud le système :
$$\begin{cases} \frac{1}{2}x + \frac{1}{4}y = 0 \\ x + y + z = 0 \\ \frac{1}{4}y + \frac{1}{2}z = 0 \end{cases}$$
On peut prendre comme vecteur propre : $\begin{pmatrix} 1 \\ -2 \\ 1 \end{pmatrix}$

- Vecteur propre associé à 0. On résoud le système :
$$\begin{cases} \frac{1}{4}y = 0 \\ x + \frac{1}{2}y + z = 0 \\ \frac{1}{4}y = 0 \end{cases}$$
On peut prendre comme vecteur propre : $\begin{pmatrix} 1 \\ 0 \\ -1 \end{pmatrix}$

- Vecteur propre associé à 1. On trouve de même $\begin{pmatrix} 1 \\ 4 \\ 1 \end{pmatrix}$.

On peut donc prendre comme matrice de passage : $P = \begin{pmatrix} 1 & 1 & 1 \\ -2 & 0 & 4 \\ 1 & -1 & 1 \end{pmatrix}$, d'où l'on déduit par n'importe quelle méthode :
$$P^{-1} = \frac{1}{6} \begin{pmatrix} 2 & -1 & 2 \\ 3 & 0 & -3 \\ 1 & 1 & 1 \end{pmatrix}.$$

On a alors :
$$\forall m \in \mathbb{N}^*, \quad M^m = P \begin{pmatrix} (-\frac{1}{2})^m & 0 & 0 \\ 0 & 0 & 0 \\ 0 & 0 & 1 \end{pmatrix} P^{-1},$$
ce qui donne tous calculs faits :

$$\forall m \in \mathbb{N}^*, \quad M^m = \frac{1}{6} \begin{pmatrix} 1 - (-\frac{1}{2})^{m-1} & 1 - (-\frac{1}{2})^m & 1 - (-\frac{1}{2})^{m-1} \\ 4 - (-\frac{1}{2})^{m-2} & 4 - (-\frac{1}{2})^{m-1} & 4 - (-\frac{1}{2})^{m-2} \\ 1 - (-\frac{1}{2})^{m-1} & 1 - (-\frac{1}{2})^m & 1 - (-\frac{1}{2})^{m-1} \end{pmatrix}$$

ce qui, compte-tenu des valeurs de p_0, q_0, r_0 donne enfin :

$$\forall m \in \mathbb{N}^* \quad \begin{cases} p_m = \frac{1}{6}[1 - (-\frac{1}{2})^{m-1}] \\ q_m = \frac{1}{6}[4 - (-\frac{1}{2})^{m-2}] \\ r_m = \frac{1}{6}[1 - (-\frac{1}{2})^{m-1}] \end{cases} \quad \text{et} \quad E(X_m) = 1$$

iii) Il est clair, d'après ce qui précède, que
$$\lim_{m \to +\infty} p_m = \lim_{m \to +\infty} r_m = \frac{1}{6}, \quad \lim_{m \to +\infty} q_m = \frac{2}{3}.$$

125

Soit n un nombre entier naturel non nul quelconque. On permute au hasard les éléments de l'ensemble $[\![1,n]\!]$ et on note X_n le nombre aléatoire d'éléments qui sont restés à leurs places (cf. exercice n°108).

Montrer que la suite $(X_n)_{n \in \mathbb{N}^*}$ converge en loi vers la loi de Poisson de paramètre 1.

Nous avons vu dans l'exercice n° 108, que l'on a :

$$\forall m \in \mathbb{N}^*, \forall k \in [\![0,m]\!], \quad P(X_m = k) = \frac{1}{k!} \cdot \sum_{p=0}^{m-k} \frac{(-1)^p}{p!}$$

Mais, $\lim_{m \to \infty} \sum_{p=0}^{m-k} \frac{(-1)^p}{p!} = \sum_{p=0}^{\infty} \frac{(-1)^p}{p!} = e^{-1}$

C'est-à-dire : $\forall k \in \mathbb{N}, \lim_{m \to \infty} P(X_m = k) = e^{-1} \cdot \frac{1}{k!}$

Soit X une variable aléatoire suivant la loi de Poisson de paramètre 1. On a :
$$X(\Omega) = \mathbb{N} \supset X_m(\Omega_m) \text{ et } \forall k \in \mathbb{N}, \quad P(X = k) = e^{-1} \cdot \frac{1}{k!}$$

La formule obtenue précédemment montre donc que la suite $(X_m)_{m \in \mathbb{N}^*}$ converge en loi vers la loi de Poisson de paramètre 1.

126

Chaîne de Markov (suite)

i) Montrer que si T est une variable aléatoire prenant ses valeurs dans $[\![0, 2k]\!]$ on a :
$$E(T^2) \leq 2k \, E(T)$$
l'égalité n'ayant lieu que si T prend uniquement les valeurs 0 et $2k$ avec une probabilité non nulle.

ii) En déduire que la suite de variables $(T_n)_{n \in \mathbb{N}}$ de l'exercice n°111 converge en loi vers une variable que l'on précisera.

---

i) En effet, on a : $E(T^2) = \sum_{i=0}^{2k} i^2 P(T=i)$

mais $\forall i \in [\![0, 2k]\!], \; i^2 \leq 2ki$, d'où $E(T^2) \leq 2k \sum_{i=0}^{2k} i P(T=i) = 2k E(T)$.

L'égalité n'a lieu que si les seules valeurs de i telles que $P(T=i) \neq 0$ sont telles que $i^2 = 2ki$, i.e. $i=0$ ou $i=2k$.

ii) On a démontré dans l'exercice n°111 que $\lim_{m \to +\infty} E(T_m^2) = 2k \, E(T_0)$, et on savait également que, pour tout m,
$$E(T_m) = E(T_0).$$
On a donc : $\lim_{m \to \infty} E(T_m^2) = 2k \lim_{m \to \infty} E(T_m)$

D'où, par un raisonnement analogue à celui effectué en i) :

• $\forall j \in [\![1, 2k-1]\!], \; P(T_m = j) \leq j(2k-j) P(T_m = j) \leq \sum_{i=0}^{2k} i(2k-i) P(T_m = i)$

i.e. $0 \leq P(T_m = j) \leq 2k E(T_m) - E(T_m^2)$

et par conséquent $\lim_{m \to \infty} P(T_m = j) = 0$.

• On a de plus $P(T_m = 2k) = \frac{1}{2k}\left(E(T_m) - \sum_{j=1}^{2k-1} j P(T_m = j) \right)$

et par conséquent $\lim_{m \to \infty} P(T_m = 2k) = \frac{E(T_0)}{2k}$

• Enfin pour le dernier cas, il semble clair qu'il reste
$$P(T_m = 0) = 1 - \sum_{j=1}^{2k} P(T_m = j)$$
et donc : $\lim_{m \to \infty} P(T_m = 0) = 1 - \frac{E(T_0)}{2k}$

La suite $(T_m)_{m \in \mathbb{N}^*}$ converge en loi vers la variable T qui ne prend que deux valeurs, 0 et $2k$, avec les probabilités respectives :
$$1 - \frac{E(T_0)}{2k} \quad \text{et} \quad \frac{E(T_0)}{2k}.$$

---**127**

On considère la suite $(X_n)_{n \in \mathbb{N}^*}$ de variables aléatoires dont les lois sont définies de la façon suivante :
$$\forall n \in \mathbb{N}^*, X_n(\Omega) = \left\{\frac{1}{n}, n\right\} \text{ et } P(X_n = \frac{1}{n}) = \frac{n}{n+1}, P(X_n = n) = \frac{1}{n+1}$$

i) Montrer que la suite $(X_n)_{n \in \mathbb{N}^*}$ converge **en probabilité** vers une variable X que l'on déterminera.

ii) Calculer $E(X_n - X)$ et $V(X_n - X)$ ainsi que leurs limites lorsque n tend vers l'infini. Que peut-on en conclure?

i) D'après la loi de la variable X_n, il est clair que si la suite $(X_n)_{n \in \mathbb{N}^*}$ converge en probabilité vers une variable X, celle-ci ne peut être que la variable certaine égale à 0, i.e. X=0.
Soit ε strictement positif fixé. Il faut donc regarder si l'on a bien :
$$\lim_{n \to \infty} P(|X_n - 0| < \varepsilon) = 1.$$
Or
$$P(|X_n - 0| < \varepsilon) = P(|X_n| < \varepsilon) = P(X_n < \varepsilon) \quad \text{et}$$
$$P(X_n < \varepsilon) = \begin{cases} 1 & \text{si } n \leq \varepsilon \\ \frac{n}{n+1} & \text{si } \frac{1}{n} \leq \varepsilon < n \\ 0 & \text{si } \varepsilon < \frac{1}{n} \end{cases}$$
Il est clair que pour n assez grand, on est placé dans le second cas, et on a donc bien : $\lim_{n \to \infty} P(|X_n - 0| < \varepsilon) = \lim_{n \to \infty} \frac{n}{n+1} = 1.$
La suite $(X_n)_{n \in \mathbb{N}^*}$ converge en probabilité vers la variable certaine nulle.

ii) Des calculs tout à fait élémentaires donnent :
$$E(X_n) = \frac{1}{n} \cdot \frac{n}{n+1} + n \cdot \frac{1}{n+1} = 1$$
$$V(X_n) = \frac{1}{n^2} \cdot \frac{n}{n+1} + n^2 \cdot \frac{1}{n+1} - 1 = \frac{n^3 + 1}{n(n+1)} - 1$$
d'où $\lim_{n \to \infty} E(X_n - X) = 1$ et $\lim_{n \to \infty} V(X_n - X) = +\infty$.

Ceci prouve que la condition suffisante de convergence en probabilité d'une suite de variables aléatoires $(Y_n)_{n \in \mathbb{N}^*}$ vers une variable Y qui s'écrit :
$$\lim_{n \to \infty} E(Y_n - Y) = 0 \quad \text{et} \quad \lim_{n \to \infty} V(Y_n - Y) = 0$$
est loin d'être nécessaire !!

---**128**

Soit α un nombre réel strictement positif donné. Pour tout entier n strictement supérieur à α on considère une variable X_n suivant la loi géométrique de paramètre $\frac{\alpha}{n}$. Montrer que la suite $(Y_n)_{n > \alpha}$ définie par $Y_n = \frac{X_n}{n}$ converge en loi vers une variable absolument continue dont on déterminera la loi.

Tout d'abord il est clair que la suite Y_n est une suite de variables ne prenant que des valeurs positives ou nulles, sa limite en loi éventuelle est nécessairement de densité nulle sur $\mathbb{R}_-$.
Soit donc $x \in \mathbb{R}_+$ et cherchons si $F_{Y_n}(x) = P(Y_n \leq x)$ a une limite lorsque n tend vers l'infini :
$$P(Y_n \leq x) = P(X_n \leq nx) = P(X_n \leq [nx]) \quad , \text{ où } [\ ] \text{ désigne la partie entière.}$$
(ne pas oublier que X_n est à valeurs entières).
Mais : $P(X_n \leq [nx]) = 1 - P(X_n > [nx]) = 1 - (1 - \frac{\alpha}{n})^{[nx]}$

On rappelle en effet que $X_m > [mx]$ signifie que l'on a effectué $[mx]$ fois une expérience à deux issues : l'échec avec la probabilité $1-\frac{\alpha}{m}$ et le succès avec la probabilité $\frac{\alpha}{m}$, sans jamais obtenir de succès. On a donc :

$$P(Y_n \leq x) = 1 - (1-\frac{\alpha}{m})^{[mx]} = 1 - e^{[mx]\log(1-\frac{\alpha}{m})}$$

Mais, au voisinage de l'infini, on a : $\log(1-\frac{\alpha}{m}) \sim -\frac{\alpha}{m}$ et $[mx] \sim mx$. D'où $\lim_{n \to \infty} [mx]\log(1-\frac{\alpha}{m}) = -\alpha x$ et par continuité de la fonction exponentielle, on en déduit :
$$\lim_{n \to \infty} F_{Y_n}(x) = 1 - e^{-\alpha x}$$

On reconnaît alors la fonction de répartition de la loi exponentielle de paramètre α, i.e. $(Y_m)_{m > \alpha}$ converge en loi vers une variable qui suit la loi exponentielle de paramètre α.

129

Soit $(X_n)_{n \in \mathbb{N}^*}$ une suite de variables aléatoires mutuellement indépendantes suivant toutes la même loi de Bernoulli de paramètre p. Pour $n \in \mathbb{N}^*$, on pose $Y_n = X_n \cdot X_{n+1}$.

i) Déterminer la loi de Y_n.

ii) Préciser la covariance des variables Y_n et Y_{n+k} pour $n, k \in \mathbb{N}^*$.

iii) Pour $n \in \mathbb{N}^*$, on pose $S_n = \dfrac{Y_1 + Y_2 + \ldots + Y_n}{n}$. Montrer que la suite $(S_n)_{n \in \mathbb{N}^*}$ converge en probabilité vers la variable certaine p^2.

---

i) Y_m étant le produit de deux variables de Bernoulli, elle est elle-même de Bernoulli et on a :

$$P(Y_m = 1) = P((X_m = 1) \cap (X_{m+1} = 1)) = p^2 \quad \text{(puisque } X_n \text{ et } X_{n+1} \text{ sont indépendantes)}$$

Ainsi Y_n suit la loi de Bernoulli de paramètre p^2 et en particulier $E(Y_n) = p^2$.

ii) On a : $\text{Cov}(Y_n, Y_{n+k}) = E(Y_n Y_{n+k}) - E(Y_n)E(Y_{n+k}) = E(Y_n Y_{n+k}) - p^4$.

Mais $Y_n Y_{n+k}$ est encore une variable de Bernoulli et par conséquent :

$$E(Y_n Y_{n+k}) = P(Y_n Y_{n+k} = 1) = P((Y_n = 1) \cap (Y_{n+k} = 1))$$
$$= P((X_n = 1) \cap (X_{n+1} = 1) \cap (X_{n+k} = 1) \cap (X_{n+k+1} = 1))$$

Il est alors nécessaire de distinguer deux cas :

1°) Si $k = 1$. Alors les deux termes centraux de l'expression précédente sont identiques, d'où :
$$E(Y_n Y_{n+1}) = P((X_n = 1) \cap (X_{n+1} = 1) \cap (X_{n+2} = 1)) = p^3$$
d'où $\text{Cov}(Y_n, Y_{n+1}) = p^3 - p^4$.

2°) Si $k > 1$. Alors les variables $X_n, X_{n+1}, X_{n+k}, X_{n+k+1}$ sont 2 à 2 distinctes et l'hypothèse d'indépendance mutuelle donne :
$$E(Y_n Y_{n+k}) = p^4 \quad \text{d'où} \quad \text{Cov}(Y_n, Y_{n+k}) = 0.$$

iii) La suite $(Y_m)_{m \in \mathbb{N}^*}$ n'est pas constituée de variables indépendantes. On ne peut donc pas appliquer brutalement la loi faible des grands nombres. Néanmoins le résultat est analogue et se démontre de même à l'aide de la condition suffisante de convergence en probabilité.

1er pas : on a $E(S_n) = \dfrac{1}{n} \sum_{i=1}^{n} E(Y_i) = \dfrac{1}{n} \sum_{i=1}^{n} p^2 = p^2$ on a donc bien $\lim_{n \to \infty} E(S_n - p^2) = 0$!

2ème pas : on a $V(S_n) = \dfrac{1}{n^2} V\left(\sum_{i=1}^{n} Y_i\right)$

$$= \dfrac{1}{n^2}\left[\sum_{i=1}^{n} V(Y_i) + 2 \sum_{1 \leq i < j \leq n} \text{Cov}(Y_i, Y_j)\right]$$

Mais d'après le calcul précédent, moult covariances sont nulles et ne subsistent que $\mathrm{Cov}(Y_1, Y_2)$, $\mathrm{Cov}(Y_2, Y_3)$, ..., $\mathrm{Cov}(Y_{m-1}, Y_m)$, toutes égales à $p^3 - p^4$. Comme on a :
$$V(Y_i) = p^2(1-p^2) \quad (\text{loi de Bernoulli}),$$
il vient :
$$V(S_m) = \frac{1}{m^2}\left[m\,p^2(1-p^2) + 2(m-1)\,p^3(1-p)\right]$$

Ainsi $\lim_{n\to\infty} V(S_n) = 0$ et donc également : $\lim_{m\to\infty} V(S_m - p^2) = 0$.

Par conséquent, la suite $(Y_m)_{m\in\mathbb{N}^*}$ converge bien en probabilité vers la variable certaine égale à p^2.

130

On considère une suite $(X_n)_{n\in\mathbb{N}^*}$ de variables aléatoires mutuellement indépendantes suivant toutes la même loi de Poisson de paramètre 1. Pour $n \in \mathbb{N}^*$, on pose: $S_n = X_1 + X_2 + ... + X_n$.

i) Quelle est la loi de S_n ?

ii) A l'aide du théorème de la limite centrée démontrer la relation
$$\lim_{n\to\infty} e^{-n} \sum_{k=0}^{n} \frac{n^k}{k!} = \frac{1}{2}$$

---

i) On sait que la somme de deux variables aléatoires indépendantes suivant des lois de Poisson de paramètres respectifs λ et μ est une variable aléatoire qui suit encore une loi de Poisson de paramètre $(\mu+\lambda)$. (cf. notre cours de probabilités p. 220). Ceci se généralise immédiatement, par récurrence, au cas de plus de deux variables mutuellement indépendantes et donne le résultat :

la loi de S_m est la loi de Poisson de paramètre m.

ii) On a $E(X_i) = 1$ et $V(X_i) = 1$. Par conséquent, le théorème de la limite centrée affirme que la suite de variables aléatoires $(T_m)_{m\in\mathbb{N}^*}$ définie par $T_m = \dfrac{S_m - m}{\sqrt{m}}$ converge en loi vers une variable aléatoire dont la loi est la loi normale centrée réduite, de fonction de répartition notée ϕ. (cf. notre cours de probabilités p. 265 ou p. 270 pour ce cas particulier). On a donc :
$$\forall x \in \mathbb{R}, \quad \lim_{m\to\infty} P(T_m \leq x) = \phi(x)$$

En particulier, on a : $\lim_{m\to\infty} P(T_m \leq 0) = \phi(0) = \dfrac{1}{2}$.

Mais :
$$P(T_m \leq 0) = P(S_m \leq m) = e^{-m}\sum_{k=0}^{m}\frac{m^k}{k!} \quad (\text{loi de Poisson de paramètre } m),$$
d'où le résultat demandé :
$$\lim_{m\to\infty} e^{-m}\sum_{k=0}^{m}\frac{m^k}{k!} = \frac{1}{2}.$$

131

Une roue de loterie est divisée en trois secteurs numérotés 1, 2, 3 dans le sens des aiguilles d'une montre, tandis que la roue tourne dans le sens inverse. Lorsque celle-ci est arrêtée un repère désigne un secteur et un seul. D'autre part, on admet que si la roue est arrêtée sur un secteur donné, alors au lancer suivant elle s'arrêtera sur le secteur suivant (dans le sens des aiguilles d'une montre) avec la probabilité $\dfrac{1}{6}$, sur le deuxième secteur suivant avec la probabilité $\dfrac{1}{3}$ et sur le même secteur avec la probabilité $\dfrac{1}{2}$.

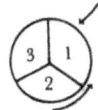 On appelle Z_n le numéro du secteur désigné par le repère lorsque la roue s'arrête après le $n^{\text{ème}}$ lancer. Au départ le repère désigne le secteur 1 (i.e. $Z_0 = 1$).

i) Déterminer la loi de Z_n.
ii) Quel est le coefficient de corrélation de Z_2 et Z_3 ?
iii) Montrer que la suite $(Z_n)_{n \in \mathbb{N}}$ converge en loi vers une variable suivant une loi uniforme.

i) Il est clair que l'on a $Z_m(\Omega) = \{1, 2, 3\}$ et que la loi de Z_m se détermine facilement en se référant au système complet :
$$\{Z_{m-1} = 1, Z_{m-1} = 2, Z_{m-1} = 3\}.$$
Posons alors, pour tout entier m :
$$X_m = \begin{pmatrix} P(Z_m = 1) \\ P(Z_m = 2) \\ P(Z_m = 3) \end{pmatrix} \quad \text{On a par hypothèse } X_0 = \begin{pmatrix} 1 \\ 0 \\ 0 \end{pmatrix}.$$

Pour tout m supérieur ou égal à 1, on peut écrire pour $i \in [\![1, 3]\!]$:
$$P(Z_m = i) = \sum_{j=1}^{3} P(Z_{m-1} = j) \cdot P(Z_m = i / Z_{m-1} = j)$$

Posons $a_{ij} = P(Z_m = i / Z_{m-1} = j)$, ces probabilités ne dépendent pas de la valeur de m et se calculent aisément d'après les renseignements fournis par l'énoncé. Par exemple $a_{21} = \frac{1}{6}$ puisque le secteur 2 suit le secteur 1, …

Notons $A = (a_{ij}) \in \mathcal{M}_3(\mathbb{R})$, il vient donc :
$$A = \begin{pmatrix} 1/2 & 1/3 & 1/6 \\ 1/6 & 1/2 & 1/3 \\ 1/3 & 1/6 & 1/2 \end{pmatrix}$$

La formule des probabilités totales permet alors d'écrire $X_m = A X_{m-1}$, ce qui donne à l'aide d'une récurrence bénigne :
$$\forall m \in \mathbb{N}, \quad X_m = A^m X_0 = A^m \begin{pmatrix} 1 \\ 0 \\ 0 \end{pmatrix}$$

Pour déterminer la loi de Z_m, il reste donc à calculer A^m (en fait la première colonne de A^m suffirait), à cet effet, tentons de diagonaliser A.

Nous conseillons au lecteur de déterminer les valeurs propres et les vecteurs propres de A, mais il peut être astucieux de remarquer que A est une matrice circulante. Il est alors classique et presque évident que l'on a :

$$A \begin{pmatrix} 1 \\ 1 \\ 1 \end{pmatrix} = \left(\frac{1}{2} + \frac{1}{3} + \frac{1}{6}\right) \begin{pmatrix} 1 \\ 1 \\ 1 \end{pmatrix} \; ; \; A \begin{pmatrix} 1 \\ j \\ j^2 \end{pmatrix} = \left(\frac{1}{2} + \frac{1}{3} + \frac{1}{6}\right) \begin{pmatrix} 1 \\ j \\ j^2 \end{pmatrix} \; ; \; A \begin{pmatrix} 1 \\ j^2 \\ j \end{pmatrix} = \left(\frac{1}{2} + \frac{1}{3} + \frac{1}{6}\right) \begin{pmatrix} 1 \\ j^2 \\ j \end{pmatrix}$$

Donc : $\begin{pmatrix} 1 \\ 1 \\ 1 \end{pmatrix}$ est vecteur propre associé à la valeur propre $\lambda_1 = 1$

$\begin{pmatrix} 1 \\ j \\ j^2 \end{pmatrix}$ est vecteur propre associé à la valeur propre $\lambda_2 = \frac{1}{2} + \frac{1}{3}j + \frac{1}{6}j^2 = \frac{\sqrt{3}}{6} e^{i\frac{\pi}{6}}$

$\begin{pmatrix} 1 \\ j^2 \\ j \end{pmatrix}$ est vecteur propre associé à la valeur propre $\lambda_3 = \frac{1}{2} + \frac{1}{3}j^2 + \frac{1}{6}j = \frac{\sqrt{3}}{6} e^{-i\frac{\pi}{6}}$

Posons alors $Q = \begin{pmatrix} 1 & 1 & 1 \\ 1 & j & j^2 \\ 1 & j^2 & j \end{pmatrix}$; un calcul simple donne $Q^{-1} = \frac{1}{3} \begin{pmatrix} 1 & 1 & 1 \\ 1 & j^2 & j \\ 1 & j & j^2 \end{pmatrix}$

d'où $\forall m \in \mathbb{N}$
$$A^m = \frac{1}{3} \begin{pmatrix} 1 & 1 & 1 \\ 1 & j^2 & j \\ 1 & j & j^2 \end{pmatrix} \begin{pmatrix} \lambda_1^m & 0 & 0 \\ 0 & \lambda_2^m & 0 \\ 0 & 0 & \lambda_3^m \end{pmatrix} \begin{pmatrix} 1 & 1 & 1 \\ 1 & j & j^2 \\ 1 & j^2 & j \end{pmatrix}$$

ce qui donne
$$A^m = \begin{pmatrix} a_m & b_m & c_m \\ c_m & a_m & b_m \\ b_m & c_m & a_m \end{pmatrix} \text{ avec } \begin{cases} a_m = \frac{1}{3}\left[1 + 2\left(\frac{\sqrt{3}}{6}\right)^m \cos\frac{m\pi}{6}\right] \\ b_m = \frac{1}{3}\left[1 + 2\left(\frac{\sqrt{3}}{6}\right)^m \cos\left(\frac{m\pi}{6}+\frac{2\pi}{3}\right)\right] \\ c_m = \frac{1}{3}\left[1 + 2\left(\frac{\sqrt{3}}{6}\right)^m \cos\left(\frac{m\pi}{6}+\frac{4\pi}{3}\right)\right] \end{cases}$$

d'où $P(Z_m = 1) = a_m$; $P(Z_m = 2) = c_m$; $P(Z_m = 3) = b_m$

et $E(Z_m) = 2 + \frac{2}{3}\left(\frac{\sqrt{3}}{6}\right)^m \left[\cos\frac{m\pi}{6} + 2\cos\frac{(m+4)\pi}{6} + 3\cos\frac{(m+8)\pi}{6}\right]$.

ii) En particulier :
$$X_1 = \begin{pmatrix} 1/2 \\ 1/6 \\ 1/3 \end{pmatrix}, \quad X_2 = \begin{pmatrix} 13/36 \\ 5/18 \\ 13/36 \end{pmatrix}, \quad X_3 = \begin{pmatrix} 24/72 \\ 23/72 \\ 25/72 \end{pmatrix}$$

d'où $E(Z_2) = 2$, $V(Z_2) = \frac{13}{18}$

$E(Z_3) = \frac{145}{72}$, $V(Z_3) = \frac{3527}{(72)^2}$

On a : $\text{Cov}(Z_2, Z_3) = E(Z_2 Z_3) - E(Z_2)E(Z_3)$

et $E(Z_2 Z_3) = \sum_{i=1}^{3}\sum_{j=1}^{3} i \cdot j \cdot P(Z_3 = i \cap Z_2 = j) = \sum_{i=1}^{3}\sum_{j=1}^{3} i \cdot j \cdot P(Z_3 = i / Z_2 = j) \cdot P(Z_2 = j)$

$= \sum_{i=1}^{3}\sum_{j=1}^{3} i \cdot j \cdot a_{ij} P(Z_2 = j) = \frac{101}{24}$

d'où $\text{Cov}(Z_2, Z_3) = \frac{13}{72}$, et enfin :

$\rho(Z_2, Z_3) = \dfrac{\text{Cov}(Z_2, Z_3)}{\sigma(Z_2) \cdot \sigma(Z_3)} = \dfrac{\frac{13}{72}}{\sqrt{\frac{13}{18} \cdot \frac{3527}{(72)^2}}} \simeq 0{,}2576$

iii) On a bien entendu $\frac{\sqrt{3}}{6} < 1$ et donc : $\lim_{m\to\infty} P(Z_m=1) = \lim_{m\to\infty} P(Z_m=2) = \lim_{m\to\infty} P(Z_m=3)$ qui vaut $\frac{1}{3}$, ce qui montre que la suite $(Z_m)_{m\in \mathbb{N}^*}$ converge en loi vers une variable de loi uniforme sur $\{1, 2, 3\}$.

132

On considère une suite $(X_n)_{n\in\mathbb{N}^*}$ de variables aléatoires indépendantes ayant toutes la même loi, on note F la fonction de répartition commune à ces variables et on suppose que l'on a :
$$\lim_{x\to +\infty} x(1 - F(x)) = 0, \quad \lim_{x\to -\infty} x F(x) = 0$$
(les conditions étant trivialement réalisées si X_n est bornée).

Pour $n \in \mathbb{N}^*$ on pose $M_n = \max(X_1, \ldots, X_n)$, $m_n = \min(X_1, \ldots, X_n)$.

Montrer que les suites $\left(\dfrac{M_n}{n}\right)_{n\in\mathbb{N}^*}$, $\left(\dfrac{m_n}{n}\right)_{n\in\mathbb{N}^*}$ convergent en probabilité vers la variable certaine égale à 0.

Avant de nous lancer dans le bain, effectuons quelques rappels :
Soient U et V deux variables aléatoires indépendantes et posons $Z = \max(U, V)$, $T = \min(U, V)$. Notons F_X la fonction de répartition d'une variable aléatoire X. On a : $\forall x \in \mathbb{R}$,

$F_Z(x) = P(\max(U,V) \leq x) = P(U \leq x \cap V \leq x) = F_U(x) \cdot F_V(x)$

$F_T(x) = P(\min(U,V) \leq x) = 1 - P(\min(U,V) > x) = 1 - P(U > x \cap V > x)$

$= 1 - (1 - P(U \leq x))(1 - P(V \leq x)) = 1 - (1 - F_U(x))(1 - F_V(x))$

i.e. $F_Z(x) = F_U(x).F_V(x)$
$F_T(x) = 1 - (1 - F_U(x))(1 - F_V(x))$
d'où, par une récurrence immédiate, dans le cas qui nous préoccupe ici :
$F_{M_m}(x) = (F(x))^m$ et $F_{m_m}(x) = 1 - (1 - F(x))^m$.

i) Soit donc ε strictement positif quelconque et montrons que $\lim_{m \to \infty} P(|\frac{M_m}{m}| \geq \varepsilon) = 0$.
On peut écrire :
$$P(|\frac{M_m}{m}| \geq \varepsilon) = P(|M_m| \geq m\varepsilon)$$
$$= P(M_m \leq -m\varepsilon \cup M_m \geq m\varepsilon) \quad \text{(union disjointe)}$$
$$= F_{M_m}(-m\varepsilon) + (1 - F_{M_m}(m\varepsilon-))$$
$$= (F(-m\varepsilon))^m + 1 - (F(m\varepsilon-))^m$$

où $F(x-) = \lim_{\substack{t \to x \\ t < x}} F(t) = P(X < x)$.

• On a $\lim_{m \to \infty} F(-m\varepsilon) = 0$ (propriété universelle des fonctions de répartition), par conséquent :
$$\lim_{m \to \infty} (F(-m\varepsilon))^m = 0$$

(Rappelons que "0^∞" n'est pas vraiment une "forme indéterminée" !!)

• La fonction F étant croissante, on peut écrire :
$$1 \geq (F(m\varepsilon-))^m \geq (F((m-1)\varepsilon))^m$$
Pour achever de montrer que $(\frac{M_m}{m})$ converge bien en probabilité vers 0, il serait sympathique de montrer que $\lim_{m \to \infty} (F((m-1)\varepsilon))^m = 1$, ce qui nous fournirait un squeeze permettant de conclure.
On a déjà $\lim_{m \to \infty} F((m-1)\varepsilon) = 1$ (toujours une propriété universelle des fonctions de répartition), nous sommes donc en présence d'une forme indéterminée, ce qui nous autorise à passer à la forme exponentielle :
$$(F((m-1)\varepsilon))^m = \exp[m . \log F((m-1)\varepsilon)]$$
Comme nous sommes au voisinage de 1 dans le logarithme, on a :
$$m \log F((m-1)\varepsilon) \underset{(\infty)}{\sim} m[F((m-1)\varepsilon) - 1] = \frac{m}{(m-1)\varepsilon}[(m-1)\varepsilon[F((m-1)\varepsilon) - 1]]$$

Donc, d'après l'hypothèse, $\lim_{m \to \infty} m \log(F((m-1)\varepsilon)) = 0$, d'où $\lim_{m \to \infty} (F((m-1)\varepsilon))^m = 1$.

Ceci prouve que : $\lim_{m \to \infty} P(|\frac{M_m}{m}| \geq \varepsilon) = 0$, i.e. que la suite $(\frac{M_m}{m})$ converge en probabilité vers 0.

ii) De même, soit ε strictement positif, et cherchons $\lim_{m \to \infty} P(|\frac{m_m}{m}| \geq \varepsilon)$.

• On a : $P(|\frac{m_m}{m}| \geq \varepsilon) = P(m_m \leq -m\varepsilon \cup m_m \geq m\varepsilon)$
$$= F_{m_m}(-m\varepsilon) + (1 - F_{m_m}(m\varepsilon-))$$
$$= 1 - (1 - F(-m\varepsilon))^m + (1 - F(m\varepsilon-))^m$$

• On a $\lim_{m \to \infty} F(m\varepsilon-) = 1$ (par exemple, parce que $1 \geq F(m\varepsilon-) \geq F((m-1)\varepsilon)$, la conclusion résultant alors de $\lim_{x \to +\infty} F(x) = 1$.)
D'où $\lim_{m \to \infty} (1 - F(m\varepsilon-))^m = 0$.

• On a $\lim_{m \to \infty} F(-m\varepsilon) = 0$, nous sommes encore en présence d'une forme indéterminée du type "1^∞", d'où en passant à la forme exponentielle :
$$(1 - F(-m\varepsilon))^m = \exp[m \log(1 - F(-m\varepsilon))]$$
On peut écrire de même :
$$m \log(1 - F(-m\varepsilon)) \underset{(\infty)}{\sim} m.(-F(-m\varepsilon)) = -\frac{1}{\varepsilon}(m.\varepsilon.F(-m\varepsilon))$$

donc, d'après l'hypothèse faite sur F, $\lim_{m \to \infty} m \log(1 - F(-m\varepsilon)) = 0$, d'où

$$\lim_{n \to \infty} (1 - F(-n\varepsilon))^m = 1 \quad \text{et} \quad \lim_{m \to \infty} P\left(\left|\frac{m_m}{m}\right| \geq \varepsilon\right) = 0.$$

Par conséquent, la suite $\left(\frac{m_m}{m}\right)$ converge en probabilité vers 0.

133

Pour $n \in \mathbb{N}^*$, soit f_n la fonction définie sur $\mathbb{R}$ par:

$$f_n(x) = 0 \text{ pour } x \leq 0 \, ; \, f_n(x) = \frac{1}{n!} \cdot \frac{[\text{Log}(1+x)]^n}{(1+x)^2} \quad \text{pour } x > 0$$

i) Montrer que f_n est une densité de variable aléatoire absolument continue.
ii) Soit X_n une variable admettant f_n pour densité, admet-elle une espérance?
iii) Déterminer la fonction de répartition F_n de X_n.
iv) Pour $x > 0$, soit Z une variable de Poisson de paramètre $\text{Log}(x+1)$, déterminer en fonction de x la loi de Z. En déduire $\lim_{n \to \infty} F_n(x)$, que peut-on en conclure pour la suite $(X_n)_{n \in \mathbb{N}^*}$?

---

i) Il est clair que f_n est une fonction continue sur $\mathbb{R}$, positive sur $\mathbb{R}$ et nulle sur $\mathbb{R}_-$. Il reste donc à calculer $\int_0^{+\infty} f_n(t)\,dt$.

Posons $I_k(x) = \int_0^x \frac{(\text{Log}(1+t))^k}{(1+t)^2} \cdot \frac{dt}{k!}$ et effectuons dans $I_{k+1}(x)$ une intégration par parties, afin d'obtenir une formule de récurrence :

$$u = (\text{Log}(1+t))^k \longrightarrow u' = (k+1)(\text{Log}(1+t))^k \cdot \frac{1}{1+t}$$
$$v' = \frac{1}{(1+t)^2} \longrightarrow v = -\frac{1}{1+t}$$

$$I_{k+1}(x) = \int_0^x \frac{(\text{Log}(1+t))^{k+1}}{(1+t)^2} \cdot \frac{dt}{(k+1)!} = \left[-\frac{(\text{Log}(1+t))^{k+1}}{(1+t)(k+1)!}\right]_0^x + \int_0^x \frac{(\text{Log}(1+t))^k}{(1+t)^2} \cdot \frac{dt}{k!}$$

i.e. $I_{k+1}(x) = -\frac{(\text{Log}(1+x))^{k+1}}{(1+x)(k+1)!} + I_k(x)$.

Cette relation permet de ramener le calcul de $I_m(x)$ à celui de $I_1(x)$, et :

$$I_1(x) = \int_0^x \frac{\text{Log}(1+t)}{(1+t)^2} dt = \left[-\frac{\text{Log}(1+t)}{1+t}\right]_0^x + \int_0^x \frac{dt}{(1+t)^2} = -\frac{\text{Log}(1+x)}{1+x} + 1 - \frac{1}{1+x}$$

d'où :

$$\forall m \in \mathbb{N}^*, \quad I_m(x) = 1 - \sum_{k=0}^{m} \frac{(\text{Log}(1+x))^k}{(1+x) \cdot k!}.$$

Or chaque terme de la sommation a pour limite 0 lorsque x tend vers l'infini (croissances comparées du logarithme et de la variable); cette somme contenant un nombre fixé de termes, on en déduit :

$$\lim_{x \to +\infty} I_m(x) = 1, \quad \text{i.e.} \quad \int_0^{+\infty} f_n(t)\,dt = 1.$$

ii) Pour que X_m admette une espérance, il faudrait que l'intégrale $\int_0^{+\infty} t\, f_n(t)\,dt$ soit convergente. Or au voisinage de $+\infty$, on a :

$$t\, f_n(t) \sim \frac{(\text{Log}(1+t))^m}{m!\, t}$$

ce qui montre que, pour t assez grand, $t f_n(t) > \frac{1}{t}$. Comme l'intégrale $\int_1^\infty \frac{dt}{t}$ est divergente, il en est de même de l'intégrale $\int_1^\infty t f_n(t)\,dt$, et donc a fortiori de l'intégrale $\int_0^\infty t f_n(t)\,dt$. X_n n'admet pas d'espérance.

iii) Par définition, on a : $F_m(x) = \int_{-\infty}^{x} f_m(t)dt$. Ainsi, d'après les calculs faits précédemment :

pour $x \leq 0$, $F_m(x) = 0$
pour $x > 0$, $F_m(x) = 1 - \frac{1}{1+x} \cdot \sum_{k=0}^{m} \frac{(\log(1+x))^k}{k!}$

iv) On a : $Z(\Omega) = \mathbb{N}$ et, $\forall k \in \mathbb{N}$, $P(Z=k) = e^{-\lambda} \cdot \frac{\lambda^k}{k!}$ avec $\lambda = \log(1+x)$. Donc :

$$P(Z=k) = \frac{1}{1+x} \cdot \frac{(\log(1+x))^k}{k!}$$

Par suite, $\forall x > 0$, $F_m(x) = 1 - \sum_{k=0}^{m} P(Z=k)$. Comme on a $\sum_{k=0}^{\infty} P(Z=k) = 1$, on en déduit :

$$\lim_{m \to +\infty} F_m(x) = 0 \quad \text{pour } x > 0 \quad (\text{et on a aussi } \lim_{m \to \infty} F_m(x) = 0, \text{ pour } x \leq 0 \text{ !!})$$

Il en résulte que la suite $(X_m)_{m \in \mathbb{N}^*}$ diverge en loi. En effet, si elle convergeait en loi vers une certaine variable X, on aurait, en tout point de continuité de F_X,

$$\lim_{m \to \infty} F_m(x) = F_X(x), \quad \text{i.e. } F_X(x) = 0.$$

Or une fonction de répartition est continue sauf en un ensemble dénombrable de points et est croissante. La fonction F_X serait donc la fonction nulle, ce qui contredirait la propriété universelle des fonctions de répartition : $\lim_{x \to +\infty} F_X(x) = 1$.

134

Pour tout entier n strictement positif, on considère une variable aléatoire X_n suivant la loi binomiale négative de paramètres n et p_n.

On suppose que la quantité $n(1 - p_n)$ a une limite λ strictement positive lorsque n tend vers l'infini.

Montrer que la suite $(X_n)_{n \in \mathbb{N}^*}$ converge en loi vers une variable X suivant la loi de Poisson de paramètre λ.

Par définition, on a :
$$X_m(\Omega) = \mathbb{N} \text{ et } \forall k \in \mathbb{N}, \quad P(X_m = k) = \binom{k+m-1}{k} (p_m)^m (1-p_m)^k.$$

En remarquant que, pour tout m, on a $X_m(\Omega) \subset X(\Omega)$, il suffit de prouver que l'on a pour tout k, $\lim_{m \to \infty} P(X_m = k) = e^{-\lambda} \frac{\lambda^k}{k!}$, ce que nous allons faire sans tarder.

Soit donc $k \in \mathbb{N}$ fixé et regardons ce qui se passe au voisinage de l'infini.

• $\binom{k+m-1}{k} = \frac{(k+m-1)(k+m-2)\cdots(m)}{k!}$, le numérateur est donc le produit de k termes tous équivalents au voisinage de l'infini à m (k est fixé !), donc :

$$\binom{k+m-1}{k} \underset{(\infty)}{\sim} \frac{m^k}{k!} \quad (\text{résultat valable pour } k=0)$$

• Comme : $\lim_{m \to \infty} m(1-p_m) = \lambda$, on a $1 - p_m \underset{(\infty)}{\sim} \frac{\lambda}{m}$

donc $(1-p_m)^k \underset{(\infty)}{\sim} \frac{\lambda^k}{m^k}$

• On a $(p_m)^m = e^{m \ln(p_m)} = e^{m \ln[1+(p_m-1)]}$
$\lim_{m \to \infty} p_m = 1$ et donc $\ln[1+(p_m-1)] \underset{(\infty)}{\sim} p_m - 1 \underset{(\infty)}{\sim} -\frac{\lambda}{m}$

d'où $\lim_{m \to \infty} m \ln(p_m) = -\lambda$ et par continuité de l'exponentielle : $\lim_{m \to \infty} (p_m)^m = e^{-\lambda}$.

Il ressort de ce magma que l'on a:
$$P(X_m = k) \underset{(\infty)}{\sim} \frac{m^k}{k!} e^{-\lambda} \frac{\lambda^k}{m^k} = e^{-\lambda} \frac{\lambda^k}{k!}$$

et donc $\lim_{m \to \infty} P(X_m = k) = e^{-\lambda} \frac{\lambda^k}{k!} = P(X = k)$, ce qui achève la preuve.

135

Soit X une variable aléatoire prenant ses valeurs dans $[1, +\infty[$ et telle qu'il existe λ strictement positif vérifiant:
$$\forall x \geq 1, P(X \geq x) = x^{-\lambda}.$$

i) Trouver une densité de X et de la variable $Y = \text{Log } X$.

ii) Soit $(X_n)_{n \in \mathbb{N}^*}$ une suite de variables indépendantes suivant toutes la même loi que X, on pose alors $U_n = \sqrt[n]{X_1 X_2 \ldots X_n}$.
Montrer que $(\text{Log } U_n)_{n \in \mathbb{N}^*}$ converge en probabilité vers une variable aléatoire constante, puis que $(U_n)_{n \in \mathbb{N}^*}$ converge également en probabilité.

---

i) • La fonction de répartition F de X est définie par :
$$\text{si } x \leq 1, F(x) = 0 \quad ; \quad \text{si } x \geq 1, F(x) = 1 - x^{-\lambda}$$
F est continue sur $\mathbb{R}$ et dérivable sur $\mathbb{R}$ sauf en 1 où F admet une dérivée à gauche et une dérivée à droite. X est donc une variable aléatoire réelle absolument continue et on peut prendre pour densité f de X:
$$\forall x \leq 1, f(x) = 0 \quad ; \quad \forall x > 1, f(x) = \lambda x^{-\lambda - 1}$$

• La variable Y est bien définie et à valeurs dans $\mathbb{R}_+$. Soit donc $x \in \mathbb{R}_+$, on peut écrire :
$$P(Y \leq x) = P(X \leq e^x) = 1 - P(X > e^x) = 1 - e^{-\lambda x}$$

On voit donc que Y suit la loi exponentielle de paramètre λ. On peut prendre pour densité de Y la fonction g définie par :
$$\forall x \leq 0, g(x) = 0 \quad ; \quad \forall x > 0, g(x) = \lambda e^{-\lambda x}$$
En particulier, on sait alors que $E(Y) = \frac{1}{\lambda}$; $V(Y) = \frac{1}{\lambda^2}$.

ii) • On a $\text{Log}(U_m) = \frac{1}{m}(Y_1 + Y_2 + \ldots + Y_m)$, en posant $Y_i = \text{Log } X_i$. Comme les variables X_i sont indépendantes, il en est de même des variables Y_i. On peut alors appliquer la loi faible des grands nombres, qui assure que la suite $(\text{Log } U_m)$ converge en probabilité vers l'espérance de Y, à savoir $\frac{1}{\lambda}$.

• Il paraît légitime d'espérer que (U_m) converge en probabilité vers $e^{1/\lambda}$. On pourrait d'ailleurs démontrer que, sous certaines conditions de régularité, si une suite (X_m) de variables aléatoires converge en probabilité vers une variable X, alors la suite $(f(X_m))$ converge en probabilité vers la variable $f(X)$ (Les conditions de régularité portant sur la fonction f). Démontrons-le "à la main" dans ce cas particulier:
Soit $\varepsilon > 0$ et considérons l'événement $|U_m - e^{1/\lambda}| \geq \varepsilon$. On peut écrire :

$$|U_m - e^{1/\lambda}| \geq \varepsilon = (U_m \geq \varepsilon + e^{1/\lambda}) \cup (U_m \leq e^{1/\lambda} - \varepsilon)$$
$$= [U_m \geq e^{1/\lambda}(1 + \varepsilon e^{-1/\lambda})] \cup [U_m \leq e^{1/\lambda}(1 - \varepsilon e^{-1/\lambda})]$$
$$= [\text{Log } U_m \geq \tfrac{1}{\lambda} + \log(1 + \varepsilon e^{-1/\lambda})] \cup [\text{Log } U_m \leq \tfrac{1}{\lambda} + \log(1 - \varepsilon e^{-1/\lambda})]$$

Posons $\alpha = \min(\log(1 + \varepsilon e^{-1/\lambda}), -\log(1 - \varepsilon e^{-1/\lambda}))$. α est strictement positif (sa valeur est d'ailleurs $\log(1 + \varepsilon e^{-1/\lambda})$) et on peut donc écrire:

$$|U_m - e^{\frac{1}{\lambda}}| \geq \varepsilon \quad \subset \quad [\text{Log } U_m \geq \tfrac{1}{\lambda} + \alpha] \cup [\text{Log } U_m \leq \tfrac{1}{\lambda} - \alpha]$$

i.e. $|U_m - e^{\frac{1}{\lambda}}| \geq \varepsilon \quad \subset \quad |\log U_m - \frac{1}{\lambda}| \geq \alpha$

d'où $P(|U_m - e^{\frac{1}{\lambda}}| \geq \varepsilon) \leq P(|\log U_m - \frac{1}{\lambda}| \geq \alpha)$

Comme $\lim_{m \to \infty} P(|\log U_m - \frac{1}{\lambda}| \geq \alpha) = 0$, on en déduit $\lim_{m \to \infty} P(|U_m - e^{\frac{1}{\lambda}}| \geq \varepsilon) = 0$

(En effet, $(\log U_m)$ converge en probabilité vers $\frac{1}{\lambda}$ et, comme une probabilité est positive ou nulle, le squeeze est complet).

Ce qui démontre que (U_m) converge en probabilité vers $e^{\frac{1}{\lambda}}$.

136

Soit $(X_n)_{n \in \mathbb{N}^*}$ une suite de variables aléatoires.

i) On suppose que, pour tout n, X_n suit la loi de Poisson de paramètre n. Convergence en loi et en probabilité de la suite $(X_n)_{n \in \mathbb{N}^*}$?

ii) On suppose que, pour tout n, X_n suit la loi de Poisson de paramètre $\frac{1}{n}$. Mêmes questions.

---

i) La suite X_m étant une suite de variables aléatoires à valeurs dans $\mathbb{N}$, nous cherchons s'il existe une variable X à valeurs dans $\mathbb{N}$, telle que pour tout entier naturel k, on ait :

$$\lim_{m \to \infty} P(X_m = k) = P(X = k)$$

Mais $P(X_m = k) = e^{-m} \frac{m^k}{k!}$, et les théorèmes de croissances comparées nous apprennent que pour tout nombre k, $\lim_{m \to \infty} e^{-m} m^k = 0$. Par conséquent :

$$\lim_{m \to \infty} P(X_m = k) = 0$$

Ceci exclut l'existence de la variable X, dont toute valeur serait de probabilité nulle !

La suite (X_m) ne converge pas en loi, et par suite elle ne converge pas non plus en probabilité.

Le lecteur déçu par cette divergence pourra noter que le théorème de la limite centrée indique que la suite $X_m^* = \frac{X_m - m}{\sqrt{m}}$, qui n'est autre que la suite des variables centrées réduites associées à X_m, converge en loi vers la loi normale $\mathcal{N}(0,1)$.

ii) Dans ce deuxième cas, on a $P(X_m = k) = e^{-\frac{1}{m}} \cdot \frac{1}{m^k \cdot k!}$. Deux cas se présentent alors :
- si $k = 0$, $P(X_m = 0) = e^{-\frac{1}{m}}$ et donc : $\lim_{m \to \infty} P(X_m = 0) = 1$.
- si $k \neq 0$, le dénominateur a pour limite $+\infty$ lorsque m tend vers l'infini, le numérateur ayant toujours pour limite 1, et donc : $\lim_{m \to \infty} P(X_m = k) = 0$.

Par conséquent, la suite (X_m) converge en loi vers la variable certaine égale à 0. Cette convergence a également lieu en probabilité, car :

$$P(X_m \neq 0) = 1 - P(X_m = 0) = 1 - e^{-\frac{1}{m}} \quad \text{et donc} \quad \lim_{m \to \infty} P(X_m \neq 0) = 0.$$

Note :

Ce raisonnement suppose que le lecteur s'est déjà fait la remarque suivante : si $(X_m)_{m \in \mathbb{N}^*}$ est une suite de variables entières, la convergence en probabilité de la suite (X_m) vers une variable aléatoire X (qui est nécessairement à valeurs entières) se prouve en démontrant que :

$$\forall \varepsilon > 0, \quad \lim_{m \to \infty} P(|X_m - X| > \varepsilon) = 0.$$

Sans perte de généralité, on peut se restreindre au cas $0 < \varepsilon < 1$, et alors
$$P(|X_m - X| > \varepsilon) = P(X_m \neq X).$$
Il suffit donc de prouver que $\lim\limits_{m \to \infty} P(X_m \neq X) = 0$.

137

On considère une suite de variables aléatoires $(X_n)_{n \in \mathbb{N}^*}$ dont les lois sont définies de la façon suivante:
a) $X_n(\Omega) = [\![1, n]\!]$
b) $\forall k \in [\![1, n]\!], P(X_n = k) = \lambda_n \cdot k$

i) Déterminer λ_n pour que la définition précédente soit cohérente.
ii) Calculer $E(X_n)$ et $V(X_n)$.
iii) Montrer que la suite $(Y_n)_{n \in \mathbb{N}^*}$ définie par $Y_n = \dfrac{X_n}{n}$, converge en loi vers une variable continue dont on déterminera la loi.

---

i) Pour que la définition soit cohérente, il faut que λ_m soit positif et que l'on ait $\sum_{k=1}^{m} P(X_m = k) = 1$, i.e.
$$\lambda_m \sum_{k=1}^{m} k = 1 \quad \text{ou encore} \quad \lambda_m \cdot \frac{m(m+1)}{2} = 1, \quad \text{d'où} \quad \lambda_m = \frac{2}{m(m+1)}$$

ii) On a alors : $E(X_m) = \sum_{k=1}^{m} k \cdot P(X_m = k) = \frac{2}{m(m+1)} \cdot \sum_{k=1}^{m} k^2 = \frac{2}{m(m+1)} \cdot \frac{m(m+1)(2m+1)}{6}$

i.e. $E(X_m) = \dfrac{2m+1}{3}$

$E(X_m^2) = \sum_{k=1}^{m} k^2 \cdot P(X_m = k) = \frac{2}{m(m+1)} \sum_{k=1}^{m} k^3 = \frac{2}{m(m+1)} \cdot \frac{m^2(m+1)^2}{4}$

d'où $E(X_m^2) = \dfrac{m(m+1)}{2}$

et il vient, par application de la formule de Koenig-Huyghens :
$$V(X_m) = E(X_m^2) - [E(X_m)]^2 = \frac{m^2 + m - 2}{18}$$

iii) Il est clair que $Y_m(\Omega) = \left\{ \dfrac{1}{m}, \dfrac{2}{m}, \ldots, \dfrac{m}{m} \right\}$, avec

$$\forall k \in [\![1, m]\!], \quad P\left(Y_m = \frac{k}{m}\right) = \frac{2k}{m(m+1)}$$

Notons F_m la fonction de répartition de Y_m. Pour rechercher une éventuelle limite en loi de la suite $(Y_m)_{m \in \mathbb{N}^*}$, nous allons déterminer la limite de cette fonction F_m.
1er cas : si $x \leq 0$, on a $F_m(x) = 0$ et donc $\lim\limits_{m \to \infty} F_m(x) = 0$.
2ème cas : si $x \geq 1$, on a $F_m(x) = 1$ et donc $\lim\limits_{m \to \infty} F_m(x) = 1$.
3ème cas : Considérons donc un point x de l'intervalle $]0, 1[$ et déterminons $F_m(x)$.
$F_m(x) = P(Y_m \leq x) = P(X_m \leq mx) = P(X_m \leq [mx])$, où $[\ ]$ désigne la partie entière, puisque X_m ne prend que des valeurs entières.
Par conséquent :
$$F_m(x) = \sum_{k=0}^{[mx]} P(X_m = k) = \frac{2}{m(m+1)} \cdot \sum_{k=0}^{[mx]} k = \frac{[mx] \cdot ([mx] + 1)}{m(m+1)}$$

Mais $mx - 1 < [mx] \leq mx$ d'où $\dfrac{mx-1}{m} < \dfrac{[mx]}{m} \leq x$. Les deux termes extrêmes ont la même limite x lorsque m tend vers l'infini. On est donc en présence d'un squeeze qui permet d'affirmer :
$$\lim_{m \to \infty} \frac{[mx]}{m} = x.$$

On en déduit facilement, par usage d'équivalents, que $\lim\limits_{m \to \infty} \dfrac{[mx] + 1}{m + 1} = x$, et par conséquent:

On peut donc écrire : $\lim_{m \to \infty} F_m(x) = x^2$.

$\lim_{m \to \infty} F_m(x) = F(x)$ avec $\begin{cases} F(x) = 0 & \text{pour } x \leq 0 \\ F(x) = x^2 & \text{pour } x \in [0,1] \\ F(x) = 1 & \text{pour } x \geq 1 \end{cases}$

ce qui montre que la suite $(Y_m)_{m \in \mathbb{N}^*}$ converge en loi vers une variable aléatoire absolument continue (F est continue sur $\mathbb{R}$ et dérivable sauf en deux points (et même en un seul !) où elle admet une dérivée à gauche et à droite) dont une densité f est donnée par :

$$f(x) = 2x \quad \text{si } x \in [0,1] \quad , \quad f(x) = 0 \quad \text{sinon.}$$

Note :

Ainsi que le lecteur pourra s'en convaincre en traçant côte à côte la distribution de Y_n et la densité de la loi limite, il est fréquent, dans les problèmes de convergence en loi d'une suite de variables aléatoires dont les points se resserrent, que les distributions de probabilité de cette suite gardent une "forme constante". On doit alors s'attendre à voir cette suite converger vers une variable continue dont une densité a encore la "même forme".

138

Dans une urne contenant n jetons numérotés de 1 à n, on effectue deux prélèvements successifs d'un jeton, le premier jeton étant remis avant le tirage du second. On note X_n et Y_n les numéros respectifs du 1er jeton et du 2ème jeton obtenus. On note enfin $S_n = X_n + Y_n$.

i) Quelle est la loi de S_n ?

ii) Montrer que la suite $(Z_n)_{n \in \mathbb{N}^*}$, définie par $Z_n = \dfrac{S_n}{n}$, converge en loi vers une variable absolument continue dont on déterminera une densité.

---

i) Il est clair que $S_m(\Omega) = [\![2, 2m]\!]$. Soit donc $k \in [\![2, 2m]\!]$. Il existe m^2 couples de jetons, tous équiprobables et :

1°) si $k \leq m+1$
$$(X_m + Y_m = k) = \bigcup_{i=1}^{k-1} (X_m = i \cap Y_m = k-i)$$

2°) si $k \geq m+1$
$$(X_m + Y_m = k) = \bigcup_{i=k-m}^{m} (X_m = i \cap Y_m = k-i)$$

Dans le premier cas, il existe donc $k-1$ couples favorables, et dans le second cas, il en existe $2m-k+1$. Soit :

si $2 \leq k \leq m+1$, $P(S_m = k) = \dfrac{k-1}{m^2}$

si $m+1 \leq k \leq 2m$, $P(S_m = k) = \dfrac{2m-k+1}{m^2}$

(les deux formules s'appliquent pour $k = m+1$)

En particulier, on remarque que la distribution de S_m est symétrique par rapport au point (central !), à savoir $n+1$.

ii) Il est immédiat que $Z_m(\Omega) = \{\dfrac{2}{m}, \dfrac{3}{m}, \ldots, \dfrac{2m}{m}\}$ et que $P(Z_m = \dfrac{k}{m}) = P(S_m = k)$. Pour trouver la limite en loi (si elle existe) de Z_m, nous allons chercher la limite de sa fonction de répartition F_m.

1er cas : si $x \leq 0$, $F_m(x) = 0$ et $\lim_{m \to \infty} F_m(x) = 0$.

2ème cas : si $x \geq 2$, $F_m(x) = 1$ et $\lim_{m \to \infty} F_m(x) = 1$.

3ème cas : considérons alors un élément x de l'intervalle $]0,2[$.

1er sous-cas : $x \leq 1$. Alors
$$F_m(x) = P(S_m \leq mx) = P(S_m \leq [mx]) \quad ([\,] \text{ désignant la partie entière}).$$

Soit :
$$F_m(x) = \sum_{k=2}^{[mx]} P(S_m = k) = \sum_{k=2}^{[mx]} \frac{k-1}{m^2}$$

(en effet, comme $x \leq 1$, on a $[mx] \leq mx \leq m+1$, on est donc dans le cas d'application de la première expression concernant la loi de S_m).

Ce qui s'écrit :
$$F_m(x) = \frac{1}{m^2} \sum_{k=2}^{[mx]} (k-1) = \frac{1}{m^2} \frac{([mx]-1)[mx]}{2} \quad \text{(décalage de l'indice)}.$$

Mais $\lim_{m \to \infty} \frac{[mx]}{m} = \lim_{m \to \infty} \frac{[mx]-1}{m} = x$ et par conséquent $\lim_{m \to \infty} F_m(x) = \frac{x^2}{2}$.

$2^{\text{ème}}$ sous-cas : $x > 1$. On pourrait alors invoquer la symétrie de la loi de S_m, et calculer $1 - F_m(x)$ pour obtenir sa limite. Faisons un calcul direct, à titre d'exercice de manipulation sommatoire ! On a dans ce cas :

$$F_m(x) = P(S_m \leq [mx]) = \sum_{k=2}^{[mx]} P(S_m = k) = \sum_{k=2}^{m} \frac{k-1}{m^2} + \sum_{k=m+1}^{[mx]} \frac{2m-k+1}{m^2}$$

(Remarquez que l'on change d'expression pour la loi de S_m lorsque l'on dépasse la barre centrale).

On a :
$$\sum_{k=2}^{m} \frac{k-1}{m^2} = \frac{m(m-1)}{2m^2}$$

$$\sum_{k=m+1}^{[mx]} (2m-k+1) = \sum_{\ell=2m-[mx]+1}^{m} \ell \quad \text{(en posant } \ell = 2m-k+1\text{)}$$

$$= \sum_{\ell=1}^{m} \ell - \sum_{\ell=1}^{2m-[mx]} \ell$$

$$= \frac{m(m+1)}{2} - \frac{(2m-[mx])(2m-[mx]+1)}{2}$$

d'où $\quad F_m(x) = \frac{m(m-1)}{2m^2} + \frac{m(m+1)}{2m^2} - \frac{(2m-[mx])(2m-[mx]+1)}{2m^2}$

or $\quad \lim_{m \to \infty} \frac{m(m-1)}{2m^2} = \lim_{m \to \infty} \frac{m(m+1)}{2m^2} = \frac{1}{2}$ et

$$\lim_{m \to \infty} \frac{(2m-[mx])(2m-[mx]+1)}{2m^2} = \lim_{m \to \infty} \frac{1}{2}\left(2-\frac{[mx]}{m}\right)\left(2-\frac{[mx]}{m}+\frac{1}{m}\right) = \frac{1}{2}(2-x)^2$$

Il en résulte :
$$\lim_{m \to \infty} F_m(x) = 1 - \frac{1}{2}(2-x)^2.$$

Notons $F(x)$ la limite de $F_m(x)$, on a donc :
$$F(x) = \begin{cases} 0 & \text{si } x \leq 0 \\ \frac{x^2}{2} & \text{si } 0 \leq x < 1 \\ 1 - \frac{1}{2}(2-x)^2 & \text{si } 1 \leq x \leq 2 \\ 1 & \text{si } x \geq 2 \end{cases} \quad \text{(les différentes formules se "recollent" bien)}$$

Ainsi la suite $(Z_m)_{m \in \mathbb{N}^*}$ converge en loi vers une variable absolument continue dont une densité est :
$$f(x) = \begin{cases} 0 & \text{si } x \leq 0 \text{ ou } x \geq 2 \\ x & \text{si } 0 \leq x \leq 1 \\ (2-x) & \text{si } 1 \leq x \leq 2 \end{cases} \quad \text{(les différentes formules se "recollent" également)}$$

139

Soit $(X_n)_{n \in \mathbb{N}^*}$ une suite de variables aléatoires de Bernoulli de paramètre $\frac{1}{2}$, mutuellement indépendantes. On pose $S_n = \frac{X_1}{2} + \frac{X_2}{2^2} + \ldots + \frac{X_n}{2^n}$.

i) Déterminer la loi de S_n.

ii) Montrer que la suite $(S_n)_{n\in\mathbb{N}^*}$ converge en loi vers une variable absolument continue dont on déterminera la loi.

i) Déterminons tout d'abord $S_m(\Omega)$. Comme les variables X_i ne peuvent prendre que les valeurs 0 et 1, il est clair que $S_m(\Omega)$ est formé de nombres de la forme $\frac{k}{2^m}$, avec $k \in \mathbb{N}$, la plus petite valeur possible de k étant 0, la plus grande correspondant à $S_m = \frac{1}{2} + \frac{1}{2^2} + \ldots + \frac{1}{2^m} = \frac{2^m-1}{2^m}$, i.e. valant 2^m-1.

Réciproquement, soit $k \in [\![0, 2^m-1]\!]$. L'entier k se développe en base 2 de façon unique : $k = \alpha_0 \cdot 1 + \alpha_1 \cdot 2^1 + \ldots + \alpha_{m-1} \cdot 2^{m-1}$, avec pour tout i, $\alpha_i = 0$ ou $\alpha_i = 1$. Ainsi :
$$(S_m = \frac{k}{2^m}) = (X_1 = \alpha_{m-1}) \cap (X_2 = \alpha_{m-2}) \cap \ldots \cap (X_m = \alpha_0),$$
ce qui prouve l'appartenance de $\frac{k}{2^m}$ à $S_m(\Omega)$. C'est-à-dire :
$$S_m(\Omega) = \{0, \frac{1}{2^m}, \frac{2}{2^m}, \ldots, \frac{2^m-1}{2^m}\}.$$

De plus, comme toutes les variables X_i sont de Bernoulli, indépendantes, et de paramètre $\frac{1}{2}$, la relation précédente montre que :
$$\forall k \in [\![0, 2^m-1]\!], \quad P(S_m = \frac{k}{2^m}) = \frac{1}{2^m}.$$
S_m est donc une variable discrète uniforme.

ii) $S_m(\Omega)$ étant un ensemble de points régulièrement distribués dans l'intervalle $[0,1]$, ces points étant de plus en plus "resserrés" lorsque m grandit indéfiniment, et S_m étant uniforme sur cet ensemble, il semble naturel de chercher à prouver la convergence en loi de $(S_m)_{m\in\mathbb{N}^*}$ vers la loi uniforme <u>continue</u> sur $[0,1]$.

Soit donc F_m la fonction de répartition de S_m et cherchons sa limite lorsque m tend vers l'infini.

α) Si $x < 0$, on a $F_m(x) = 0$ et donc $\lim_{m \to \infty} F_m(x) = 0$. De même, si $x \geq 1$, on a $F_m(x) = 1$ et donc $\lim_{m \to \infty} F_m(x) = 1$.

β) Supposons maintenant que x appartient à $[0,1[$. On a :
$$F_m(x) = P(S_m \leq x) = \sum_{k=0}^{[2^m x]} P(S_m = \frac{k}{2^m})$$
(En effet les valeurs admissibles de $\frac{k}{2^m}$ doivent être inférieures ou égales à x, i.e. $k \leq 2^m x$, ce qui s'écrit $k \leq [2^m x]$, où $[\ ]$ désigne la partie entière, puisque k est un entier naturel).
Et comme $P(S_m = \frac{k}{2^m}) = \frac{1}{2^m}$, il vient : $F_m(x) = ([2^m x] + 1) \cdot \frac{1}{2^m}$.

Or nous disposons de la double inégalité : $2^m x < [2^m x] + 1 \leq 2^m x + 1$, d'où
$$x \leq F_m(x) \leq x + \frac{1}{2^m}$$
ce qui nous fournit un squeeze au moment opportun et montre que :
$$\lim_{m \to \infty} F_m(x) = x.$$

En résumé, on a : $\lim_{m \to \infty} F_m(x) = \begin{cases} 0 & \text{si } x \leq 0 \\ x & \text{si } x \in [0,1] \\ 1 & \text{si } x \geq 1 \end{cases}$ (les formules se "recollent")

ce qui montre bien que la suite $(S_m)_{m \in \mathbb{N}^*}$ converge en loi vers la loi uniforme continue sur $[0,1]$.

Les ventes d'un produit varient aléatoirement au cours du temps et peuvent se situer à 2 niveaux E_1 et E_2.

On désigne par P_{ij} la probabilité pour que les ventes étant à la date t ($t \in \mathbb{N}$) au niveau E_i, soient à la date $t+1$ au niveau E_j.

On pose $\quad P_{11} = 0,3 \quad\quad P_{12} = 0,7 \quad\quad P_{21} = 0,6 \quad\quad P_{22} = 0,4$

On désigne par $q_1(t)$ et $q_2(t)$ les probabilités pour que les ventes se trouvent à la date t au niveau E_1 ou E_2.

1°) Montrer que si $q(t) = \begin{pmatrix} q_1(t) \\ q_2(t) \end{pmatrix}$, alors $q(t+1) = A \cdot q(t)$ ($t \in \mathbb{N}$). A étant une matrice que l'on déterminera.

En déduire que $q(t) = A^t \cdot q(0)$; $q(0)$ étant le vecteur correspondant à la date initiale.

Diagonaliser A et en déduire $q_1(t)$ et $q_2(t)$.

2°) Montrer que $q_i(t)$ tend vers un nombre indépendant des conditions initiales, $t \in \mathbb{N}$, t tendant vers $+\infty$, $i \in \{1, 2\}$.

3°) A chaque date t, $t \in \mathbb{N}$, on définit une variable aléatoire :

$X_t : \begin{cases} X_t = 1 \text{ si le niveau est } E_1 \\ X_t = 0 \text{ si le niveau est } E_2 \end{cases}$

On considère la variable aléatoire Z_n, $Z_n = \sum_{t=1}^{n} \dfrac{X_t}{n}$. Quelle est la limite *en probabilité* de $(Z_n)_{n \in \mathbb{N}}$ lorsque n augmente indéfiniment ?

1°) Désignons par $E_i(t)$ l'événement : "les ventes se situent au niveau E_i à la date t". Ainsi $p_i(t) = P(E_i(t))$.

Le système $\{E_1(t), E_2(t) = \overline{E_1(t)}\}$ est clairement un système complet d'événements auquel on s'empresse d'appliquer la formule des probabilités totales pour savoir ce qui va se passer à la date t+1. Le suspense est à son comble ! :

$p_1(t+1) = P(E_1(t+1)) = P(E_1(t+1)/E_1(t)) \cdot P(E_1(t)) + P(E_1(t+1)/E_2(t)) \cdot P(E_2(t))$

$p_2(t+1) = P(E_2(t+1)) = P(E_2(t+1)/E_1(t)) \cdot P(E_1(t)) + P(E_2(t+1)/E_2(t)) \cdot P(E_2(t))$

soit avec les notations de l'énoncé :

$p_1(t+1) = 0,3 \cdot p_1(t) + 0,6 \cdot p_2(t)$
$p_2(t+1) = 0,7 \cdot p_1(t) + 0,4 \cdot p_2(t)$

ce que l'on peut écrire matriciellement en posant $q(t) = \begin{pmatrix} p_1(t) \\ p_2(t) \end{pmatrix}$ et $A = \begin{pmatrix} 0,3 & 0,6 \\ 0,7 & 0,4 \end{pmatrix}$:

$q(t+1) = A \cdot q(t)$

d'où par une récurrence immédiate : $q(t) = A^t \cdot q(0)$

Un calcul sans surprise indique que les valeurs propres de A sont 1 et $-0,3$, de vecteurs propres associés respectifs $\begin{pmatrix} 6 \\ 7 \end{pmatrix}$ et $\begin{pmatrix} 1 \\ -1 \end{pmatrix}$. D'où en posant $P = \begin{pmatrix} 6 & 1 \\ 7 & -1 \end{pmatrix}$,

$A = P \begin{pmatrix} 1 & 0 \\ 0 & -0,3 \end{pmatrix} P^{-1} \quad\text{et}\quad A^t = P \begin{pmatrix} 1 & 0 \\ 0 & (-0,3)^t \end{pmatrix} P^{-1}$

On trouve alors :

$P^{-1} = -\dfrac{1}{13} \begin{pmatrix} -1 & -1 \\ -7 & 6 \end{pmatrix} \quad\text{et}\quad A^t = \begin{pmatrix} 6 + 7(-0,3)^t & 6(1 - (-0,3)^t) \\ 7(1 - (-0,3)^t) & 7 + 6(-0,3)^t \end{pmatrix}$

d'où enfin, en notant que $p_1(0) + p_2(0) = 1$:

$p_1(t) = \dfrac{6}{13} + (-0,3)^t \left(\dfrac{7}{13} p_1(0) - \dfrac{6}{13} p_2(0) \right)$

$p_2(t) = \dfrac{7}{13} + (-0,3)^t \left(-\dfrac{7}{13} p_1(0) + \dfrac{6}{13} p_2(0) \right)$

2°) Evidemment, $\lim_{t \to +\infty} (-0,3)^t = 0$ et ainsi $\lim_{t \to +\infty} p_1(t) = \frac{6}{13}$; $\lim_{t \to +\infty} p_2(t) = \frac{7}{13}$.

Par conséquent, si l'on note X_t la variable de Bernoulli valant 1, si au temps t les ventes sont au niveau E_1, et 0 sinon, et si l'on note X la variable de Bernoulli de paramètre $\frac{6}{13}$, nous venons de démontrer que la suite $(X_m)_{m \in \mathbb{N}}$ converge en loi vers X.

3°) La tentation est grande de vouloir utiliser la loi faible des grands nombres pour les variables $(X_t)_{t \in \mathbb{N}}$, mais nous ne pourrons le faire, car les variables X_t ne sont pas deux à deux indépendantes ! et n'ont même pas la même loi !! Néanmoins, cela peut donner l'idée de la limite : "probablement" la variable certaine égale à $\frac{6}{13}$.

Pour démontrer cela, nous allons utiliser la condition suffisante de convergence en probabilité en prouvant que :
- $\lim_{m \to \infty} E(Z_m) = \frac{6}{13}$ et $\lim_{m \to \infty} V(Z_m - \frac{6}{13}) = \lim_{m \to \infty} V(Z_m) = 0$

i) $E(Z_m) = E(\frac{1}{m} \sum_{t=1}^{m} X_t) = \frac{1}{m} \sum_{t=1}^{m} E(X_t)$

mais $E(X_t) = P(X_t = 1) = p_1(t) = \frac{6}{13} + (-0,3)^t (\frac{7}{13} p_1(0) - \frac{6}{13} p_2(0))$

d'où : $E(Z_m) = \frac{6}{13} + [\frac{7}{13} p_1(0) - \frac{6}{13} p_2(0)] \cdot \frac{1}{m} \cdot \sum_{t=1}^{m} (-0,3)^t$

Mais $\frac{1}{m} \sum_{t=1}^{m} (-0,3)^t = \frac{-0,3}{m} \cdot \frac{1-(-0,3)^m}{1+0,3}$ qui a pour limite 0 lorsque m tend vers l'infini.

Donc : $\lim_{m \to \infty} E(Z_m) = \frac{6}{13}$, et d'une !

ii) $V(Z_m) = V(\frac{1}{m} \cdot \sum_{t=1}^{m} X_t) = \frac{1}{m^2} V(\sum_{t=1}^{m} X_t)$

$= \frac{1}{m^2} [\sum_{t=1}^{m} V(X_t) + 2 \sum_{1 \leq i < j \leq m} Cov(X_i, X_j)]$

- Mais $V(X_t) = p_1(t)(1 - p_1(t)) = \frac{42}{163} + \alpha (-0,3)^t$, où α est une constante (indépendante de t) dont le calcul explicite est sans intérêt.

- $Cov(X_i, X_j) = E(X_i X_j) - E(X_i) E(X_j)$
et $E(X_i X_j) = P(X_i X_j = 1) = P((X_i = 1) \cap (X_j = 1)) = P(X_i = 1) \cdot P(X_j = 1 / X_i = 1)$
(en effet, $X_i X_j$ est encore une variable de Bernoulli).

Mais $P(X_j = 1 / X_i = 1)$ représente la probabilité d'être au niveau E_1 à l'instant j sachant qu'on était au niveau E_1 à l'instant i. C'est-à-dire la probabilité d'être retourné au niveau E_1 en $j-i$ unités de temps, sachant que l'on était au niveau E_1 à l'instant i considéré comme instant initial.

Cette probabilité vaut donc $p_1(j-i)$ avec la condition initiale $p_1(0) = 1$. Ainsi :
$P(X_j = 1 / X_i = 1) = \frac{6}{13} + (-0,3)^{j-i} \cdot \frac{7}{13}$

d'où
$Cov(X_i, X_j) = \frac{1}{13} p_1(i) (7 \cdot (0,3)^{j-i} - \beta \cdot (-0,3)^j)$, où β est une constante (qui vaut d'ailleurs $7 p_1(0) - 6 p_2(0)$),

d'où enfin
$\sum_{1 \leq i < j \leq m} Cov(X_i, X_j) = \frac{1}{13} \sum_{i=1}^{m-1} p_1(i) (\sum_{j=i+1}^{m} (-0,3)^{j-i})(7 - \beta(-0,3)^i)$

Un calcul torride donne alors :

$\sum_{1 \leq i < j \leq m} Cov(X_i, X_j) = \frac{-3}{13^3} [42(m-1) + 42 \cdot \frac{3}{13} (1-(-0,3)^{m-1}) + (-0,3)^m \frac{3}{13} (1-(-0,3)^{m-1})$
$+ \beta^2 \cdot \frac{0,09}{0,91} (1-(0,09)^{m-1}) + \beta^2 (-0,3)^m \frac{3}{13} (1-(-0,3)^{m-i})]$

Nous laissons le lecteur se convaincre ainsi que l'on a alors :
$$\lim_{m \to \infty} \frac{1}{m^2} \sum_{1 \leq i < j \leq m} \mathrm{Cov}(X_i, X_j) = 0$$

ce qui prouve que $\lim_{n \to \infty} V(Z_m) = 0$, et de deux !

Par conséquent, la suite $(Z_n)_{n \in \mathbb{N}^*}$ converge en probabilité vers la variable certaine égale à $\frac{6}{13}$.

annexe

tables numériques

loi de Poisson

Rappelons que si $X \hookrightarrow \mathcal{P}(\lambda)$ on a:

$$\forall k \in \mathbb{N}, P(X=k) = e^{-\lambda} \cdot \frac{\lambda^k}{k!} \text{ et } F(k) = P(X \leq k) = e^{-\lambda} \cdot \sum_{i=0}^{k} \frac{\lambda^i}{i!}$$

La table suivante est donc à double entrée et double lecture:

L'entrée en colonne indique la valeur du paramètre λ et l'entrée en ligne la valeur de k. A l'intersection de la ligne et de la colonne on trouvera la valeur de $10^5 \cdot P(X=k)$ sous la rubrique P_k et celle de $10^5 \cdot P(X \leq k)$ sous la rubrique F_k, ces valeurs étant arrondies à l'unité la plus proche. Ne figurent dans cette table que les valeurs usuelles de λ ainsi que les valeurs de k qui conduisent à un résultat non négligeable.

Exemple:

pour $\lambda = 2$, on trouve $P(X=3) \simeq 0{,}18045$ et $P(X \leq 3) \simeq 0{,}85712$

	0,1		0,2		0,3		0,4		0,5	
	P_k	F_k	P_k	F_k	P_k	F_k	P_k	F_k	P_k	F_k
0	90484		81873		74082		67032		60653	
1	09048	99532	16375	98248	22225	96396	26813	93845	30327	90980
2	00452	99885	01637	99885	03334	99640	05363	99207	07581	98561
3	00015	1	00109	99994	00333	99973	00715	99922	01264	99825
4	ϵ		00005	1	00025	99998	00072	99994	00158	99983
5			ϵ		00002	1	00006	1	00016	99999
6					ϵ		ϵ		00001	1

k \ λ	1		2		3		4		5	
	P_k	F_k	P_k	F_k	P_k	F_k	P_k	F_k	P_k	F_k
0	36788		13534		04979		01832		00674	
1	36788	73576	27067	40601	14936	19915	07326	09158	03369	04043
2	18394	91970	27067	67668	22404	42319	14653	23810	08422	12465
3	06131	98101	18045	85712	22404	64723	19537	43347	14037	26503
4	01533	99634	09022	94735	16803	81526	19537	62884	17547	44049
5	00307	99941	03609	98344	10082	91608	15629	78513	17547	61596
6	00051	99992	01203	99547	05041	96649	10420	88933	14622	76218
7	00007	99999	00344	99890	02160	98810	05954	94887	10444	86663
8	00001	1	00086	99976	00810	99620	02977	97864	06528	93191
9	ε		00019	99995	00270	98890	01323	99187	03627	96817
10			00004	99999	00081	99971	00529	99716	01813	98630
11			00001	1	00022	99993	00192	99908	00824	99455
12			ε		00006	99998	00064	99973	00343	99798
13					00001	1	00020	99992	00132	99930
14					ε		00006	99998	00047	99977
15							00002	1	00016	99993
16							ε		00005	99998
17									00001	99999

k \ λ	6		7		8		9		10	
	P_k	F_k	P_k	F_k	P_k	F_k	P_k	F_k	P_k	F_k
0	00248		00091		00034		00012		00005	
1	01487	01735	00638	00730	00268	00302	00111	00123	00045	00050
2	04462	06197	02234	02964	01073	01375	00500	00623	00227	00277
3	08924	15120	05213	08177	02863	04238	01499	02123	00757	01034
4	13385	28506	09123	17299	05725	09963	03374	05496	01892	02925
5	16062	44568	12772	30071	09160	19124	06073	11569	03783	06709
6	16062	60630	14900	44971	12214	31337	09109	20678	06306	13014
7	13768	74398	14900	59871	13959	45296	11712	32390	09008	22022
8	10326	84724	13038	72909	13959	59255	13176	45565	11260	33282
9	06884	91608	10140	83050	12408	71662	13176	58741	12511	45793
10	04130	95738	07098	90148	09926	81589	11858	70599	12511	58304
11	02253	97991	04517	94665	07219	88808	09702	80301	11374	69678
12	01126	99117	02635	97300	04813	93620	07277	87577	09478	79156
13	00520	99637	01419	98719	02962	96582	05038	92615	07291	86446
14	00223	99860	00709	99428	01692	98274	03238	95853	05208	91654
15	00089	99949	00331	99759	00903	99177	01943	97796	03472	95126
16	00033	99983	00145	99904	00451	99628	01093	98889	02170	97296
17	00012	99994	00060	99964	00212	99841	00579	99468	01276	98752
18	00004	99998	00023	99987	00094	99935	00289	99757	00709	99281
19	00001	99999	00009	99996	00040	99975	00137	99894	00373	99655
20	ε	1	00003	99999	00016	99991	00062	99956	00187	99841
21			00001	1	00006	99997	00026	99983	00089	99930
22			ε		00002	99999	00011	99993	00040	99970
23					00001	1	00004	99998	00018	99988
24					ε		00002	99999	00007	99995
25							00001	1	00003	99998
26							ε		00001	99999

loi normale centrée réduite

Rappelons que si $X \hookrightarrow \mathcal{N}(0,1)$, alors la densité φ de X est définie par:

$\forall x \in \mathbb{R}, \varphi(x) = \dfrac{1}{\sqrt{2\pi}} e^{-\frac{x^2}{2}}$, sa fonction de répartition Φ par la formule:

$$\forall x \in \mathbb{R}, \Phi(x) = \int_{-\infty}^{x} \dfrac{1}{\sqrt{2\pi}} e^{-\frac{t^2}{2}} dt$$

et on a la relation: $\forall x \in \mathbb{R}, \Phi(-x) = 1 - \Phi(x)$.

La table suivante indique par conséquent les valeurs de $10^5 \Phi(x)$ pour les valeurs positives de x depuis 0 jusqu'à $3,6$ avec un pas de $0,01$, ces valeurs sont arrondies à l'unité la plus proche.

De plus, pour des raisons de facilité de lecture, cette table est disposée en une table à double entrée, l'entrée en ligne donnant les deux premiers chiffres de x et l'entrée en colonne le chiffre des centièmes.

Exemple:

$$\Phi(0,71) \simeq 0{,}76115, \ \Phi(2{,}48) \simeq 0{,}99343$$

	0	1	2	3	4	5	6	7	8	9
0,0	50000	50399	50798	51197	51595	51994	52392	52790	53188	53586
0,1	53983	54380	54776	55172	55567	55962	56356	56749	57142	57535
0,2	57926	58317	58706	59095	59483	59871	60257	60642	61026	61409
0,3	61791	62172	62552	62930	63307	63683	64058	64431	64803	65173
0,4	65542	65910	66276	66640	67003	67364	67724	68082	68439	68793
0,5	69146	69497	69847	70194	70540	70884	71226	71566	71904	72240
0,6	72575	72907	73237	73565	73891	74215	74537	74857	75175	75490
0,7	75804	76115	76424	76730	77035	77337	77637	77935	78230	78524
0,8	78814	79103	79389	79673	79955	80234	80511	80785	81057	81327
0,9	81594	81859	82121	82381	82639	82894	83147	83398	83646	83891
1,0	84134	84375	84614	84849	85083	85314	85543	85769	85993	86214
1,1	86433	86650	86864	87076	87286	87493	87698	87900	88100	88298
1,2	88493	88686	88877	89065	89251	89435	89617	89796	89973	90147
1,3	90320	90490	90658	90824	90988	91149	91308	91466	91621	91774
1,4	91924	92073	92220	92364	92507	92647	92785	92922	93056	93189
1,5	93319	93448	93574	93699	93822	93943	94062	94179	94295	94408
1,6	94520	94630	94738	94845	94950	95053	95154	95254	95352	95449
1,7	95543	95637	95728	95818	95907	95994	96080	96164	96246	96327
1,8	96407	96485	96562	96638	96712	96784	96856	96926	96995	97062
1,9	97128	97193	97257	97320	97381	97441	97500	97558	97615	97670
2,0	97725	97778	97831	97882	97932	97982	98030	98077	98124	98169
2,1	98214	98257	98300	98341	98382	98422	98461	98500	98537	98574
2,2	98610	98645	98679	98713	98745	98778	98809	98840	98870	98899
2,3	98928	98956	98983	99010	99036	99061	99086	99111	99134	99158
2,4	99180	99202	99224	99245	99266	99286	99305	99324	99343	99361
2,5	99379	99396	99413	99430	99446	99461	99477	99492	99506	99520
2,6	99534	99547	99560	99573	99585	99598	99609	99621	99632	99643
2,7	99653	99664	99674	99683	99693	99702	99711	99720	99728	99736
2,8	99744	99752	99760	99767	99774	99781	99788	99795	99801	99807
2,9	99813	99819	99825	99831	99836	99841	99846	99851	99856	99861
3,0	99865	99869	99874	99878	99882	99886	99889	99893	99896	99900
3,1	99903	99906	99910	99913	99916	99918	99921	99924	99926	99929
3,2	99931	99934	99936	99938	99940	99942	99944	99946	99948	99950
3,3	99952	99953	99955	99957	99958	99960	99961	99962	99964	99965
3,4	99966	99968	99969	99970	99971	99972	99973	99974	99975	99976
3,5	99977	99978	99978	99979	99980	99981	99981	99982	99983	99983
3,6	99984									

loi binomiale

Rappelons que si $X \hookrightarrow \mathcal{B}(n, p)$ on a:

$$\forall k \in [\![0, n]\!], \quad P(X = k) = \binom{n}{k} p^k (1-p)^{n-k} \quad \text{et} \quad P(X \leq k) = \sum_{i=0}^{k} P(X = i)$$

La table suivante est donc à triple entrée et double lecture:

La première entrée en ligne indique la valeur de n, la seconde entrée en ligne la valeur de k et l'entrée en colonne la valeur de p. A l'intersection de la ligne et de la colonne, on trouvera successivement la valeur de $10^5 . P(X=k)$ et celle de $10^5 . P(X \leq k)$, ces valeurs étant arrondies à l'unité la plus proche. Bien entendu le calcul de $P(X \leq k)$ n'a pas été effectué pour $k = 0$ et $k = n$. Rappelons enfin que le symbole ϵ indique une probabilité inférieure à $5 . 10^{-6}$, 1 une probabilité supérieure à $1 - 5 . 10^{-6}$.

Exemple:

pour $n = 5$, $p = 0{,}15$ on trouve $P(X = 4) \simeq 0{,}00216$ et $P(X \leq 4) \simeq 0{,}99992$

n	k\p	0,05	0,10	0,15	0,20	0,25	0,30	0,35	0,40	0,45	0,50
2	0	90250	81000	72250	64000	56250	49000	42250	36000	30250	25000
	1	09500 / 99750	18000 / 99000	25500 / 97750	32000 / 96000	37500 / 93750	42000 / 91000	45500 / 87750	48000 / 84000	49500 / 79750	50000 / 75000
	2	00250	01000	02250	04000	06250	09000	12250	16000	20250	25000
3	0	85738	72900	61413	51200	42188	34300	27463	21600	16638	12500
	1	13538 / 99275	24300 / 97200	32513 / 93925	38400 / 89600	42188 / 84375	44100 / 78400	44363 / 71825	43200 / 64800	40838 / 57475	37500 / 50000
	2	00713 / 99988	02700 / 99900	05738 / 99663	09600 / 99200	14063 / 98438	18900 / 97300	23888 / 95713	28800 / 93600	33413 / 90888	37500 / 87500
	3	00013	00100	00338	00800	01563	02700	04288	06400	09113	12500
4	0	81451	65610	52201	40960	31641	24010	17851	12960	09151	06250
	1	17148 / 98598	29160 / 94770	36848 / 89048	40960 / 81920	42188 / 73828	41160 / 65170	38448 / 56298	34560 / 47520	29948 / 39098	25000 / 31250
	2	01354 / 99952	04860 / 99630	09754 / 98802	15360 / 97280	21094 / 94922	26460 / 91630	31054 / 87352	34560 / 82080	36754 / 75852	37500 / 68750
	3	00048 / 99999	00360 / 99990	01148 / 99949	02560 / 99840	04688 / 99609	07560 / 99190	11148 / 98499	15360 / 97440	20048 / 95899	25000 / 93750
	4	00001	00010	00051	00160	00391	00810	01501	02560	04101	06250
5	0	77378	59049	44371	32768	23730	16807	11603	07776	05033	03125
	1	20363 / 97741	32805 / 91854	39150 / 83521	40960 / 73728	39551 / 63281	36015 / 52822	31239 / 42842	25920 / 33696	20589 / 25622	15625 / 18750
	2	02143 / 99884	07290 / 99144	13818 / 97339	20480 / 94208	26367 / 89648	30870 / 83692	33642 / 76483	34560 / 68256	33691 / 59313	31250 / 50000
	3	00113 / 99997	00810 / 99954	02438 / 99777	05120 / 99328	08789 / 98438	13230 / 96922	18115 / 94598	23040 / 91296	27565 / 86878	31250 / 81250
	4	00003 / 1	00045 / 99999	00216 / 99992	00640 / 99968	01465 / 99902	02835 / 99757	04877 / 99475	07680 / 98976	11277 / 98155	15625 / 96875
	5	ϵ	00001	00008	00032	00098	00243	00525	01024	01845	03125

n	k \ p	0,05	0,10	0,15	0,20	0,25	0,30	0,35	0,40	0,45	0,50
6	0	73509	53144	37715	26214	17798	11765	07542	04666	02768	01563
	1	23213 / 96723	35429 / 88573	39933 / 77648	39322 / 65536	35596 / 53394	39253 / 42018	24366 / 31908	18662 / 23328	13589 / 16357	09375 / 10938
	2	03054 / 99777	09841 / 98415	17618 / 95266	24576 / 90112	29663 / 83057	32414 / 74431	32801 / 64709	31104 / 54432	27795 / 44152	23438 / 34375
	3	00214 / 99991	01458 / 99873	04145 / 99411	08192 / 98304	13184 / 96240	18522 / 92953	23549 / 88258	27648 / 82080	30322 / 74474	31250 / 65625
	4	00008 / 1	00121 / 99994	00549 / 99960	01536 / 99840	03296 / 99536	05954 / 98907	09510 / 97768	13824 / 95904	18607 / 93080	23438 / 89063
	5	ε / 1	00005 / 1	00039 / 99999	00154 / 99994	00439 / 99976	01021 / 99927	02048 / 99816	03686 / 99590	06089 / 99170	09375 / 98438
	6	ε	ε	00001	00006	00024	00073	00184	00410	00830	01563
7	0	69834	47830	32058	20972	13348	08235	04902	02799	01522	00781
	1	25728 / 95562	37201 / 85031	39601 / 71658	36700 / 57672	31146 / 44495	24706 / 32942	16478 / 23380	13064 / 15863	08719 / 10242	05469 / 06250
	2	04062 / 99624	12400 / 97431	20965 / 92623	27525 / 85197	31146 / 75641	31765 / 64707	29048 / 53228	26127 / 41990	21402 / 31644	16406 / 22656
	3	00356 / 99981	02296 / 99727	06166 / 98790	11469 / 96666	17303 / 92944	22689 / 87396	26787 / 80015	29030 / 71021	29185 / 60829	27344 / 50000
	4	00019 / 99999	00255 / 99982	01088 / 99878	02867 / 99533	05768 / 98712	09724 / 97120	14424 / 94439	19354 / 90374	23878 / 84707	27344 / 77344
	5	00001 / 1	00027 / 99999	00115 / 99993	00430 / 99963	01154 / 99866	02500 / 99621	04660 / 99099	07741 / 98116	11722 / 96429	16406 / 93750
	6	ε / 1	00001 / 1	00007 / 1	00036 / 99999	00128 / 99994	00357 / 99978	00836 / 99936	01720 / 99836	03197 / 99626	05469 / 99219
	7	ε	ε	ε	00001	00006	00022	00064	00164	00374	00781
8	0	66342	43047	27249	16777	10011	05765	03186	01680	00837	00391
	1	27933 / 94276	38264 / 81310	38469 / 65718	33554 / 50332	26697 / 36708	19765 / 25530	13726 / 16913	08958 / 10638	05481 / 06318	03125 / 03516
	2	05146 / 99421	14880 / 96191	23760 / 89479	29360 / 76692	31146 / 67854	29648 / 55177	25869 / 42781	20902 / 31539	15695 / 22013	10938 / 14453
	3	00542 / 99963	03307 / 99498	08386 / 97865	14680 / 94372	20764 / 88618	25412 / 80590	27859 / 70640	27869 / 59409	25683 / 47696	21875 / 36328
	4	00036 / 99998	00459 / 99957	01850 / 99715	04588 / 98959	08652 / 97270	13614 / 94203	18751 / 89391	23224 / 82633	26266 / 73962	27344 / 63672
	5	00002 / 1	00041 / 99998	00261 / 99976	00918 / 99877	02307 / 99577	04668 / 98871	08077 / 97468	12386 / 95019	17192 / 91154	21875 / 85547
	6	ε / 1	00002 / 1	00023 / 99999	00115 / 99992	00385 / 99962	01000 / 99871	02175 / 99643	04129 / 99148	07033 / 98188	10938 / 96484
	7	ε / 1	ε / 1	00001 / 1	00008 / 1	00037 / 99998	00122 / 99993	00335 / 99977	00786 / 99934	01644 / 99832	03125 / 99609
	8	ε	ε	ε	ε	00002	00007	00023	00066	00168	00391

n	k \ p	0,05	0,10	0,15	0,20	0,25	0,30	0,35	0,40	0,45	0,5
9	0	63025	38742	23162	13422	07508	04035	02071	01008	00461	00195
	1	29854 / 92879	38742 / 77484	36786 / 59948	30199 / 43621	22525 / 30034	15565 / 19600	10037 / 12109	06047 / 07054	03391 / 03852	01758 / 01953
	2	06285 / 99164	17219 / 94703	25967 / 85915	30199 / 73820	30034 / 60068	26683 / 46283	21619 / 33727	16124 / 23179	11099 / 14950	07031 / 08984
	3	00772 / 99936	04464 / 99167	10692 / 96607	17616 / 91436	23360 / 83427	26683 / 72966	27162 / 60889	25082 / 48261	21188 / 36138	16406 / 25391
	4	00061 / 99997	00744 / 99911	02830 / 99437	06606 / 98042	11680 / 95107	17153 / 90119	21939 / 82828	25082 / 73343	26004 / 62142	24609 / 50000
	5	00003 / 1	00083 / 99994	00499 / 99937	01652 / 99693	03893 / 99001	07351 / 97471	11813 / 94641	16722 / 90065	21276 / 83418	24609 / 74609
	6	ε / 1	00006 / 1	00059 / 99995	00275 / 99969	00865 / 99866	02100 / 99571	04241 / 98892	07432 / 97497	11605 / 95023	16406 / 91016
	7	ε / 1	ε / 1	00004 / 1	00029 / 99998	00124 / 99989	00386 / 99957	00979 / 99860	02123 / 99620	04069 / 99092	07031 / 98047
	8	ε / 1	ε / 1	ε / 1	00002 / 1	00010 / 1	00041 / 99998	00132 / 99992	00354 / 99974	00832 / 99924	01758 / 99805
	9	ε	ε	ε	ε	ε	00002	0008	00026	00076	00195
10	0	59874	34868	19687	10737	05631	02825	01346	00605	00253	00098
	1	31512 / 91386	38742 / 73610	34743 / 54430	26844 / 37581	18771 / 24403	12106 / 14931	07249 / 08595	04031 / 04636	02072 / 02326	00977 / 01074
	2	07463 / 98850	19371 / 92981	27590 / 82020	30199 / 67780	28157 / 52559	23347 / 38278	17565 / 26161	12093 / 16729	07630 / 09956	04395 / 05469
	3	01048 / 99897	05740 / 98720	12983 / 95003	20133 / 87913	25028 / 77588	26683 / 64961	25222 / 51383	21499 / 38228	16648 / 26604	11719 / 17188
	4	00096 / 99994	01116 / 99837	04010 / 99013	08808 / 96721	14600 / 92187	20012 / 84973	23767 / 75150	25082 / 63310	23837 / 50440	20508 / 37695
	5	00006 / 1	00149 / 99985	00849 / 99862	02642 / 99363	05840 / 98207	10292 / 95265	15357 / 90507	20066 / 83376	23403 / 73844	24609 / 62305
	6	ε / 1	00014 / 99999	00125 / 99987	00551 / 99914	01622 / 99649	03676 / 98941	06891 / 97398	11148 / 94524	15957 / 89801	20508 / 82813
	7	ε / 1	00001 / 1	00013 / 99999	00079 / 99992	00309 / 99958	00900 / 99841	02120 / 99518	04247 / 98771	07460 / 97261	11719 / 94531
	8	ε / 1	ε / 1	00001 / 1	00007 / 1	00039 / 99997	00145 / 99986	00428 / 99946	01062 / 99832	02289 / 99550	04395 / 98926
	9	ε / 1	ε / 1	ε / 1	ε / 1	00003 / 1	00014 / 99999	00051 / 99997	00157 / 99990	00416 / 99966	00977 / 99902
	10	ε	ε	ε	ε	ε	00001	00003	00010	00034	00098

D.L. juin 1991.

5
PFANNTASTISCH:
MEIN WICHTIGSTER KÜCHENHELFER
FÜR SCHNELLEN GENUSS

6
DIE UNTERSCHIEDLICHEN PFANNEN
UND IHRE EIGENSCHAFTEN

10
Einfach und express
BLITZREZEPTE IN MAXIMAL 10 MINUTEN

38
Einfach und leicht
SO EASY GEHT GENUSS

70
Einfach und deftig
RÖSTAROMEN SATT

110
Einfach und mit Teig
PFANNENBROTE, WRAPS UND PITAS

136
Einfach und süß
SÜSSE LEIDENSCHAFT AUS DER PFANNE

158
REZEPT- UND ZUTATENREGISTER